できる YouTuber式

Excel パワーピボット 現場の教科書

[著] ユースフル（神川陽太）

インプレス

はじめに

この本は、あなたの日常に存在する「面倒なExcel作業の手間」にかかる時間を少しでも減らしていただけるように書きました。

Power Pivot（パワーピボット）。この名前を初めて耳にする方もいるでしょうし、すでに何らかの情報やイメージをお持ちの方も多いかと思います。しかし、実際にその機能を日常で活用している方は、まだまだ少ないのではないでしょうか？

- **名前は聞いたことあるけどまったくわからない！「パワー」ってつくくらいだし、何かすごいんだろうな**
- **とても便利なのは知っているけど、どうやって勉強すればよいかわからない**

具体的にはこういった思いを感じていらっしゃる方がほとんどだと思います。

事実、私たちユースフルが運営するYouTubeチャンネルにて多くの視聴者様からそのようなコメントをいただきますし、私自身も同じような気持ちでした。

「手軽に学べて、明日の実務へすぐに活かせるような入門書があればいいのに」

この考えをきっかけに、本書は誕生しました。

本書の特徴

上記の願いを形にするべく、この著書には以下のこだわりを詰め込みました。

①初学者向けのステップバイステップのガイダンス

パワーピボットを初めて使う方を対象として、基礎から応用までをステップバイステップでお伝えします。初心者の方でも迷わずに進めるよう、丁寧な説明と豊富な図解を用意しました。

②動画×本でわかりやすさを追求

パワーピボットにはマウス操作をはじめとした細かい作業が多く必要になるため、テキストだけではどうしても頭が混乱しがちです。

だからこそ、2次元バーコードをかざすだけで見られる、本書の内容と完全に連動した動画も併せてご用意しています。
視覚的に理解しやすくなることはもちろん、

・自習時間など、じっくり取り組みたい → 動画
・仕事で困ったときに、サッと参照したい → 本

といったように、シチュエーションに応じて自由に使い分けることも可能です。

③「実務で使うこと」へ徹底的にフォーカスした解説

私が所属するユースフルでは、【明日の働き方が変わる感動体験をお届けする】をミッションに、日々YouTubeや企業研修を通じて情報を発信しています。

本書も例に漏れず、いかに実務で役立てていただけるかを何よりも重視しており、「会計年度の期首を合わせるにはこんな操作が必要だよね」

「曜日順でデータを並べるにはコツがいる」などのリアルな使いこなしのテクニックを感じていただけると思います。

▶ 本書のゴール

冒頭に記載している通りですが、あなたの実務に必ずある、面倒な作業から少しでも解放されてほしいというのが一番です。

詳しくは本編でご紹介しますが、

- **定例のデータ分析のために、コピペや関数を駆使して毎回同じようにデータを切り貼りしている**
- **データが重すぎて分析がまったく前に進まない**

このような時間を奪われ、ストレスだけが溜まっていく実務の「あるある」を根本から解決する可能性をパワーピボットは秘めています。

効率化によって生まれた貴重な時間をあなたならどう活用しますか？
新しいチャレンジのための勉強に充てたい、家でゆっくりしたい、大切な人ともっと一緒にいたい……。

どうでしょう、ちょっとワクワクしてきませんか？
その気持ちを持ったまま、学びをスタートしていただければ幸いです。
それでは、どうぞよろしくお願いします！

2023年10月
ユースフル　神川陽太

本書で紹介する操作はすべて2023年10月現在の情報です。

- 本書では「Windows 11」と「Microsoft 365 Business Standardプラン」、「Excelバージョン2307」を使用し、インターネットに常時接続されている環境を前提に画面を再現しています。
- 本文中では、「Microsoft Excel」のことを「Excel」と記述しています。
- 本文中で使用している用語は、基本的に実際の画面に表示される名称に則っています。
- 「できる」「できるシリーズ」は株式会社インプレスの登録商標です。本書に記載されている会社名、製品名、サービス名は、一般に各開発メーカおよびサービス提供元の登録商標または商標です。なお、本文中には ™ および© マークは明記していません。

CONTENTS

CHAPTER 1

活用前に知っておきたい データベースの基本

CHAPTER 2

分析のはじめの一歩、データモデルを構築する

CHAPTER 3

はじめての DAX入門

CHAPTER 4

日付データを自由自在に操る

CHAPTER 5

DAXやスライサーを使いこなして分析力を高める

CHAPTER 6
ダッシュボードを作成してダイナミックに分析

練習用ファイルについて

本書の各レッスンで使っているExcelファイルなどの練習用ファイルは、以下Webサイトからダウンロードできます。
練習用ファイルと書籍・動画を併用することで、より理解が深まります。
https://book.impress.co.jp/books/1122101160

本書の環境について

本書は、Windows 11にExcel（バージョン2307）をインストールした状態で制作しています。OSやExcelのバージョンが異なると、画面や操作方法が異なる場合があります。Excelのバージョンは、Excelの［ファイル］メニュー→［アカウント］にある［Excelのバージョン情報］に記載されています。

本書の読み方

各レッスンには、操作の目的や効果を示すレッスンタイトルと機能名で引けるサブタイトルを付けています。1レッスンあたり2〜6ページを基本に、テキストと図解で現場で使えるスキルを簡潔に解説しています。

練習用ファイル

解説している機能をすぐに試せるように、練習用ファイルを用意しています（詳しくは15ページを参照）。

動画解説

動画が付いたレッスンは、ページの右上に表示された二次元バーコードまたはURLから動画にアクセスできます。

インターネットに接続している環境であれば、パソコンやスマートフォンのウェブブラウザーから簡単に閲覧できます。アプリのインストールや登録の手続きなどは不要です。

YouTuberによる動画講義

レッスンで解説している操作を動画で確認できます。著者の解説とともに、操作の動きがそのままみられるので、より理解が深まります。すべてのレッスンの動画をまとめたページも用意しました。

本書籍の動画まとめページ

https://dekiru.net/ytpp

PROLOGUE

なぜいま
パワーピボットなのか

01

モダンExcel

モダンExcelが注目を集める3つの理由

▶ モダンExcelとは

　モダンExcelとは、Excel 2016以降に搭載された「Power Query」(以下、パワークエリ)と「Power Pivot」(以下、パワーピボット)という機能を使って、複雑なデータ分析やデータの可視化ができるようになったExcelのことです。パワークエリは、外部データの取り込みや整形ができます。パワーピボットは、複数のテーブルを関連付けして集計できます。どちらも、プログラミングの知識は不要で、マウス操作で直感的に作業できます。

モダンExcel

PowerQuery
外部データの
取り込み・整形→
分析前データ処理
の効率化

PowerPivot
複数テーブルの
関連づけ・集計→
データ分析の
効率化

　本書では、モダンExcel初心者の方に向けてパワーピボットの使い方を紹介します。また、『できるYouTuber式』シリーズには、パワークエリの解説書もあります。併せて勉強すると、より経営戦略や意思決定に役立つデータ分析スキルを身につけられるでしょう。

モダンExcelの対義語でレガシーExcelという言葉もあります。レガシーExcelは、Excel 2016より前のバージョンや、パワークエリやパワーピボットを使わないExcelのことです。

POINT：

1. モダンExcelとは、複雑なデータ分析や可視化ができるExcelのこと
2. モダンExcelには、パワークエリとパワーピボットがある
3. モダンExcelは、Excel 2016から搭載された機能

モダンExcelをマスターしよう

大量データを扱う時代、データ分析の現場ではモダンExcelが注目を集めています。理由は主に3つあります。

① 大量データをスイスイ動かせる

「データが大量でブックが重い」「作業が止まってストレスになる」ような悩みを経験してきたかもしれません。モダンExcelなら、既存のブックやデータベースの必要な情報だけを取り込めたり、データ整形のための関数を使ったりする必要がなくなるので、生産性がさらに高まります！

② Excelにない機能がたくさん！

モダンExcelの登場により、これまで通常Excelで行っていた多くの作業をより効率化し、シンプルにこなせるようになります。たとえば分析のための準備をサクッと済ませて、実際のデータ分析へとより集中できるような、いわゆる「本質的なタスクに時間を使う」ことができるようになるのです。

③ 定例タスクを仕組み化できる

定期的に行うルーティンワークにどれくらい時間をかけていますか？ 合わせて数時間かかるような地道な作業が自動で完了するならば……。そんな夢のように聞こえる話も、モダンExcelを上手に使えば本当に叶えられます。モダンExcelには「仕組み化」のヒントがたっぷり詰まっています。本書でもダッシュボードをボタン1つで最新版に更新できるようになることをゴールの1つとしています。

02

パワーピボット

いま、あなたにパワーピボットが必要な3つの理由

パワーピボットはこんな方におすすめ

パワーピボットとは、前述したようにExcelの便利な機能の1つです。パワーピボットを使うと、複数のテーブルやデータソースからデータを引っ張ってきて、関係を定義できます。そのため、テーブルをまたいだデータ分析が可能です。ピボットテーブルを使ってデータをまとめて分析できます。具体的にパワーピボットを活用すべき人は、こんな特徴がある人です。

- Excelを使って、売り上げや在庫、顧客データなどを分析したい
- 大量のデータをExcelで取り扱うことが多い（たとえば、数十万件以上のデータを扱うことがある）
- VLOOKUP関数などを多用し、シートが重くなっている
- パワーピボットの専用関数であるDAXを使って、複雑な計算や分析を実行したい
- パワーピボットのデータモデルを使って、ダッシュボードを作成したい

従来の集計シート

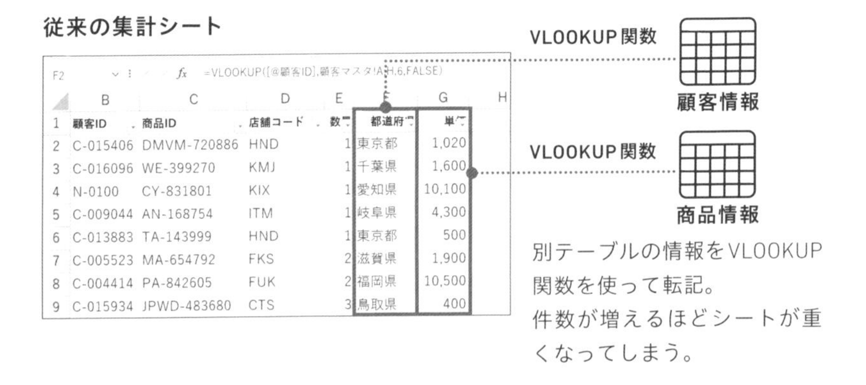

F2 =VLOOKUP([@顧客ID],顧客マスタ!A:H,6,FALSE)

	B	C	D	E	F	G
1	顧客ID	商品ID	店舗コード	数	都道府	単
2	C-015406	DMVM-720886	HND	1	東京都	1,020
3	C-016096	WE-399270	KMJ	1	千葉県	1,600
4	N-0100	CY-831801	KIX	1	愛知県	10,100
5	C-009044	AN-168754	ITM	1	岐阜県	4,300
6	C-013883	TA-143999	HND	1	東京都	500
7	C-005523	MA-654792	FKS	2	滋賀県	1,900
8	C-004414	PA-842605	FUK	2	福岡県	10,500
9	C-015934	JPWD-483680	CTS	3	鳥取県	400

別テーブルの情報をVLOOKUP関数を使って転記。
件数が増えるほどシートが重くなってしまう。

POINT：

1 パワーピボットは、データ分析する方におすすめのツール

2 VLOOKUP関数を使わないで複数のテーブルを関連付けられる

3 ファイルサイズを削減でき、処理スピードを上げられる

MOVIE：

https://dekiru.net/ytpp002

パワーピボットの活用をすすめる理由

① 複数シートをまたいで、テーブルを関連付けられる

Excelでデータ分析をするにあたり、データの整理が大変だという方も多いでしょう。従来のExcelでは、1つのテーブルで1つのピボットテーブルをつくる「1：1」の関係が基本なので、関数やコピペを組み合わせて完璧なテーブルを作ることが分析の前提でした。
パワーピボットでは、マウスのみの直感的な作業で複数のテーブルからピボットテーブルを作成する「1：多」へとルールを変えることができます。

② ファイルサイズを削減でき、処理スピードを上げられる

前のページでもお伝えした通り、パワーピボットは大量データの扱いが得意です。余計な関数を省けるなど、工夫次第でいくらでもその効果を遺憾なく発揮できます。実務でExcelの重さに悩んでいる方はぜひ重点的にご覧ください。

③ Excelに内蔵されているから、無料で使える！

「そんなに便利な機能ならお金がかかるのでは？」と思う方もいるでしょう。ご安心ください。パワーピボットはExcel 2016から標準装備されている機能、つまりExcelさえ持っていれば完全無料で使うことができます。作業もExcelの中で完結するので、普段からExcelでデータ分析をしている方ほどきっとメリットを感じられるでしょう。

03

学習法

「本×動画」を活用する効率的な学習法

本と動画のよいところ取り

「パワーピボット」をテーマにしたこの本は、データに関わる業務に励んでいる方におすすめです。

本書では、本と動画の両方のコンテンツを提供しています。本は、要点を把握しやすいメディアです。動画（YouTube）は、情報の流れを追いやすいメディアです。本と動画を組み合わせることで、効率的に深く学べます。文章、画像、音声、動画という4種類のコンテンツをミックスすることで、効率的に深く学べるのです。

本書の各レッスンは、本と動画で学べるようになっています。自分の目標やペースに合わせて、本と動画を上手に活用してください。なお、操作解説のレッスンではサンプルファイルも用意しています。実際に手を動かしながら操作することで、より理解が深まるでしょう。

［コンテンツの形式の違いによる特徴］

コンテンツの形式	断片的な情報へのアクセスのしやすさ	連続的な情報へのアクセスのしやすさ	配信形式ごとのメリット
文章	○	×	情報の要点をつかむのに向いている（本）
画像	○	×	
音声	×	○	情報の流れをつかむのに向いている（動画）
映像	×	○	

POINT：

1 本は情報の要点をつかみやすい

2 動画は情報の流れをつかみやすい

3 本書は両方のメリットを生かせる

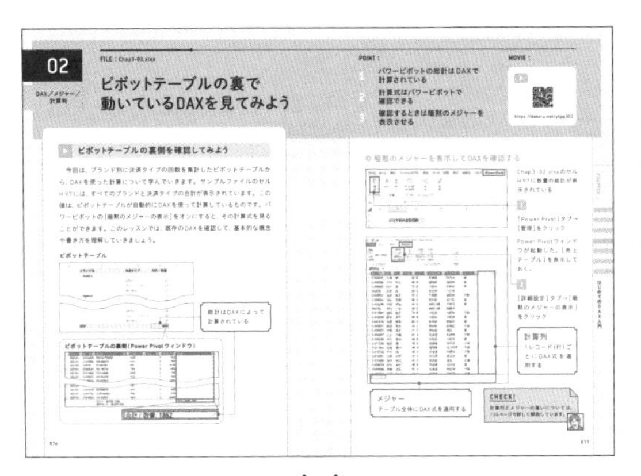

BOOK

- 要点をサッとつかめる
- すべての手順を紙面に再現
- 本だけでも完結

×

YouTube

- QRコードから簡単にアクセス
- 人気講師による丁寧な解説
- コメントで質問できる

本書は、パワーピボットを使ってデータ分析やレポート作成を効率化したい方に向けて作成しました。データに関する仕事が多い方はもちろん、データに興味がある方やスキルアップしたい方もぜひご覧ください。パワーピボットの魅力と可能性を感じていただけると幸いです。

COLUMN

YouTubeで発信していて、いちばんうれしい言葉

『できるYouTuber式 Googleスプレッドシート 現場の教科書』に続き、本書が自身2作目となりました。はじめて手に取ってくださっている方も、続けて読んでくださっている方も本当にありがとうございます！ これもひとえにYouTubeを通じてお会いすることができた、みなさまのおかげです。恩を預かりっぱなしなので、これからたくさんお礼する機会を作れたらと思っている最中です。

さて恩といえば、YouTubeにて発信活動をしていると、さまざまな方からありがたいコメントをいただくのですが、実は個人的にいちばんうれしかった言葉があります。

「陽太さんの話し方をマネして社内でプレゼンしたら、うまくいきました！」

2023年最初のYouTubeライブにて賜ったお言葉で、寝る前に82回反復しました。もちろん何を言われてもうれしいのですが、あの言葉は格別でした。普段からOffice（Microsoft 365）や生成AIなどのテクノロジーの情報を主に発信していて、それらの使いこなしを学びに来てくださっている方が多いなか、「そんなところまで見てくれてるんだ！」という感動だったのだと思います。

私もまだまだ未熟なので今後勉強するべきことはたくさんありますが、今回のパワーピボットの動画も自分が今持てるすべてのパワーを使って製作したので、ぜひみなさまに少しでも多くの学びを持ち帰っていただければ幸いです。せっかく貴重な時間を使って学んでいただくのだから、学びや気づきは多いほうがよいですからね！

P.S.

普段どんな点に気をつけて話しているかについて、偉そうにも1作目（『できるYouTuber式 Googleスプレッドシート 現場の教科書』）のコラムで語っていました（笑）。ただ、大事だと感じているポイントは今とまったく変わっていなくて、「原点は最先端」だなと改めて感じた次第です。気になる方はぜひ1作目も手にとっていただけるとうれしいです！

CHAPTER 1

活用前に知っておきたいデータベースの基本

01

データベース

まずはデータベースの概念を知ることが大切

Excelのデータベースとは

Excelのデータベースとは、シート上でデータを表形式に整理し、データの参照や抽出、集計などを行うことができるものです。

データベースの基本的な単位を「テーブル」と呼びます。テーブルは、行と列から構成され、行はデータの「レコード」(1件あたりのデータ)を表し、列はデータの「フィールド」(データの属性)を表します。たとえば、顧客情報のテーブルでは、行は顧客の個人情報を表し、列は顧客の名前や住所や電話番号などの項目を表します。

テーブル　フィールド　レコード

	A	B	C	D	E	F	G	H
1	顧客ID	姓	名	年齢	エリア	都道府県	市区町村	メルマガ
2	C-000965	安田	昌也	43	E	大阪府	豊中市	要
3	C-016316	吉田	恵	28	B	石川県	野々市	不要
4	C-013383	椎名	光	57	C	東京都	国立市	要
5	C-015873	児玉	貴之	77	A	宮城県	仙台市	不要
6	C-014784	前田	美紀	70	A	北海道	石狩市	要
7	C-014225	下村	順子	25	C	東京都	豊島区	不要
8	C-000801	正岡	亜矢	58	D	愛知県	豊田市	要
9	C-015536	林	真理子	78	B	群馬県	前橋市	不要
10	C-015980	三谷	美奈子	39	D	愛知県	名古屋市	不要
11	C-013580	徳岡	聡子	74	E	大阪府	大阪市	不要
12	C-001336	今井	保	24	A	宮城県	仙台市	不要
13	C-011985	西村	えりか	42	G	福岡県	久留米市	不要

データベースを作成する際には、いくつかの注意点があります。以下の項目が満たされているかチェックしましょう。

- **セルの先頭に項目名を必ず設定する**
- **1行につき1件のデータを記載する**
- **セルを結合しない**
- **空の行を作らない**

POINT：

1. Excelのデータベースの基本単位を テーブルと呼ぶ
2. テーブルには、 1行につき1件のデータを記載する
3. テーブルにすることで、 ピボットテーブルを活用できる

テーブルでできること

本書では、データベースとして機能している表のことをテーブルと呼んでいます。テーブルには、データを操作するための便利な機能がいくつかあります。そのなかでも、特によく使われる機能を紹介します。

フィルター機能

自分が取り出したい項目のデータを選んで抽出できます。たとえば、都道府県の列で「東京都」だけを選ぶと、東京都のデータだけが表示されます。

スライサー機能

フィルター機能よりも簡単に複数個のデータを抽出できます。たとえば、年齢のスライサーで20歳から30歳までを選ぶと、その範囲のデータだけが表示されます。

重複データ削除機能

被った情報を簡単に削除できます。たとえば、顧客IDの列で重複しているデータがある場合に、それらを削除してデータを整理できます。

集計機能（ピボットテーブル）

ピボットテーブルを活用して複数の視点からデータを集計したり分析したりできます。たとえば、商品名と売上金額の列がある場合に、商品名ごとに売上金額の合計や平均や最大値などを求めたり、グラフで表示したりできます。

02

FILE：Chap1-02.xlsx

ピボットテーブルとの違い

ピボットテーブルよりも高度な分析が可能

ピボットテーブルとパワーピボットとの違い

ピボットテーブルとは、Excelで使用できるデータ集計ツールの1つで、表形式のデータを行と列のラベルによってクロス集計やグラフにすることができます。パワーピボットとは、Excelで使用できるデータ分析ツールの1つで、データモデルを元データとした集計・分析ができる機能のことです。

2つの違いは、以下のような点が挙げられます。

	ピボットテーブル	パワーピボット
元になるデータ	同一ブック内のデータソース	パワークエリと連携することで、あらゆるデータを利用できる
集計対象のテーブル	1つのテーブルのみ	複数のテーブル
データ量	Excelの行上限(1,048,576行)以下のデータまで	基本的には上限なし。データを圧縮して格納するため、ファイルサイズも小さくなりやすい
計算能力	計算式を定義して、簡単な集計ができる(合計、平均値、最大値、最小値など)	DAXを使用することで複雑な集計ができる(前日比、年度累計、前年同月比、構成比など)

パワーピボットは、ピボットテーブルではできなかったことが簡単にできるため、ピボットテーブルの進化系といえます。ピボットテーブルの基本知識があるほうがパワーピボットを理解しやすいです。次に、簡単なサンプルでピボットテーブルでクロス集計表を作るおさらいをします。

POINT：

1 パワーピボットはクロス集計できる
ピボットテーブルの進化系

2 パワーピボットは、複数のテーブルを
またいで集計できる

3 パワーピボットを使うことで、
データ量も軽くなる

ピボットテーブルの基本操作を知っておこう

ここではテーブルから、ピボットテーブルを作成して基本の操作をおさらいします。列に「大項目」「小項目」、行に「単価」を掛け合わせてクロス集計表を作成しましょう。

BEFORE

	A	B	C	G	H
1	商品ID	カテゴリ	ブラン	単価(F	コスト(円)
2	MA-684518	古着	Ma	19,000	4,679
3	JDSB-522570	新品	Ja	24,900	5,670
4	JPWD-958784	新品	J.F	41,600	4,665
5	AP-165938	新品	Ape	23,300	3,843
6	JPWD-827148	古着	J.P: V	34,700	3,940
7	MG-162963	新品	Marga	28,300	6,735
8	BS-754175	新品	Ballan	12,200	4,706
9	JDSB-806135	新品	Jack	49,800	5,650
10	CCC-973544	新品	Ca	38,200	6,534
11	WE-735972	新品	W	22,400	6,458
12	PA-686988	古着	Pe	32,700	4,898
13	WE-110798	新品	We	32,100	4,821
14	WE-971244	新品	Week	37,800	4,408
15	CY-831801	新品	Cyran	10,100	5,600

AFTER

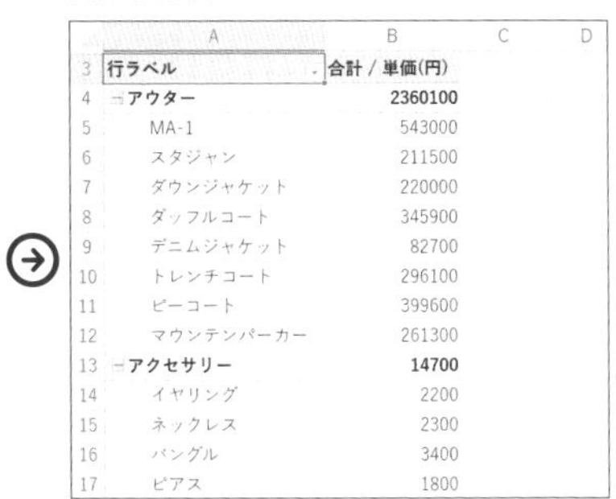

	A	B
3	行ラベル	合計 / 単価(円)
4	アウター	2360100
5	MA-1	543000
6	スタジャン	211500
7	ダウンジャケット	220000
8	ダッフルコート	345900
9	デニムジャケット	82700
10	トレンチコート	296100
11	ピーコート	399600
12	マウンテンパーカー	261300
13	アクセサリー	14700
14	イヤリング	2200
15	ネックレス	2300
16	バングル	3400
17	ピアス	1800

ピボットテーブルを挿入する

［商品マスタ］シートを開いておく。

1 セルA1をクリック

2 ［挿入］タブ→［ピボットテーブル］をクリック

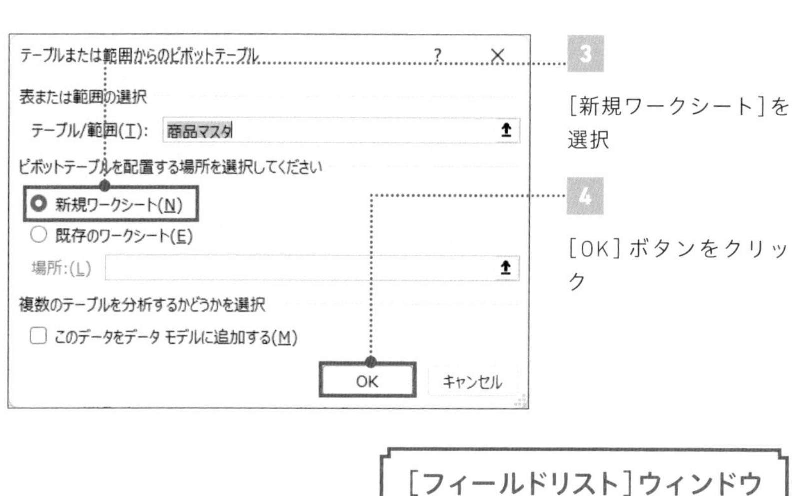

3

[新規ワークシート]を選択

4

[OK]ボタンをクリック

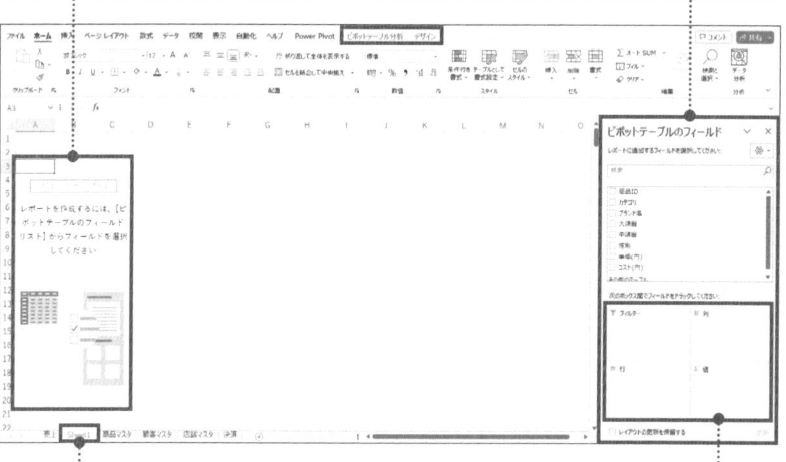

新規シートが作成され、[ピボットテーブル分析][デザイン]タブが表示された。

項目別の売上表を作成する

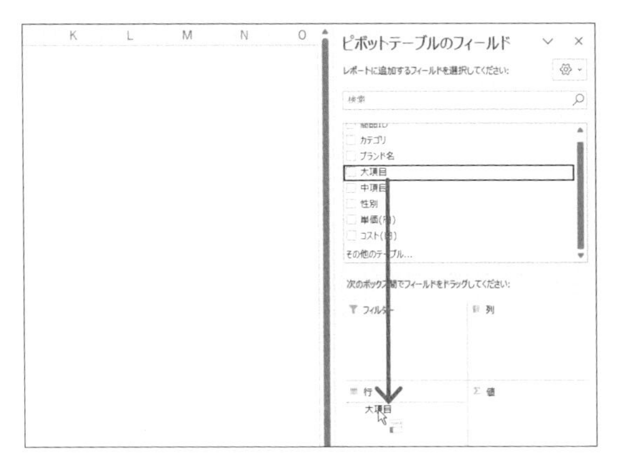

1

[大項目]を[行]エリアへドラッグ

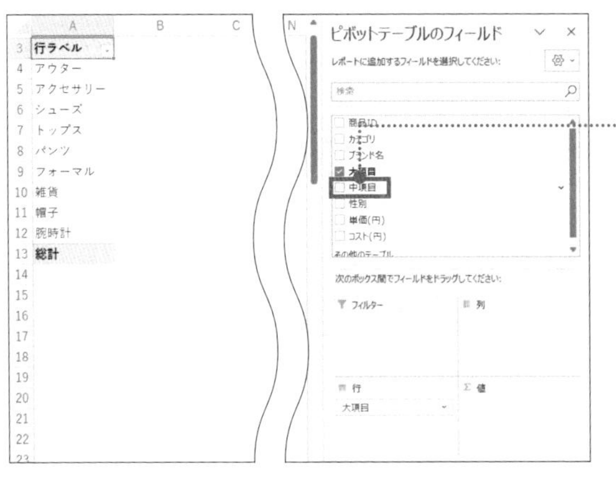

大項目が行ラベルに追加された。

2

[中項目]のチェックボックスをクリック

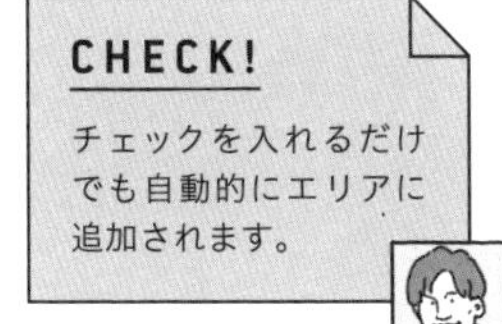

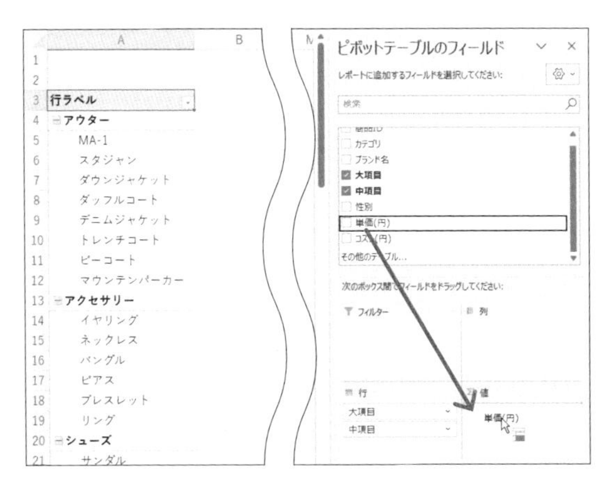

中項目が行ラベルに追加された。

3

[単価(円)]を[値]エリアへドラッグ

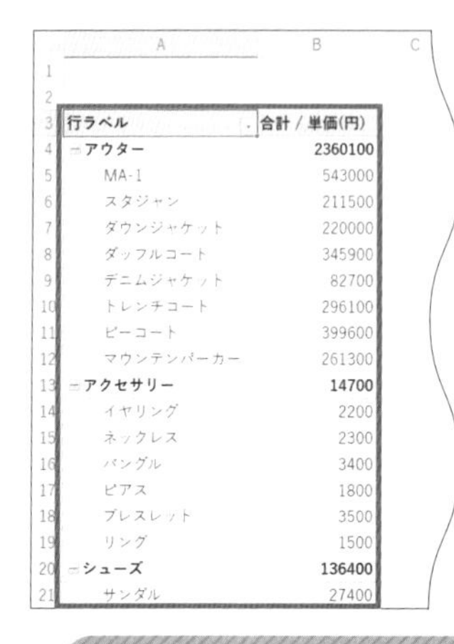

項目別の合計金額が表示された。

直感的に行列を入れ替えられる点がピボットテーブルの魅力です。なので思い通りのクロス集計表になっていない場合は、フィールドを入れ替えましょう。フィールドを削除する方法についても紹介しておきます。

フィールドを削除する

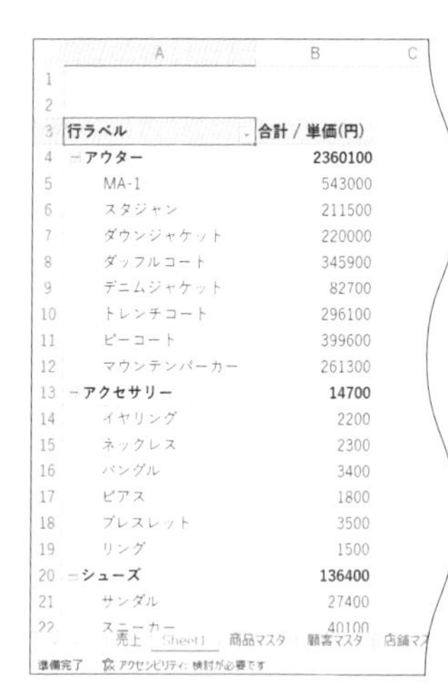

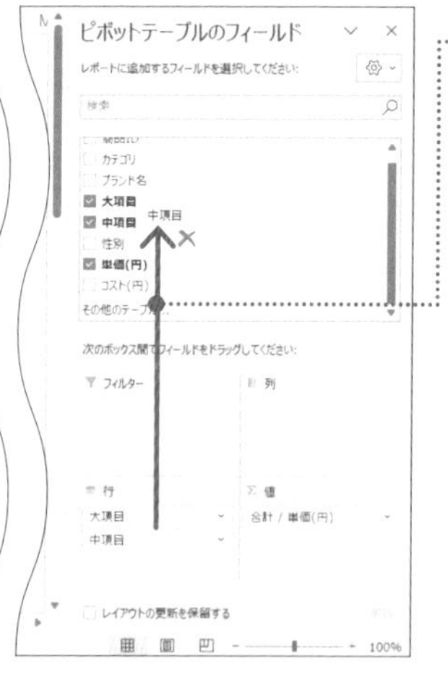

1

[値]エリアにある[中項目]をレイアウトセクション以外にドラッグ

CHECK!

上の操作以外でも削除できます。フィールドを右クリックして[フィールドの削除]をクリック、または[中項目]のチェックを外すと、ピボットテーブルから指定のフィールドが外れます。

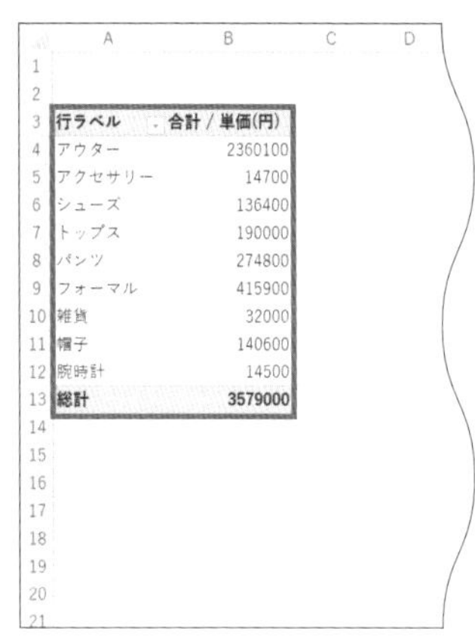

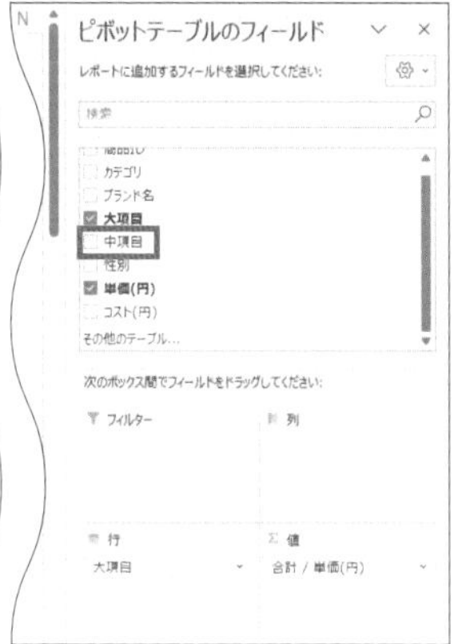

ピボットテーブルの[行]エリアから[中項目]が外れた。

理解を深めるHINT

ピボットテーブルの操作を学びたい方へ

「パワーピボットのすごさはわかったけど、もう少し基礎固めから始めたいな」という方には以下の動画がおすすめです。
パワーピボットはその名の通り、ピボットテーブルの進化系なので、上達へ直接的につながります。本書では紹介しきれていない便利ワザも多数紹介しているので、ぜひご覧ください。

←ここから
アクセス
できます。

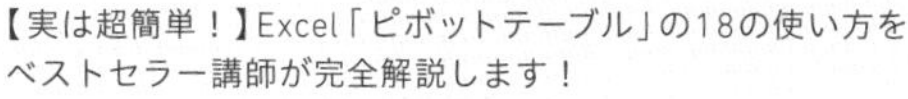
【実は超簡単！】Excel「ピボットテーブル」の18の使い方をベストセラー講師が完全解説します！

03

パワークエリ

パワークエリと連携させるともっと強力に！

▶ パワークエリとパワーピボットを使う流れ

パワークエリとパワーピボットはそれぞれ独立した機能と捉えられがちですが、実は組み合わせることでも威力を発揮します。たとえば、単月の売上実績が入力されたCSVファイルをパワークエリで1つのテーブルにまとめれば、毎回コピー＆ペーストを繰り返すような面倒な作業を一掃し、更新ボタンを押すだけで常に最新の状態で分析ができます。

Power Query

データ変換・転記・結合

※従来ならコピー＆ペースト

パワークエリを詳しく学びたい方は同シリーズの『できるYouTuber式Excelパワークエリ現場の教科書』をおすすめします！

POINT：

1. パワークエリは、
データ収集・整形が得意
2. パワーピボットは、
データ収集・分析が得意
3. 従来手作業でしていたことを
自動化できる

パワーピボットを使えば、縦横無尽に集計できる

パワークエリで売上テーブルを作れたら、次はパワーピボットの出番です。これまではピボットテーブルのベースとなる売上テーブルへ、分析に必要なデータを関数で引っ張ってくることが通常の流れでしたが、次のChapter 2で紹介する「リレーションシップ」によってそのような面倒な作業の必要性がゼロになります。

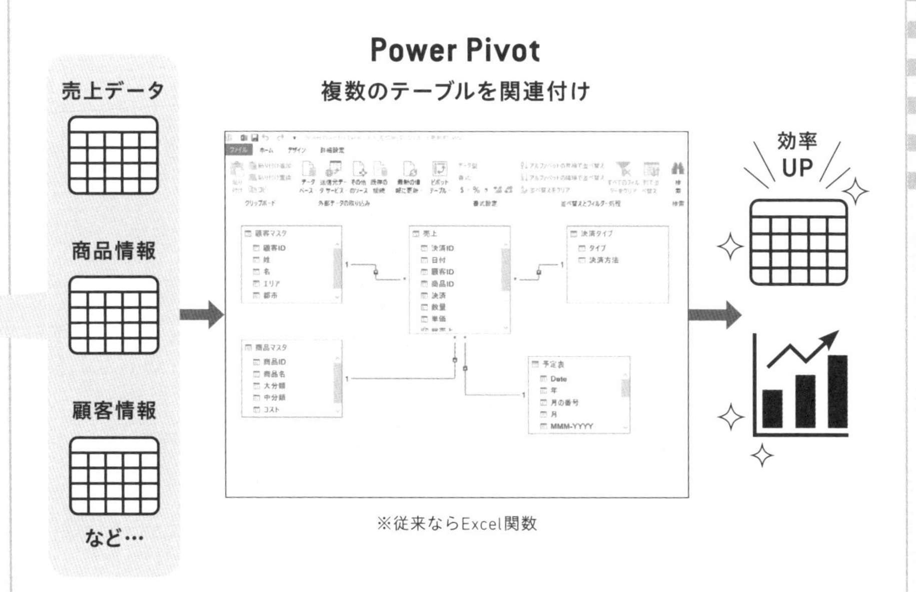

※従来ならExcel関数

COLUMN

実際にパワーピボットを使うとこんなにデータが軽くなる

ここまで2つのチャプターに分けて、『レガシーExcelの限界』とパワーピボットをはじめとした『モダンExcelの可能性』について論じてきました。この新しいテクノロジーを活用できれば業務がもっとよくなるかもしれない！ との期待が生まれていれば、次のチャプターに進む準備はバッチリです。

このコラムではパワーピボットの魅力を熱く語る最後のひと押しとして「具体的にはどれくらいデータが軽くなるのか」という定量的な質問に対する回答にチャレンジしてみました。

【前提情報】
動画とまったく同じ形式の売上テーブルや顧客マスタ・商品マスタなどが存在している。売上データについては合計20,000行のデータが溜まっており、これらのデータを使ってピボットテーブルで集計する。

【レガシーExcelスタイル】
分析に必要なデータはすべて1つのテーブルに集約する必要があるため、VLOOKUP関数を複数使用してマスタデータの必要な情報を売上テーブルに移し、ピボットテーブルを作成する（具体的な作業内容は20ページを参照してください）。

【モダンExcelをフル活用した方法】
パワークエリを使用し、売上データをマスタデータと同じブックに移動させる。リレーションシップをつなぎ、データモデルを構築する。作成したデータモデルからピボットテーブルを作成する。

【結果発表】
さて、両アプローチではデータ量にどれくらい差が出るでしょうか。結論からいうと、通常のExcelは「3.26GB」、モダンExcelは「107KB」と、非常にシンプルな作業にもかかわらずここまでの差が生まれました。さらに複雑なデータを使用したり、データが多いほど、この差は広がっていきます。

CHAPTER 2

分析のはじめの一歩、データモデルを構築する

01

データモデル
作成前の準備

データモデルを理解するための4つのステップ

データモデルは

データモデルという言葉は、初めて聞く方もいるかもしれませんが、心配ありません。これからレッスンで丁寧に解説していきます。データモデルとは、データの種類やつながりを図で表したものです。データを分析するときに、どこからどこへ見ていくかを示す地図のような役割を果たします。この章では、データモデルを作成するための4つのステップを紹介していきます。それぞれのステップを理解して、データモデルの基礎を身につけましょう。

Step1：データの内容を確認

集計に必要なデータをどこから持ってくるか確認

↓

Step2：データをインポート

データを取り込む（必要に応じて、パワークエリで加工・整形を行う）

↓

Step3：リレーションシップの構築

テーブル同士を関連づける

↓

Step4：データモデルの確認

[ダイアグラムビュー]を開いて、データモデルを確認する

レッスンごとに、練習ファイルと動画を用意しているので一緒に手を動かしながら学んでいきましょう！

POINT：

1 データモデルは、データを分析する際の地図のような役割

2 データモデルは4つのステップでできる

3 パワーピボットは外部データを紐づけて集計可能

生データの場所は、ケースによっていろいろ

パワーピボットを使えば、外部のデータを紐づけた集計が可能です。本章では、よくあるケースをもとに、データのインポート方法を解説します。

［ケース①：ブック内に全部のテーブルがある場合］→Chapter2-04

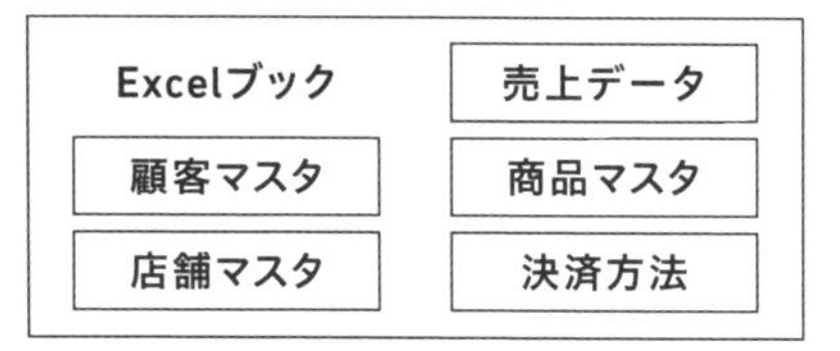

CHECK!
データが重いときは、ケース3のように外部データとして接続することをおすすめします。

［ケース②：一部だけ外部のCSVファイルを取り込む場合］→Chapter2-05

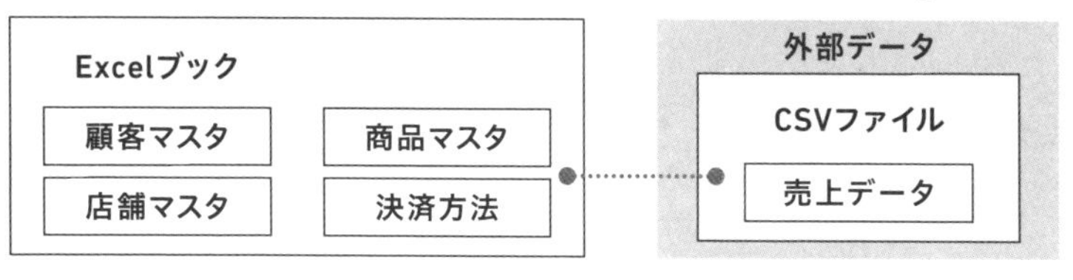

［ケース③：外部のExcelファイルを取り込む場合］→Chapter2-06

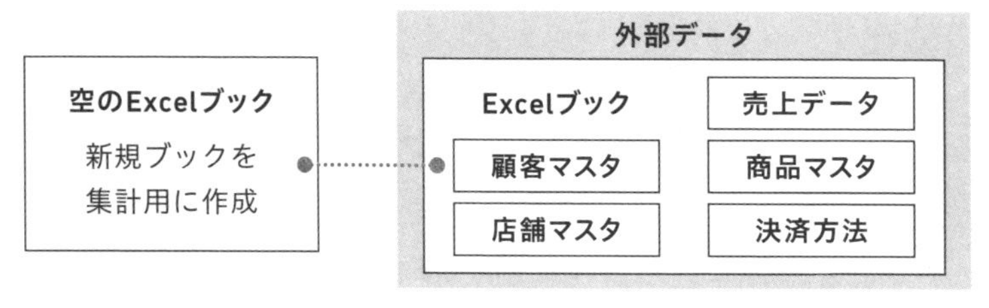

02

[Power Pivot]タブ／アドイン

パワーピボットを使えるようにアドインを有効にする

[Power Pivot]タブを表示して機能を拡張！

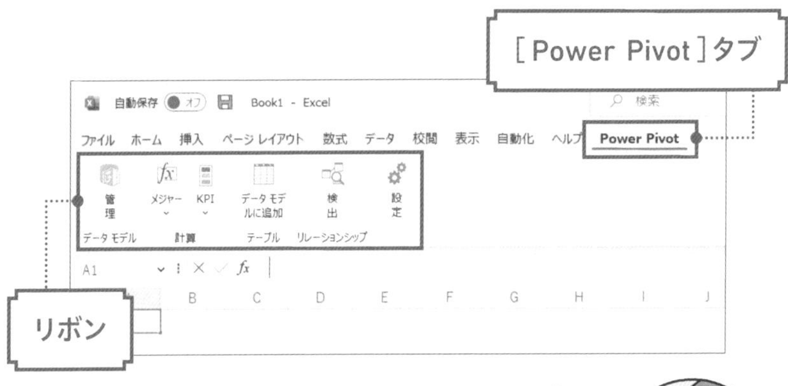

パワーピボットを実践する前に、まずはExcelの機能を拡張する必要があります。Excelのアドインを有効にして、[Power Pivot]タブを表示しましょう。

アドインを有効にして[Power Pivot]タブを表示

Excelには、アドインという拡張機能があります。アドインを使うと、Excelの機能やコマンドを増やすことができます。たとえば、パワーピボットのアドインを有効にすると、[Power Pivot]タブが表示されます。このタブを使うと、複雑なデータ分析ができるようになります。

パワーピボットのアドインは、最初に一度だけ有効にすればOKです。それ以降は、常に[Power Pivot]タブが表示されます。

POINT：

1 初期状態では
[Power Pivot]タブは非表示

2 パワーピボットのアドインを
追加して、タブを表示する

3 タブの表示設定は初回のみでOK！

MOVIE：

https://dekiru.net/ytpp202

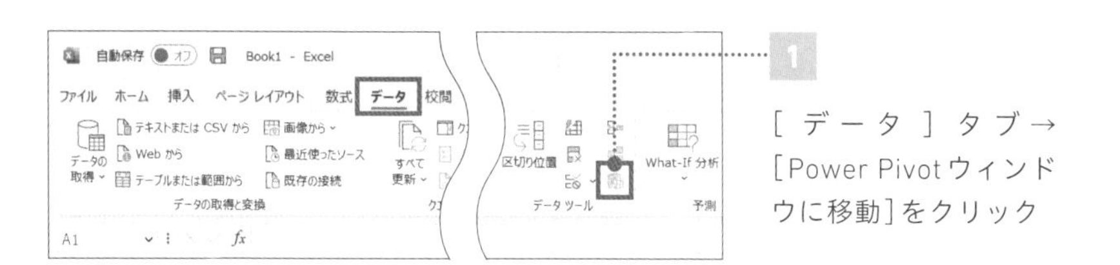

1 [データ]タブ→[Power Pivotウィンドウに移動]をクリック

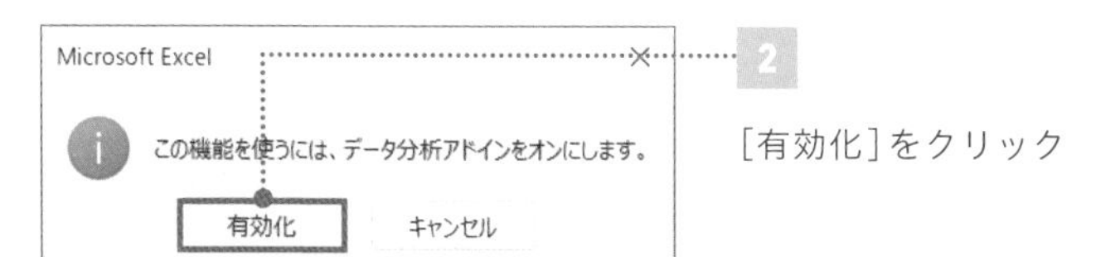

2 [有効化]をクリック

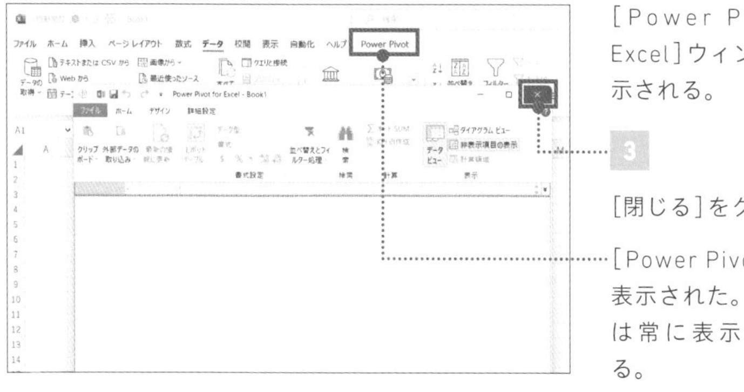

[Power Pivot for Excel]ウィンドウが表示される。

3 [閉じる]をクリック

[Power Pivot]タブが表示された。次回からは常に表示されている。

CHECK!

[Power Pivot]タブが表示されない場合は、[ファイル]タブ→[オプション]→[アドイン]をクリックします。次に、画面下の[管理]の[▼]から[COMアドイン]を選択して[設定]をクリック。[COM]ダイアログボックスが表示されたら[Microsoft Power Pivot for Excel]にチェックを入れましょう。

03

リレーションシップ／データモデル

FILE：Chap2-03.xlsx

パワーピボットの肝であるデータモデルとは

複数のテーブルをどう関連付けるか

パワーピボットは、複数のテーブルからデータを統合して分析できる機能です。データを統合するには、テーブル間に関係があることを指定する必要があります。これを「リレーションシップ」と呼びます。リレーションシップは、テーブル間に同じ内容の列があるときに作成できます。どのテーブルがどのように関係しているかを見るために、各テーブルの内容を確認しましょう。

◆売上テーブル

	A	B	C	D	E	F	G	H
1	決済日	顧客ID	商品ID	店舗コード	決済タイプ	単価(円)	数量	
2	2021/1/2	C-015406	DMVM-720886	HND	1	1,020	1	
3	2021/1/4	C-016096	WE-399270	KMJ	3	1,600	1	
4	2021/1/4	N-0100	CY-831801	KIX	2	10,100	1	
5	2021/1/4	C-009044	AN-168754	ITM	3	4,300	1	
6	2021/1/8	C-013883	TA-143999	HND	1	500	1	
7	2021/1/8	C-005523	MA-654792	FKS	1	1,900	2	
8	2021/1/9	C-004414	PA-842605	FUK	3	10,500	2	
9	2021/1/10	C-015934	JPWD-483680	CTS	2	400	3	

◆顧客マスタ

	A	B	C	D	E	F	G	H
1	顧客ID	姓	名	年齢	エリア	都道府県	市区町村	メルマガ
2	C-000965	安田	昌也	43	E	大阪府	豊中市	要
3	C-016316	吉田	恵	28	B	石川県	野々市	不要
4	C-013383	椎名	光	57	C	東京都	国立市	要
5	C-015873	児玉	貴之	77	A	宮城県	仙台市	不要
6	C-014784	前田	美紀	70	A	北海道	石狩市	要
7	C-014225	下村	順子	25	C	東京都	豊島区	不要
8	C-000801	正岡	亜矢	58	D	愛知県	豊田市	要
9	C-015536	林	真理子	78	B	群馬県	前橋市	不要
10	C-015980	三谷	美奈子	39	D	愛知県	名古屋市	不要

POINT：

1 テーブルを関連付けることをリレーションシップと呼ぶ

2 データモデルは、データの種類や関係を見せてくれるモデルのこと

3 データモデルを見ると、テーブル間のリレーションシップがわかる

MOVIE：

https://dekiru.net/ytpp203

◆商品マスタ

商品ID	カテゴリ	ブランド名	大項目	中項目	性別	単価(円)
MA-684518	古着	Maotai	アウター	ピーコート	メンズ	19,000
JDSB-522570	新品	Jack Daniel's Single Barrel	アウター	トレンチコート	メンズ	24,900
JPWD-958784	新品	J.P: Wiser's Deluxe	アウター	MA-1	メンズ	41,600
AP-165938	新品	Aperol	アウター	ピーコート	キッズ	23,300
JPWD-827148	古着	J.P: Wiser's Deluxe	アウター	トレンチコート	メンズ	34,700
MG-162963	新品	Margaritaville Gold	アウター	マウンテンパーカー	レディース	28,300
BS-754175	新品	Ballantine's Sauvignon	アウター	トレンチコート	メンズ	12,200
JDSB-806135	新品	Jack Daniel's Single Barrel	アウター	ピーコート	レディース	49,800
CCC-973544	新品	Canadian Club Classic	アウター	ダッフルコート	メンズ	38,200

◆店舗マスタ

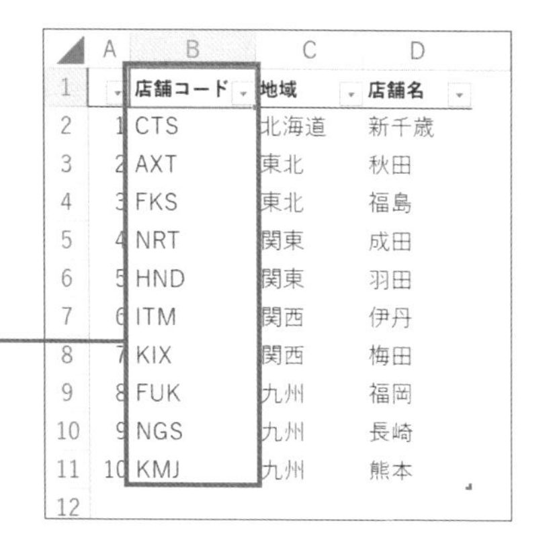

	店舗コード	地域	店舗名
1	CTS	北海道	新千歳
2	AXT	東北	秋田
3	FKS	東北	福島
4	NRT	関東	成田
5	HND	関東	羽田
6	ITM	関西	伊丹
7	KIX	関西	梅田
8	FUK	九州	福岡
9	NGS	九州	長崎
10	KMJ	九州	熊本

◆決済方法

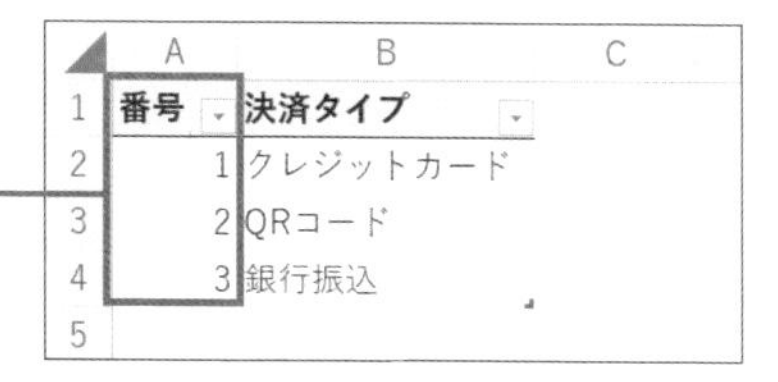

番号	決済タイプ
1	クレジットカード
2	QRコード
3	銀行振込

CHECK!

［番号］と［決済タイプ］で列見出しは異なりますが、値は同じなのでリレーションシップを作成できます。

売上テーブルを中心に、ほかのテーブルとの関係を示すことができました。この関係を図で表すと、データの全体像がよりわかりやすくなります。この図が「データモデル」です。次のページを見てみましょう。

データモデル=テーブルの関係性を視覚化

データモデルとは、テーブルの種類や関係を見せてくれるモデルです。前ページのテーブル同士のリレーションシップをデータモデルにすると以下のような図になります。

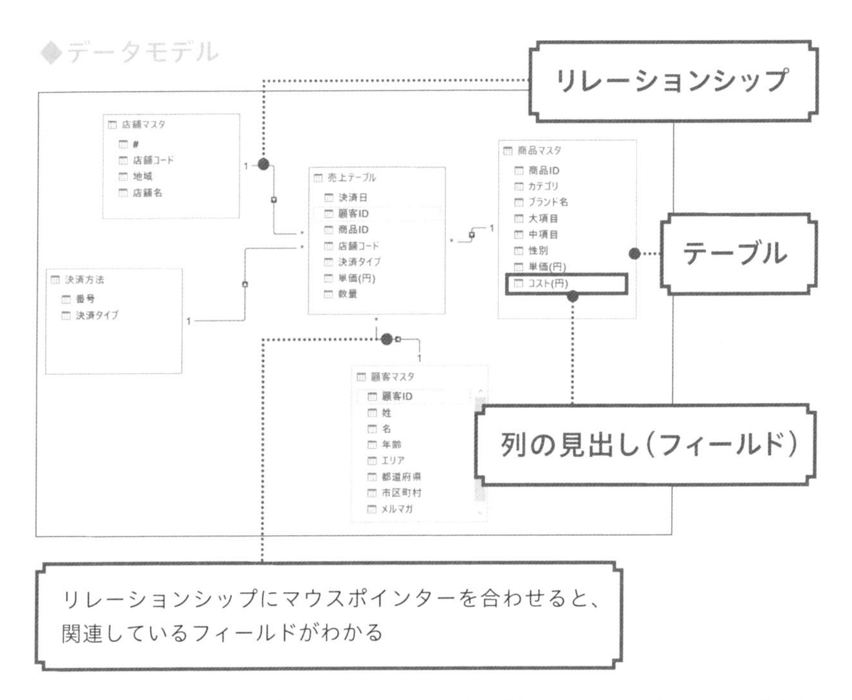

この図では、データが入っている5つの箱があります。これはテーブルを表しています。テーブルの中には、複数の項目が記されています。これは列の見出し(フィールド)です。

また、テーブルとテーブルの間には、線が引かれています。この線こそがリレーションシップです。リレーションシップにカーソルを合わせると、結ばれているフィールドに色がつき、どのフィールド同士が関連しているかがひと目でわかります。

上の図では[売上テーブル]の[顧客ID]と[顧客マスタ]の[顧客ID]に線が引かれています。これは、両方のテーブルに同じ顧客IDがあることを示しています。

テーブル間のデータを結びつけることによって、「どのエリアに住んでいる人の購入が多いのか」「メルマガの登録とリピーター率に相関関係があるか」など、データをいろいろな角度から分析できるのです。

理解を深めるHINT

リレーションシップされていない列同士は、分析できない

晴れてデータモデルが作れたので、いざ分析！ とピボットテーブルを作ってみると、直感で「この分析結果は間違っている」と感じるケースがあります。
たとえば、それぞれ顧客IDと商品IDを使って同じ分析をしているのに、異なる結果が返ってきてしまった場合は、リレーションシップが正しくつながっていない可能性があります。
上記の原因でエラーが発生すると、下の画像のようにピボットテーブルからアラートを受け取れます。もう一度、データモデルの流れに沿って正しく分析ができているかをまずは確認してみてください。

リレーションシップされていない項目で集計すると「テーブル間のリレーションシップが必要である可能性があります。」と表示される。

リレーションシップを正しく組むことは、パワーピボットの肝となります。実際に連携する方法は、次のレッスンで紹介します。

04

リレーションシップ／ダイアグラムビュー

FILE：Chap2-04.xlsx

ブック内のテーブルでリレーションシップを構築する

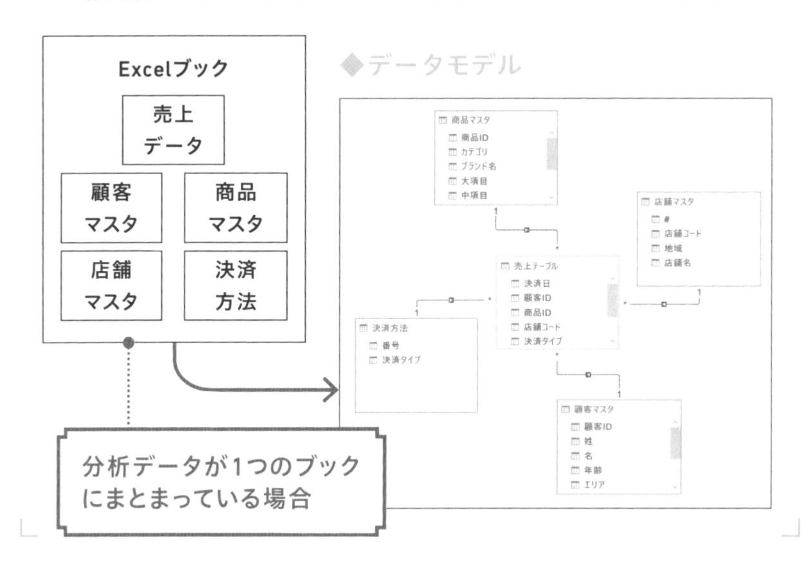

複数のワークシートの情報を横断して分析できる

それではここから、実際にリレーションシップを構築していきましょう。組み方は分析対象となるデータがどのような形でまとまっているかによって、3つのパターンがあります（Chapter2-01で紹介）。

このパートでは、最もシンプルなケースである「分析データが1つのブックにまとまっている」状態からスタートします。重要なのは、それぞれのシートから関連するデータを正しく見つけてあげることです。トランプゲームの「神経衰弱」のイメージで、仲間を見つけてあげるように楽しみながらやってみましょう！

POINT：

1 ［リレーションシップの管理］ダイアログボックスから新規作成

2 列の見出しが異なっても、データが同じならリレーションシップできる

3 データモデルは［ダイアグラムビュー］から確認する

MOVIE：

https://dekiru.net/ytpp204

リレーションシップを作成する

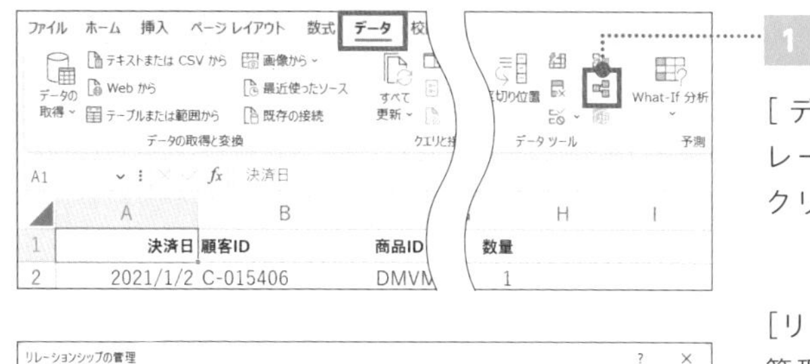

1 ［データ］タブ→［リレーションシップ］をクリック

リレーションシップの管理
状態　テーブル　関連ルックアップ テーブル
新規作成(N)...
自動検出(U)...
編集(E)...
アクティブ化(A)
非アクティブ化(I)
削除(D)
閉じる

［リレーションシップの管理］ダイアログボックスが表示される。

2 ［新規作成］をクリック

リレーションシップの作成
このリレーションシップに使用するテーブルと列の選択
テーブル(T):
ワークシート テーブル:売上テーブル
列 (外部)(U):
関連テーブル(R):
ワークシート テーブル:顧客マスタ
関連列 (プライマリ)(L):
同一レポートにテーブル間の関連データを表示するには、テーブル間のリレーションシップを作成する必要があります。
OK　キャンセル

3 ［テーブル］に［ワークシートテーブル：売上テーブル］を選択

4 ［関連テーブル］に［ワークシートテーブル：顧客マスタ］を選択

手順3の［テーブル］は、複数のテーブルが紐づけられる中心的なテーブルを選択しましょう。この場合は［売上テーブル］です。ピンと来ない方は、42ページの売上テーブルを確認してみましょう。

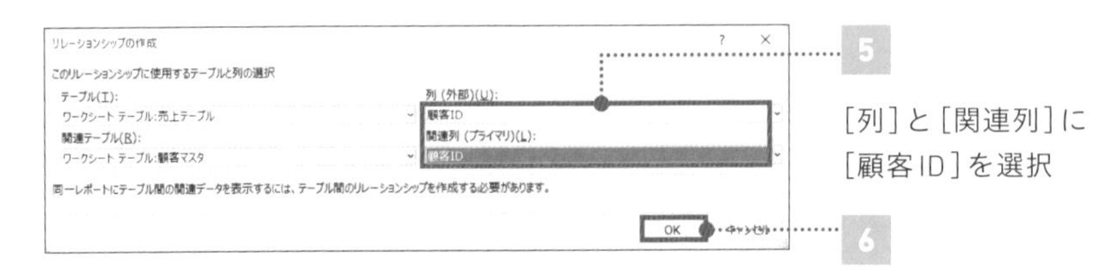

5

[列]と[関連列]に[顧客ID]を選択

6

[OK]ボタンをクリック

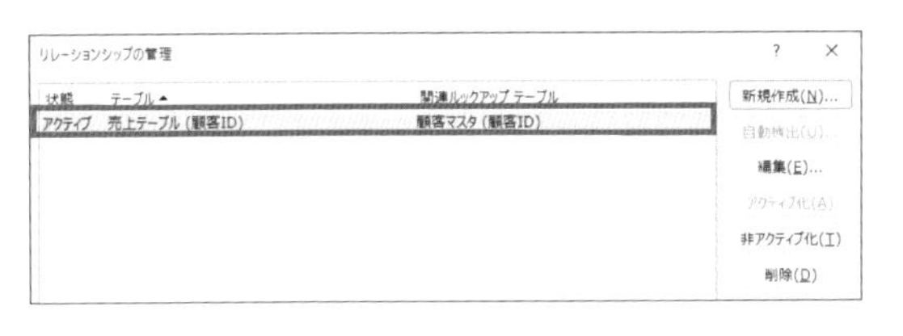

売上テーブル[顧客ID]と顧客マスタ[顧客ID]のリレーションシップが作成できた。

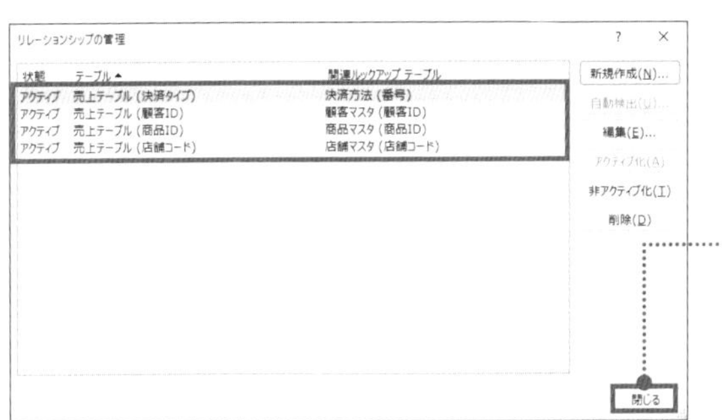

[新規作成]ボタンをクリックしてほかのテーブルもリレーションシップを作成しておく。

7

[閉じる]ボタンをクリック

理解を深めるHINT

[列]と[関連列]は名称が違っても大丈夫!

売上テーブル[顧客ID] ●――● 顧客マスタ[顧客ID]
売上テーブル[店舗コード] ●――● 店舗マスタ[店舗コード]
売上テーブル[顧客ID] ●――● 商品マスタ[顧客ID]
売上テーブル[決済ID] ●――● 決済方法[番号]

上の手順に沿って、上記のようにリレーションシップを作成できたでしょうか。ここで注目しておきたいポイントとしては、[売上テーブル]と[決済方法]のリレーションシップです。[決済ID]と[番号]のように列の名前は異なりますが、リレーションを構築できます。

データモデルを確認する

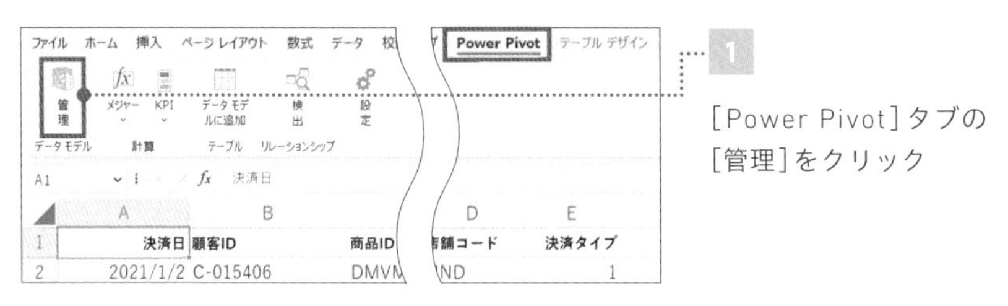

1 [Power Pivot] タブの[管理]をクリック

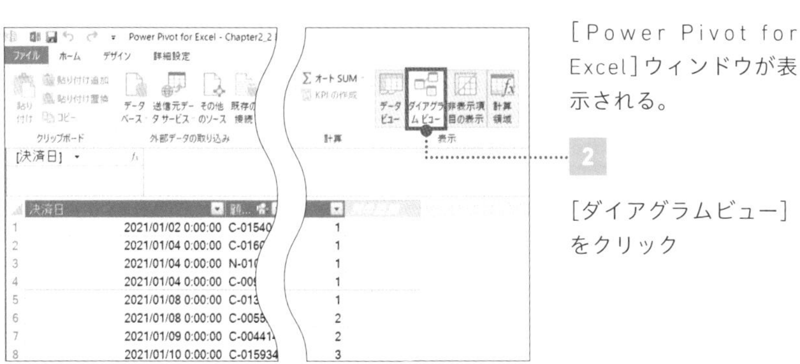

[Power Pivot for Excel] ウィンドウが表示される。

2 [ダイアグラムビュー] をクリック

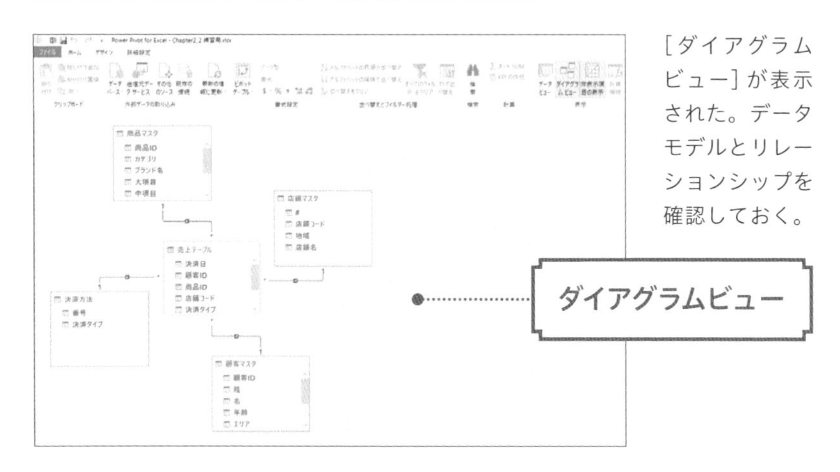

[ダイアグラムビュー] が表示された。データモデルとリレーションシップを確認しておく。

CHECK!

リレーションシップを消したいときは、[ダイアグラムビュー]で消したいリレーションシップを右クリックして[削除]を選択。[警告]ダイアログボックスが表示されるので、本当に消していいか確認して[OK]ボタンをクリックします。一度に複数消したいときは、Ctrl キーを押しながら選択して削除しましょう。

05

リレーションシップ／CSVファイル

FILE：Chap2-05.xlsx ／21-23売上.csv

CSVファイルを接続してリレーションシップを構築する

パワークエリを使ってCSVファイルのデータを取り込む

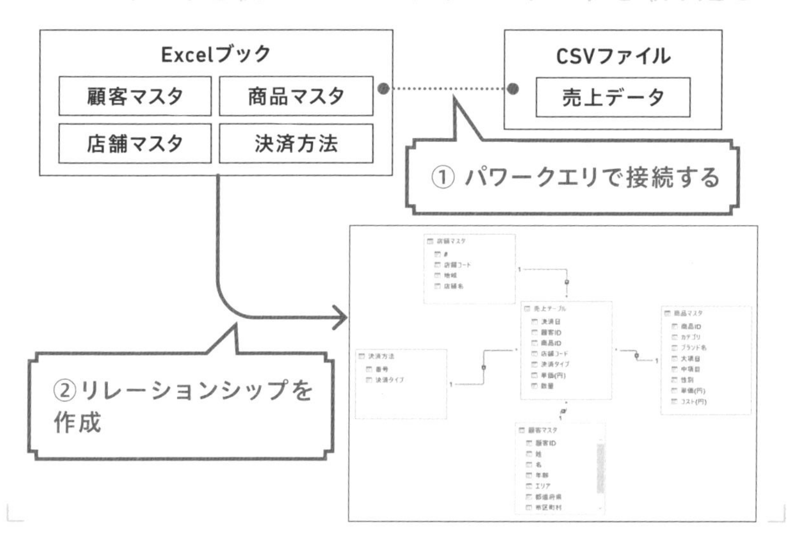

実務ではデータをCSVで取り込むケースが多い

続いて、データの一部がExcel形式ではなくCSVファイル（テキストデータ）で保管されているケースを想定しましょう。実務でも月次で提供されるCSVファイルを各自でダウンロードし、各々分析をするなど、こういったシチュエーションに出くわす機会は多いかもしれません。また、データをインポートする際に［接続の作成のみ］を選択すると、大量のデータでもファイルが重くならずに保管できます。

なお、CSVのデータを整形したい場合は、パワークエリを活用しましょう。ユースフルではパワークエリの動画も公開しています。

POINT：

1 CSVファイルもリレーションシップできる

2 定期的に更新されるデータは、パワークエリで接続する

3 CSVファイルのデータを更新しても、リレーションシップはそのまま

MOVIE：

https://dekiru.net/ytpp205

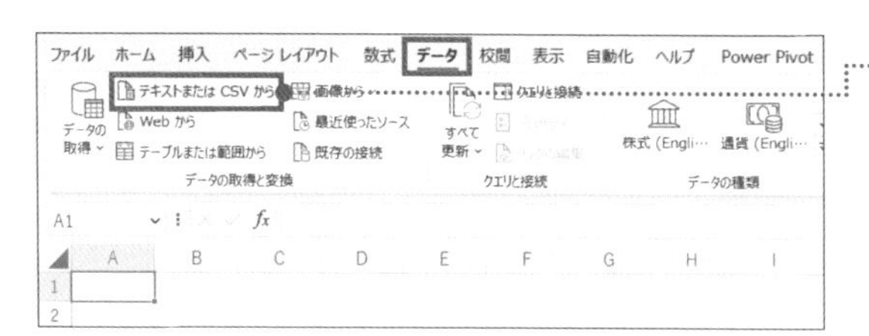

1 [データ]タブ→[テキストまたはCSVから]をクリック

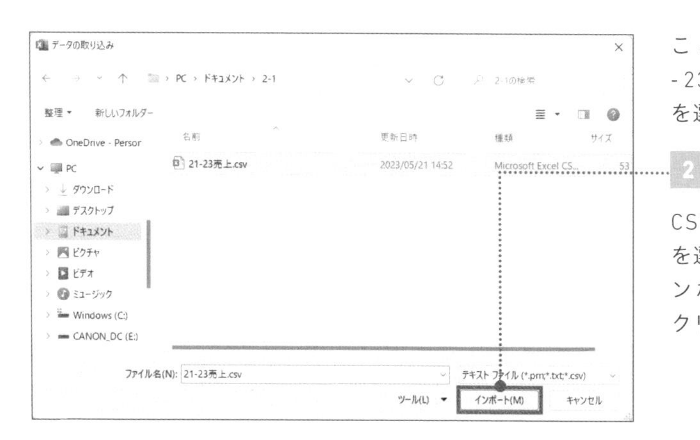

ここでは[21-23売上.csv]を選択する。

2 CSVファイルを選択して[インポート]をクリック

CSVファイルとは、データをカンマで区切って保存したテキストファイルのことです。データ容量が軽く、互換性が高いという特長があり、データベースでよく使われます。

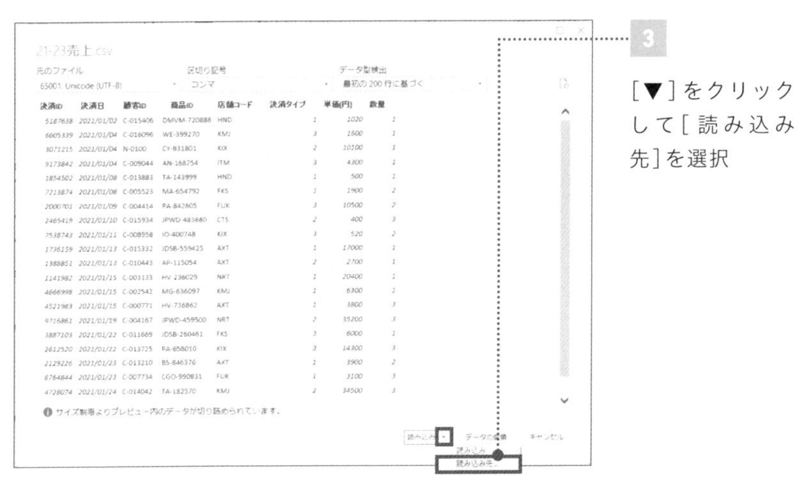

3

[▼]をクリックして[読み込み先]を選択

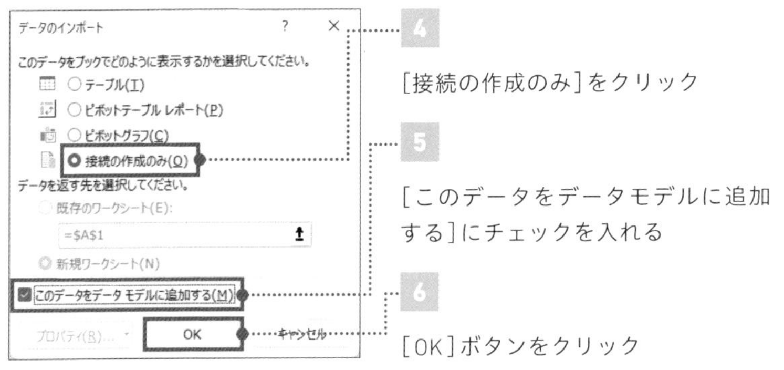

4

[接続の作成のみ]をクリック

5

[このデータをデータモデルに追加する]にチェックを入れる

6

[OK]ボタンをクリック

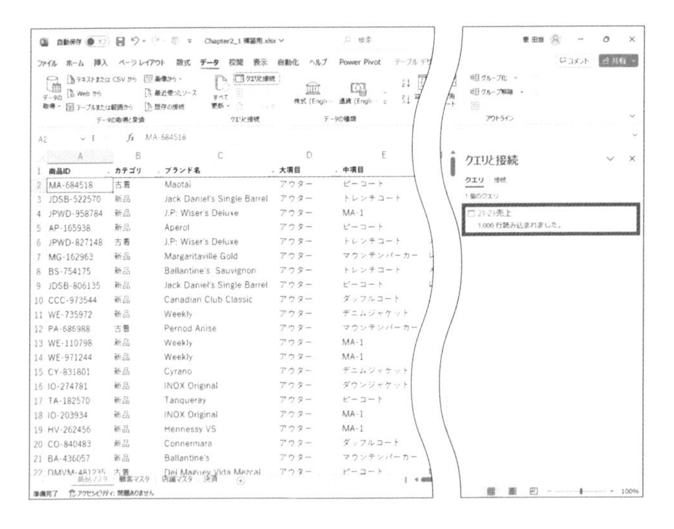

CSVファイルとExcelブックが接続できた。

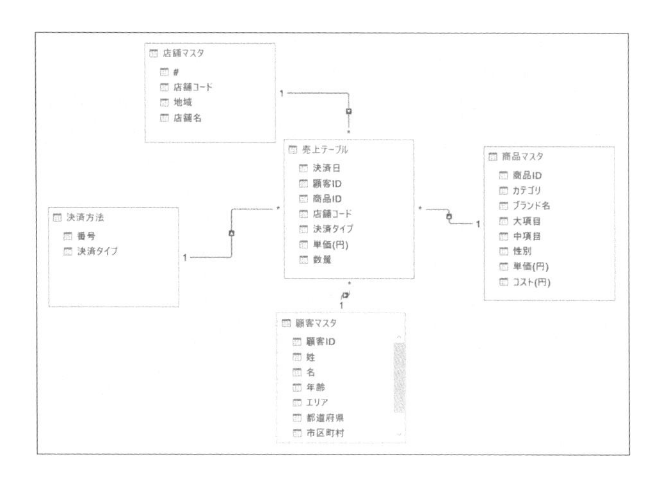

Chapter2-04を参考に、リレーションシップを作成しておく。

理解を深めるHINT

毎月のCSVデータを簡単に更新するには

「CSVは毎月新しいものが配布されるのだけど、毎回データを整えたり結合したりするのが面倒」、そんな悩みがある方はぜひパワークエリを活用してみてください。このときのコツは読み込み対象を[CSV]にするのではなく、[フォルダ]にしておくこと。[データ]タブの[データの取得]をクリックして[ファイルから]→[フォルダーから]を選択します。指定したフォルダに新規のCSVファイルを追加し、[更新]ボタンを押すだけで完了します。詳しくは、下の二次元バーコードの動画でも解説しています。

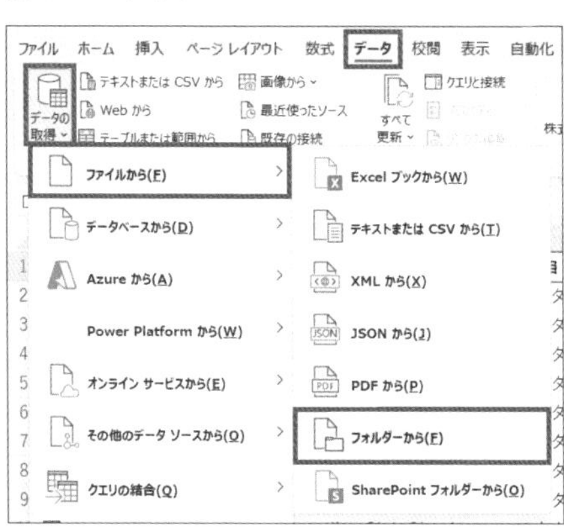

[データの取得]→[ファイルから]→[フォルダーから]をクリック

【一瞬で結合】大量CSVファイルをワンクリックで1つのExcelに！
https://www.youtube.com/watch?v=vkqjVGN6ius

06

リレーションシップ

FILE：Chap2-06.xlsx

外部のブックと接続して リレーションシップを構築する

生データは外部に置いて、集計用のブックを作成

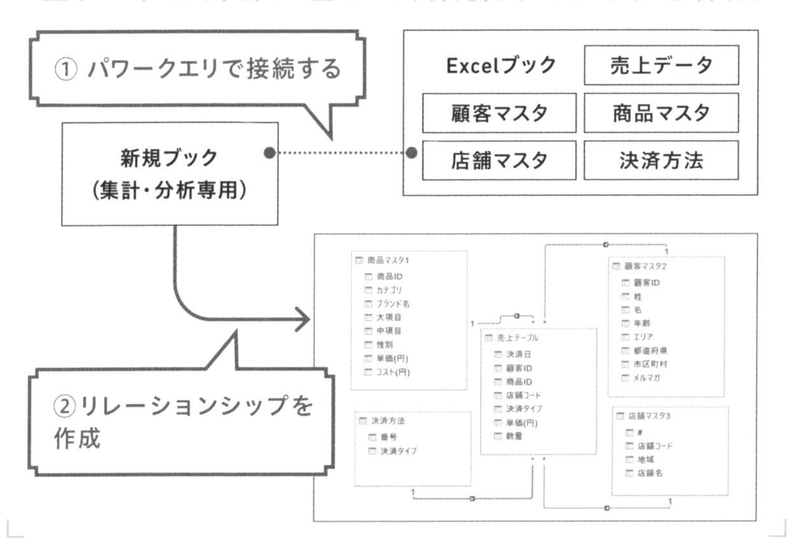

大量データの場合は、外部接続がおすすめ

今回は、パワーピボット用に新しくExcelブックを作成する方法です。「一見なんの意味が？」と思いますが、実は2つのメリットがあります。

① **データ量を抑えられる：**Chapter1のコラムで紹介したように、データ量の増加を抑えられます。

② **元データが上書きされない：**組織間で共有していると間違えて元データに手をつけてしまう、なんてことが起こりがちです。そんな最悪の事態を防ぐため、あらかじめ元データと分析データを分けられます。

POINT：

1 外部のブックと連携したほうがブックのデータが軽い

2 ドラッグ＆ドロップでリレーションシップする

3 外部のブックを更新しても、集計・分析データに反映される

MOVIE：

https://dekiru.net/ytpp206

外部のExcelブックを取り込む場合

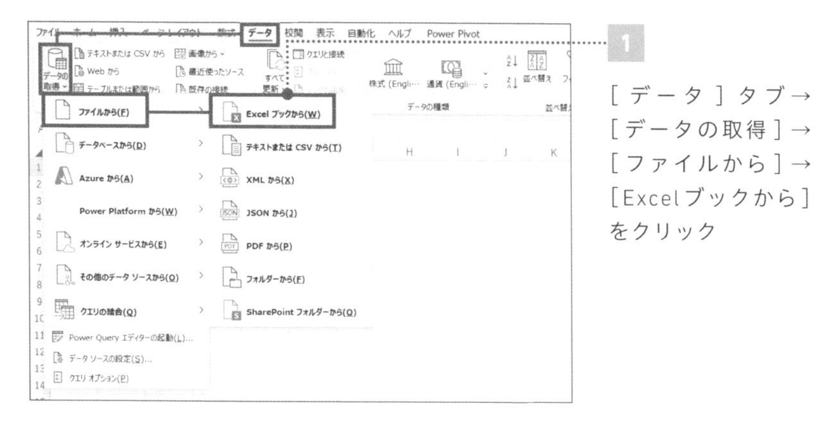

1

［データ］タブ→［データの取得］→［ファイルから］→［Excelブックから］をクリック

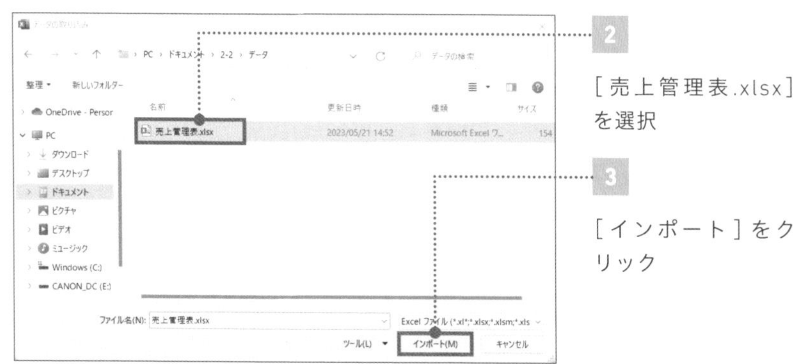

2

［売上管理表.xlsx］を選択

3

［インポート］をクリック

1つのブックにすべてのデータを置くよりも、外部接続したほうが、サクサク分析できます！

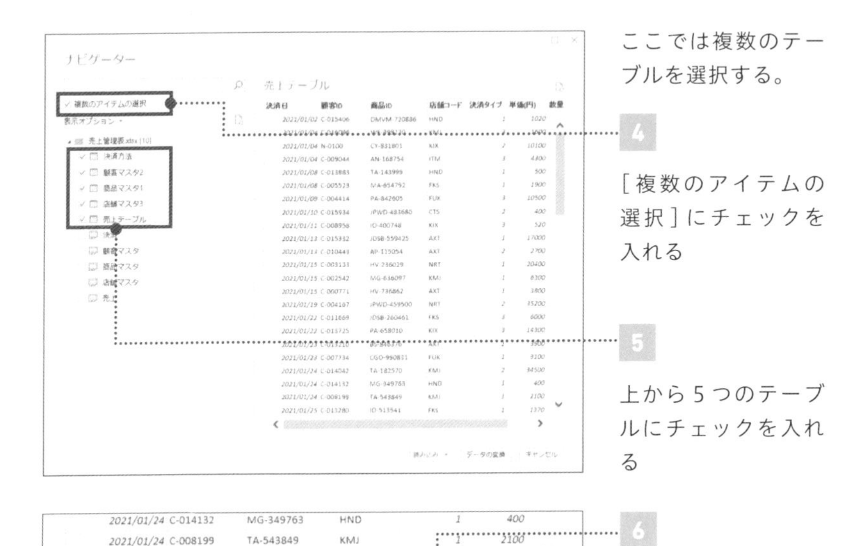

ここでは複数のテーブルを選択する。

4

［複数のアイテムの選択］にチェックを入れる

5

上から5つのテーブルにチェックを入れる

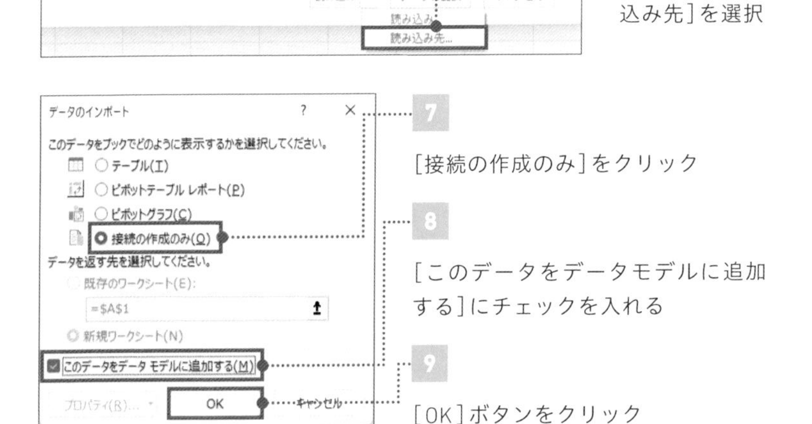

6

［読み込み］の［▼］をクリックして、［読み込み先］を選択

7

［接続の作成のみ］をクリック

8

［このデータをデータモデルに追加する］にチェックを入れる

9

［OK］ボタンをクリック

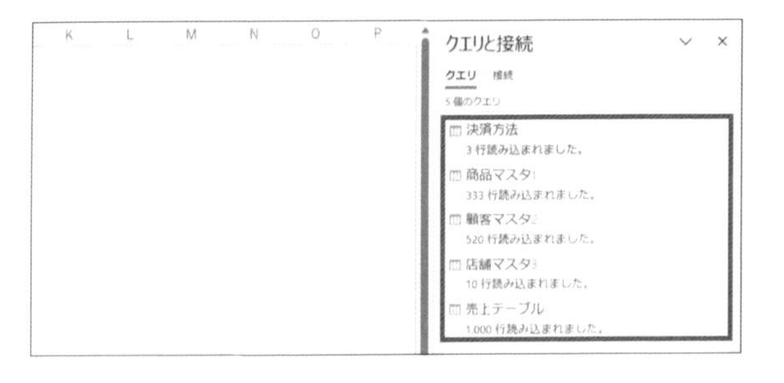

［クエリと接続］パネルに5つのテーブルが読み込めたことを確認できた。

手作業でリレーションシップを作成する

49ページを参考に、ダイアグラムビューを表示しておく。

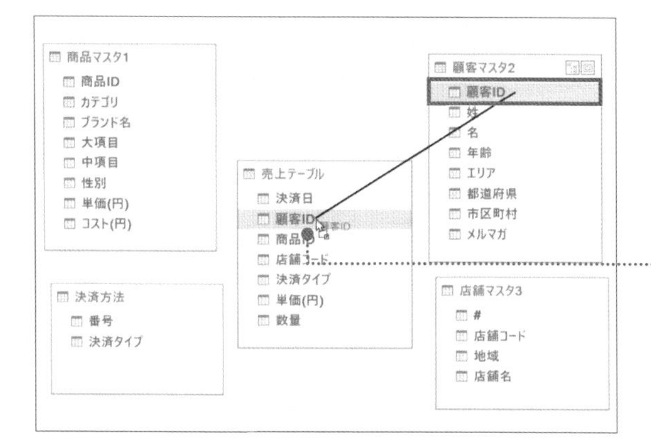

1

[売上テーブル]を中心にドラッグして、そのほかのテーブルも四隅に移動

2

[顧客マスタ]の[顧客ID]を[売上テーブル]の[顧客ID]までドラッグ

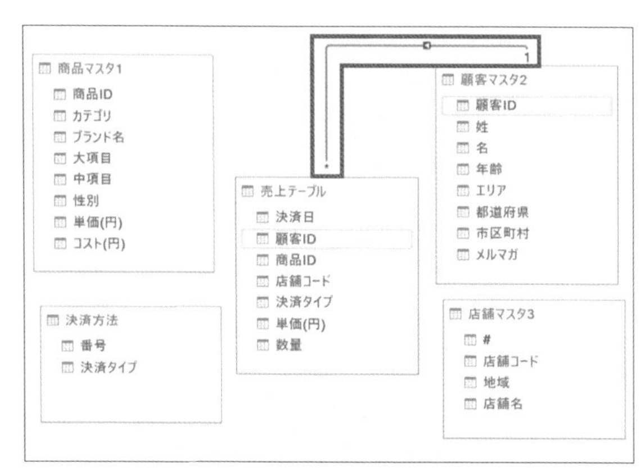

[売上テーブル]と[顧客マスタ]のリレーションシップが作成できた。

ほかのテーブルのリレーションシップも作成しておく。

連携したい列までドラッグして、リレーションシップを作成しましょう。

07

ファクトテーブル／スタースキーマ

データモデルが正しく組めているか確認しよう

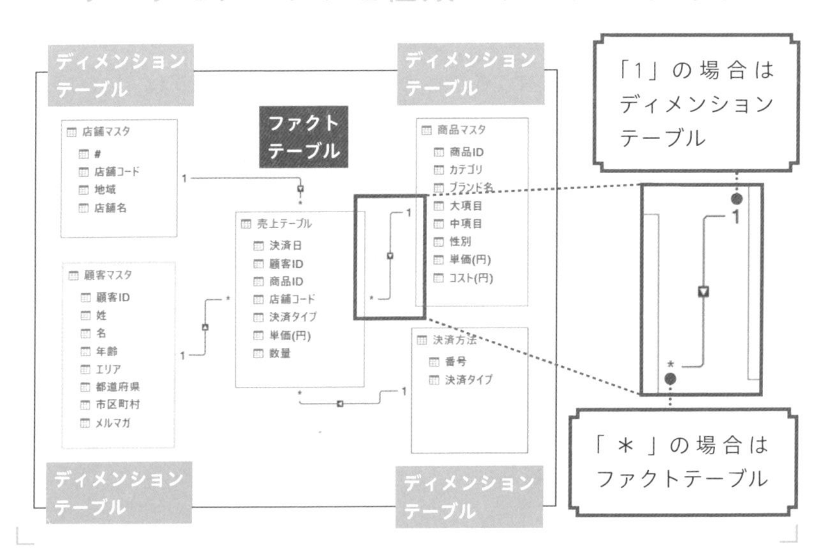

「ファクトテーブル」と「ディメンションテーブル」の違い

テーブルには、ファクトテーブルとディメンションテーブルの2種類があります。ファクトテーブルは「いつ何が売れたのか」といったような事実（ファクト）がベースになったテーブルです。

ディメンションテーブルは、会員IDや商品IDなどのユニークな値を持つテーブルのことです。ディメンションテーブルには、重複しないユニークな値が入ります。今回の例では売上テーブルがファクトテーブル、それ以外がディメンションテーブルです。

POINT：

1 ファクトテーブルは、事実がベースになったテーブルのこと

2 ディメンションテーブルは、ユニークな値を持つテーブルのこと

3 スタースキーマでリレーションシップを組む

MOVIE：

https://dekiru.net/ytpp207

リレーションシップの先端に注目

リレーションシップは、ファクトテーブルとディメンションテーブルを結んでいます。リレーションシップの先端をよくみると、ファクトテーブルには「＊」（アスタリスク）、ディメンションテーブルには「1」が記されています。データモデルを作成した際は、先端の文字を確認して正しくファクトテーブルとディメンションテーブルを指定できているかを確認しましょう。

データモデルはスタースキーマで作ろう

ファクトテーブルを中心に、ディメンションテーブルがつながっている図を「スタースキーマ」と呼びます。今回のデータモデル同様に、特段の事情がない限りは、スタースキーマでリレーションシップを作成します。一方で、右図を「スノーフレークスキーマ」と呼び、ファクトテーブルに紐づかないディメンションテーブルがある状態です。

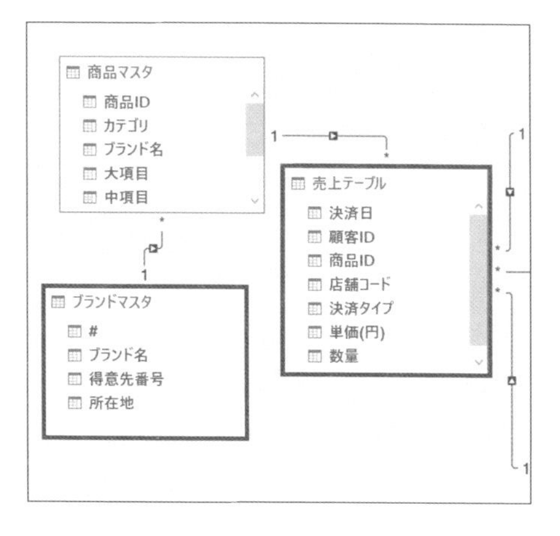

08

FILE : Chap2-08.xlsx

ピボットテーブル／重複しない値の数

データモデルができたらピボットテーブルで分析してみよう

ピボットテーブルだけではできない便利技

ブランド別に売上数を集計

	行ラベル	カウント / 商品ID
2		
3	行ラベル	カウント / 商品ID
4	INOX Original	23
5	Weekly	19
6	Cyrano	18
7	J.P: Wiser's Deluxe	18
8	Aperol	17
9	Jack Daniel's Single Barrel	17
10	Pernod Anise	16
11	Margaritaville Gold	16
12	Chivas Regal	16
13	Macchu Pisco	16
14	Hennessy VS	16
15	Tanqueray	15
16	Connermara	15
17	Jinro 24 Soju	14
18	Ballantine's Sauvignon	14

[ピボットテーブルでできること]

ブランド別に売上数と商品数を集計

	行ラベル	カウント / 商品ID	個別カウント / 商品ID2
2			
3	行ラベル	カウント / 商品ID	個別カウント / 商品ID2
4	Andy's	31	10
5	Aperol	60	17
6	Ballantine's	29	9
7	Ballantine's Sauvig	35	13
8	Canadian Club Clas	28	9
9	Catoctin Greek Org	35	11
10	Chivas Regal	57	15
11	Connermara	37	13
12	Cyrano	49	17
13	Del Maguey Vida M	21	7
14	Disaronno Amarettc	28	8
15	Hennessy VS	39	16
16	INOX Original	84	23
17	J.P: Wiser's Deluxe	62	16
18	Jack Daniel's Single	62	14

[パワーピボットだけでできること]

ピボットテーブルの基本的な使い方をまず覚えよう

構築したリレーションシップをもとに、ピボットテーブルで集計してみましょう。ピボットテーブルは、縦軸と横軸、値などに項目を割り振って、さまざまな角度から分析が可能です。関数不要で、マウス操作だけで集計できるため、Excel初心者にもおすすめの機能です。

今回は、ブランド別の売上数を求めて、その後に、ブランド別の商品数を求めてみます。後者の集計はパワーピボットならではの便利機能です。

POINT：

1 ピボットテーブルはマウス操作だけでデータ分析ができる

2 ピボットテーブルの挿入時は[データモデル]を選択しよう

3 リレーションシップが構築できていると[重複しない値の数]も集計できる

MOVIE：

https://dekiru.net/ytpp208

ブランドごとの売り上げを集計する

1 [挿入]タブ→[ピボットテーブル]→[データモデルから]をクリック

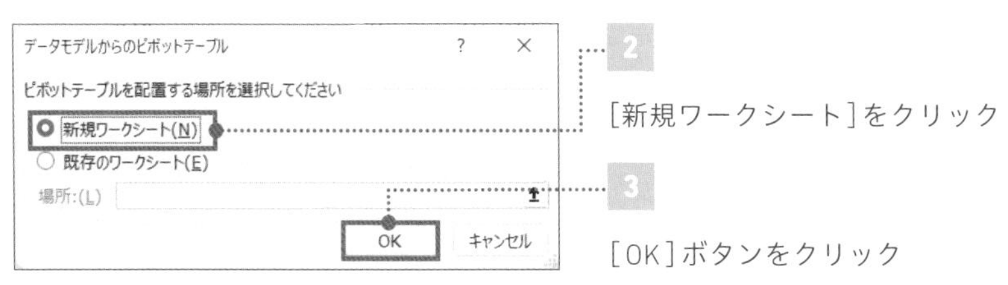

2 [新規ワークシート]をクリック

3 [OK]ボタンをクリック

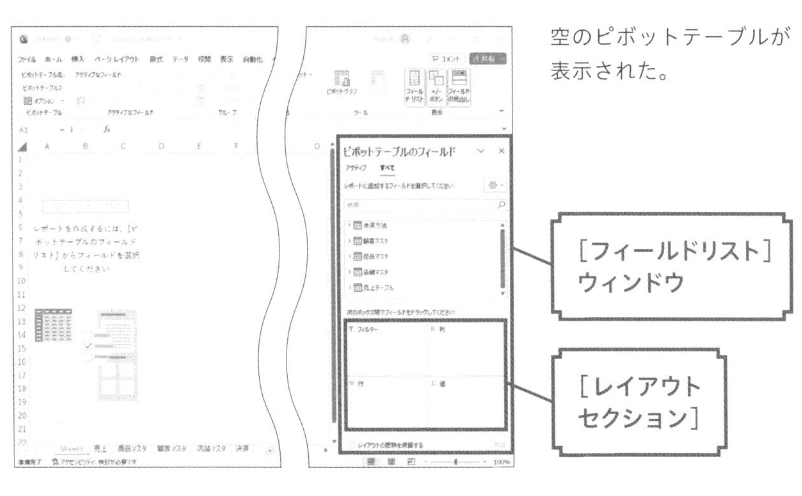

空のピボットテーブルが表示された。

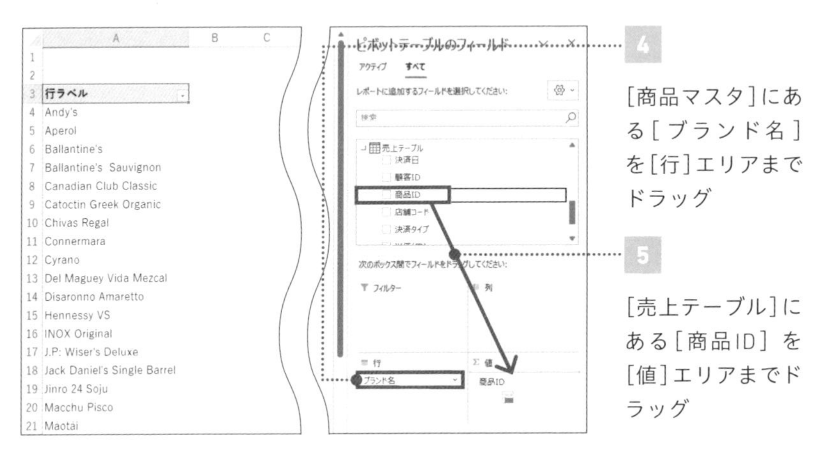

4

[商品マスタ]にある[ブランド名]を[行]エリアまでドラッグ

5

[売上テーブル]にある[商品ID]を[値]エリアまでドラッグ

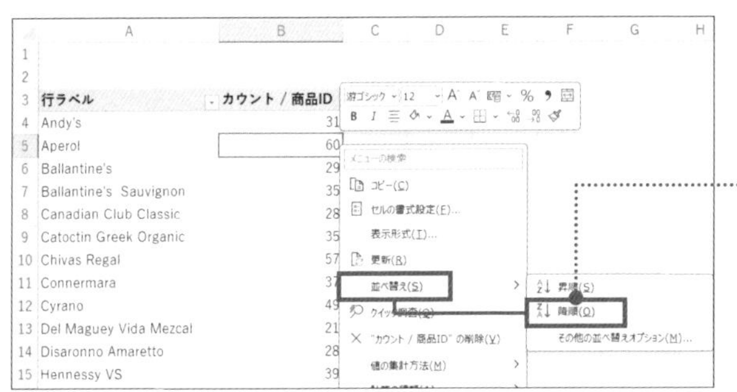

行にブランド名、列に商品IDが追加された。

6

B列の値を右クリックして、[並べ替え]→[降順]を選択

行ラベル	カウント / 商品ID
INOX Original	84
Jack Daniel's Single Barrel	62
Margaritaville Gold	62
J.P: Wiser's Deluxe	62
Pernod Anise	60
Aperol	60
Chivas Regal	57
Cyrano	49
Tanqueray	46
Macchu Pisco	44
Maotai	43
Hennessy VS	39
Connermara	37
Weekly	36
Catoctin Greek Organic	35
Ballantine's Sauvignon	35
Andy's	31
Ballantine's	29

売上数が多い順(降順)に並び替わった

ここからパワーピボットならではの一歩踏み込んだ分析テクニックを紹介します！

ブランドごとに売れた商品の種類を出す

	A	B	C
1			
2			
3	行ラベル	カウント / 商品ID	カウント / 商品ID2
4	Andy's	31	31
5	Aperol	60	60
6	Ballantine's	29	29
7	Ballantine's Sauvignon	35	35
8	Canadian Club Classic	28	28
9	Catoctin Greek Organic	35	35
10	Chivas Regal	57	57
11	Connermara	37	37
12	Cyrano	49	49
13	Del Maguey Vida Mezcal	21	21
14	Disaronno Amaretto	28	28
15	Hennessy VS	39	39
16	INOX Original	84	84
17	J.P: Wiser's Deluxe	62	62
18	Jack Daniel's Single Barrel	62	62
19	Jinro 24 Soju	24	24
20	Macchu Pisco	44	44
21	Maotai	43	43

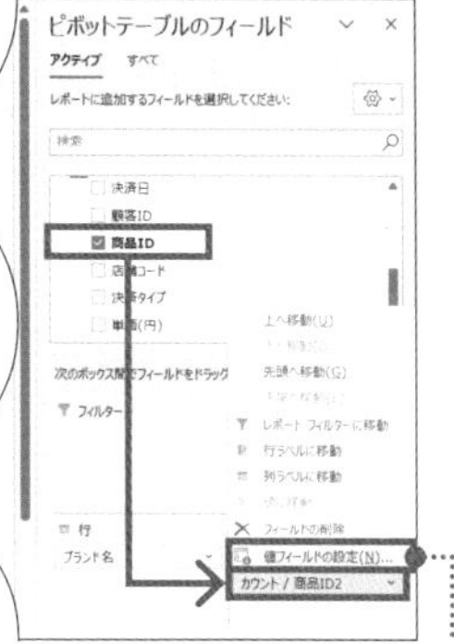

1

[売上テーブル]にある[商品ID]を[値]エリアまでドラッグ

C列にB列と同じ売上数が表示された。

2

[カウント/商品ID 2]をクリックして、[値フィールドの設定]を選択

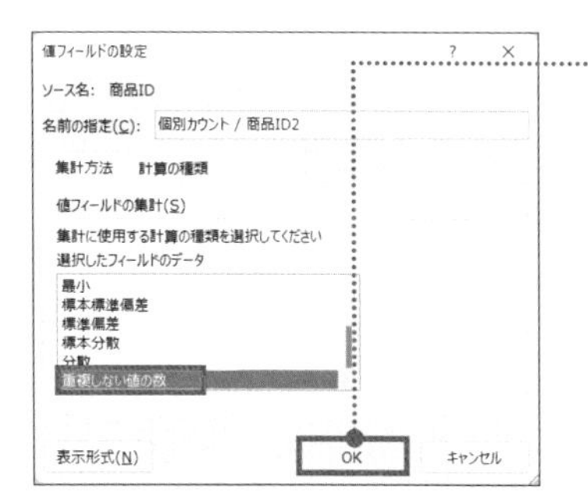

3

[重複しない値の数]を選択して[OK]をクリック

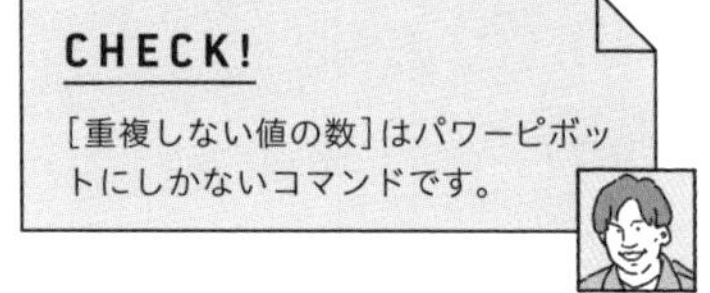

CHECK!

[重複しない値の数]はパワーピボットにしかないコマンドです。

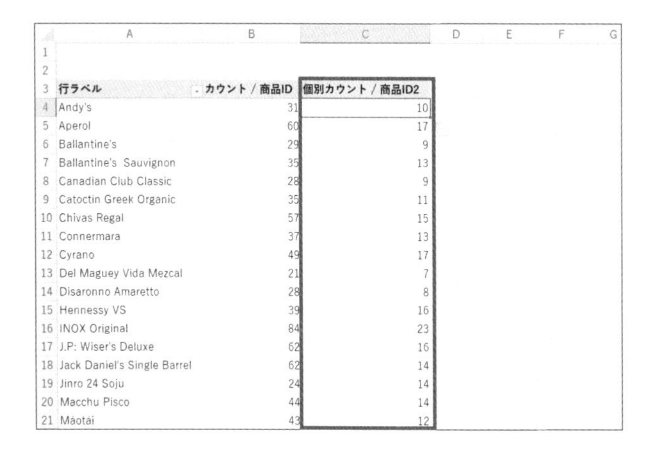

	A	B	C
1			
2			
3	行ラベル	カウント / 商品ID	個別カウント / 商品ID2
4	Andy's	31	10
5	Aperol	60	17
6	Ballantine's	29	9
7	Ballantine's Sauvignon	35	13
8	Canadian Club Classic	28	9
9	Catoctin Greek Organic	35	11
10	Chivas Regal	57	15
11	Connermara	37	13
12	Cyrano	49	17
13	Del Maguey Vida Mezcal	21	7
14	Disaronno Amaretto	28	8
15	Hennessy VS	39	16
16	INOX Original	84	23
17	J.P: Wiser's Deluxe	62	16
18	Jack Daniel's Single Barrel	62	14
19	Jinro 24 Soju	24	14
20	Macchu Pisco	44	14
21	Maotai	43	12

C列にブランドごとに売れた商品の数が表示された。

09

クライアントツール
に非表示
／階層の作成

FILE：Chap2-09.xlsx

仕事ができる人は
データモデルが美しい

データモデルを使い勝手よく整理しよう

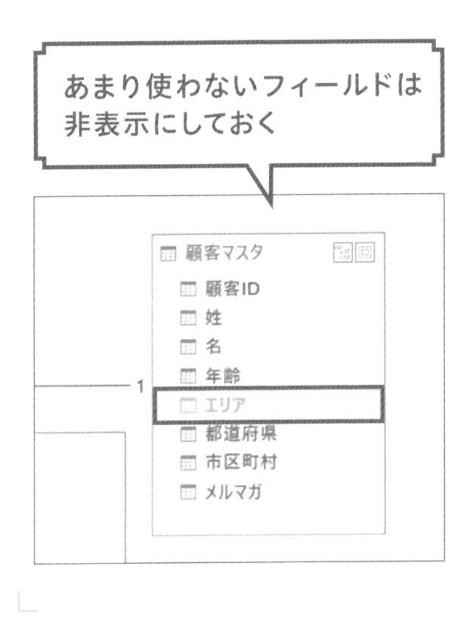

フィールドの階層を作成
してグループ化する

顧客マスタ
年齢
エリア
都道府県
市区町村
メルマガ
住所
エリア (エリア)
都道府県 (都道…
市区町村 (市区…

フィールドを整理しておくことで分析しやすくなる

データモデルに組み込まれるデータが増えるほど、「あれ、あのデータどこに保管していたっけ……？」と探す時間が増えがちです。せっかくパワーピボットで業務効率化をしたいのに、これでは本末転倒ですよね。

このレッスンでは、そんな悩みを解消するための整理整頓術を2つ紹介していきます。「仕事がデキる人は机の上がいつもきれい」と一度は聞いたことがあるでしょう。データモデルも同じです。いつ、誰が見てもわかりやすいデータモデルを目指してみてください。

POINT：

1 フィールドを整理しておくと、ピボットテーブルで分析しやすい

2 不要なフィールドは非表示にする

3 似たようなフィールドは階層にまとめる

MOVIE：

https://dekiru.net/ytpp209

あまり使わないフィールドを非表示にする

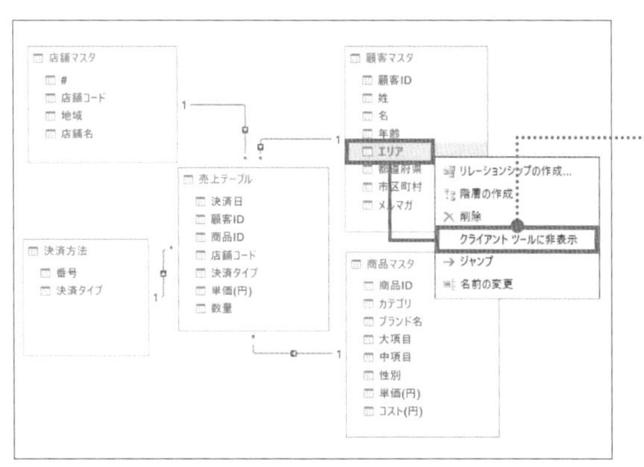

ダイアグラムビューに切り替えておく。

1

［顧客マスタ］の［エリア］を右クリックして［クライアントツールに非表示］をクリック

CHECK!

データ分析に必要な項目だけ表示しておきましょう。

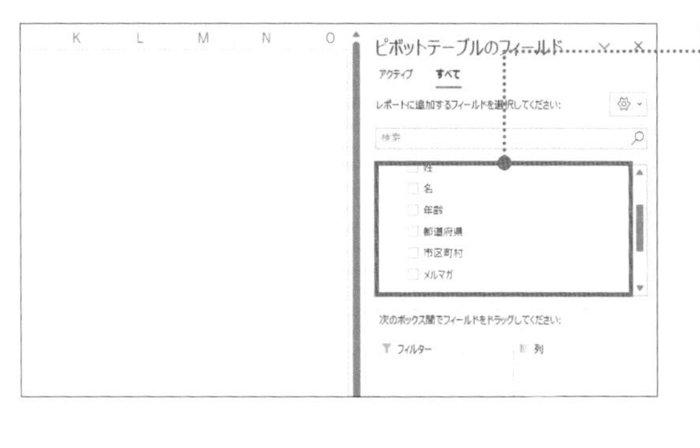

2

ピボットテーブルのシートに切り替えてフィールドを確認

ピボットテーブルの［顧客マスタ］フィールドに［エリア］が表示されなくなった。

再表示したいときは、手順1と同様に、［エリア］を右クリックして［クライアントツールに表示］を選択します。

フィールドの階層を作成してグループ化する

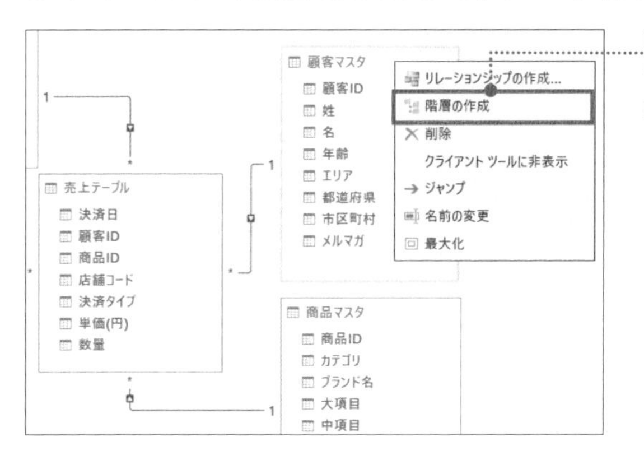

1

顧客マスタを右クリックして[階層の作成]をクリック

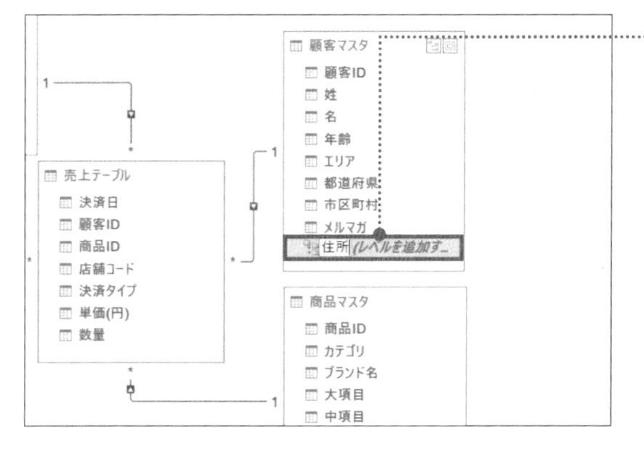

2

ここでは[住所]と名前を付ける

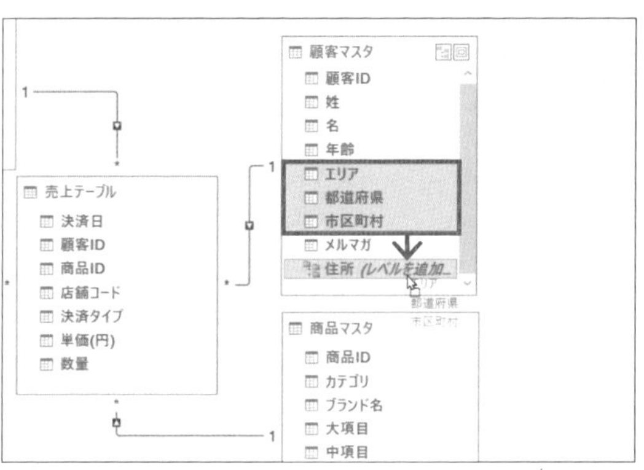

3

[エリア][都道府県][市区町村]を選択して[住所]にドラッグ

CHECK!

間違ったフィールドをドラッグしてしまった場合は、もう一度元の位置にドラッグしましょう。

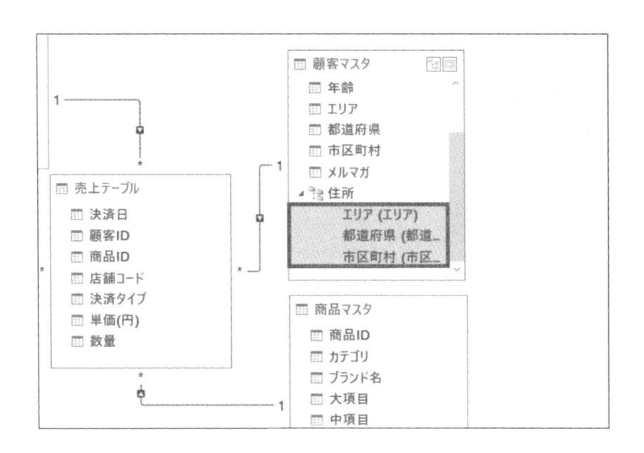

[住所]の下に[エリア][都道府県][市区町村]が挿入された。

CHECK!

階層を解除したいときは[住所]を右クリックして、[削除]を選択します。

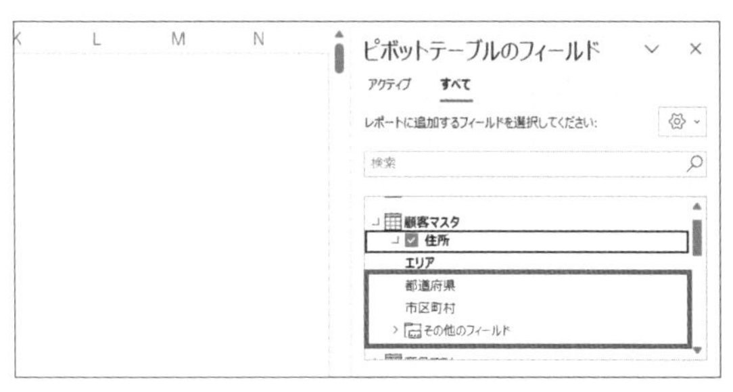

4

ピボットテーブルのシートに切り替えて住所の階層が表示されたことを確認

理解を深めるHINT

階層を作っておくと集計結果もグループ化される

上の手順で作成した[住所]フィールドを[行]エリアにドラッグすると、階層別に集計できました。[+][−]をクリックすることでデータの詳細を切り替えられます。

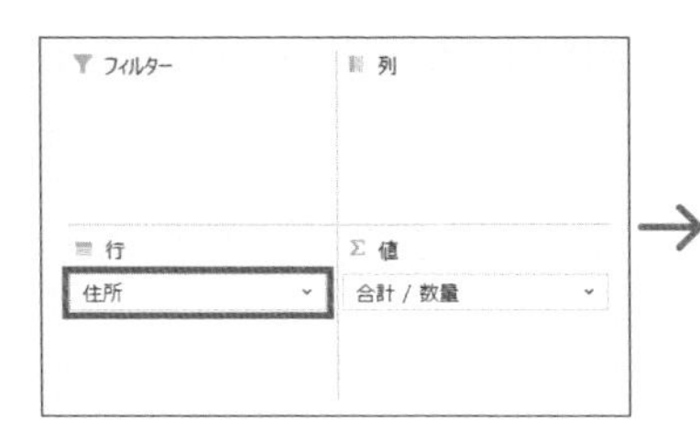

エリア > 都道府県 > 市区町村と行が展開できる

	行ラベル	合計 / 数量
2		
3	行ラベル	合計 / 数量
4	⊟A	
5	⊟宮城県	
6	仙台市	26
7	多賀城市	5
8	大崎市	1
9	⊟青森県	
10	青森市	5
11	八戸市	3
12	⊞北海道	110
13	⊞B	77

10

データモデルのコピー

FILE：Chap2-10.xlsx

作成したパワーピボットをほかのブックにコピーする

データモデルごとテーブルをコピーする方法

◆元データ

	A	B
1		
2		
3	**行ラベル**	**カウント / 商品ID**
4	アウター	237
5	アクセサリー	102
6	シューズ	69
7	トップス	174
8	パンツ	105
9	フォーマル	82
10	雑貨	102
11	帽子	97
12	腕時計	32
13	**総計**	**1000**
14		

COPY

◆新規ブック

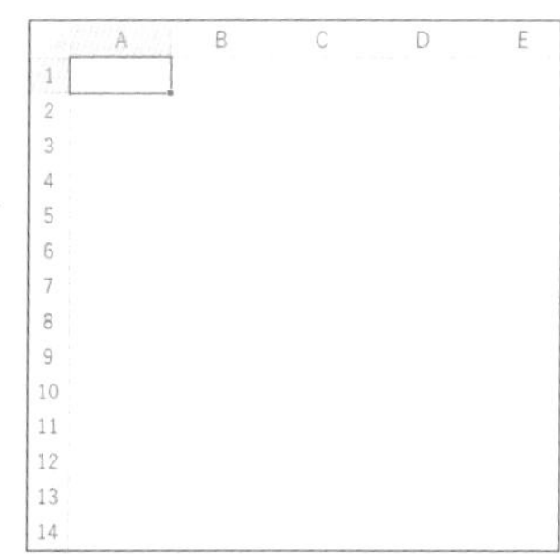

「実務で使っているデータでパワーピボットを練習したいけど、データを壊したら大変……」という方は、新規ブックにデータモデルごとコピーしましょう。ただし、少しコツがありますので紹介します。

コピペでそのまま貼り付けると不具合が起きてしまう

Chapter2の最後のレッスンでは、データモデルを構築後に作成したパワーピボットを、新規のブックにコピーする方法を紹介します。単にピボットテーブルをコピーして、新規ブックに貼り付けるだけでは、正しく動作しません。ピボットテーブルは、現在エリアに挿入されているテーブルしかコピーされないからです。 ですから、コピーする前に、データ分析に必要なフィールドをエリアにすべて入れておく必要があります。コピーする場面があるときは、このひと手間を忘れないでください。

POINT：

1 データモデルごとコピーする必要がある

2 コピーする前に、テーブルのフィールドを選択しておく

3 きちんとコピーできたか、データモデルを確認する

MOVIE：

https://dekiru.net/ytpp210

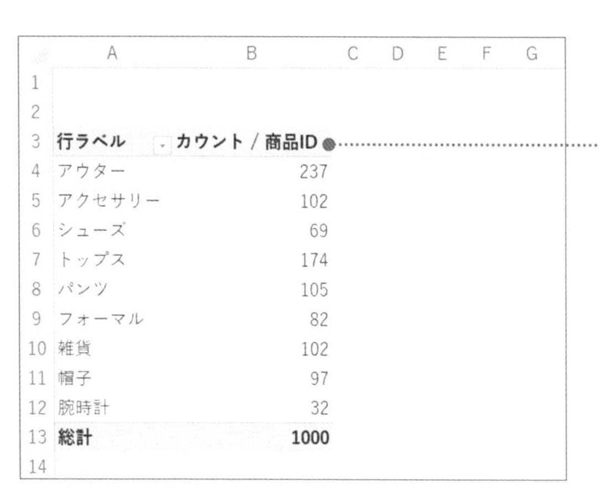

	A	B
1		
2		
3	行ラベル	カウント / 商品ID
4	アウター	237
5	アクセサリー	102
6	シューズ	69
7	トップス	174
8	パンツ	105
9	フォーマル	82
10	雑貨	102
11	帽子	97
12	腕時計	32
13	総計	1000
14		

コピーしたいピボットテーブルを表示しておく。

1 ピボットテーブルをクリック

CHECK!

現在、商品マスタの[大項目]と売上テーブルの[商品ID]が選択されて、集計されている状態です。

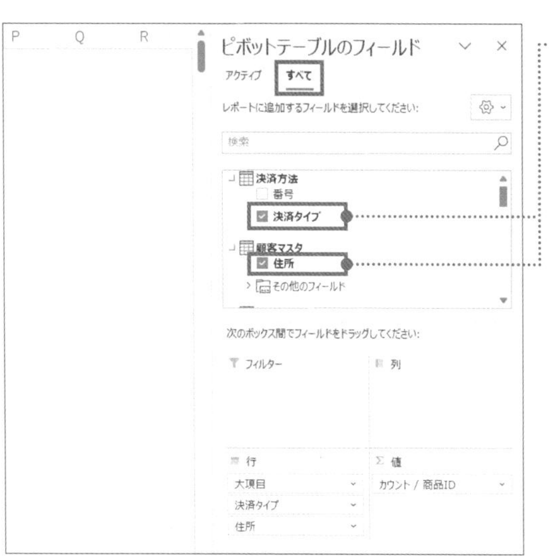

2 [すべて]をクリックして[決済タイプ][住所]にチェックを入れる

CHECK!

データモデルをコピーするには、すべてのテーブルを集計表に入れる必要があるので、まだ選択できていない決済方法・顧客マスタ・店舗マスタのフィールドを各テーブルにつき1つ選択していきます。

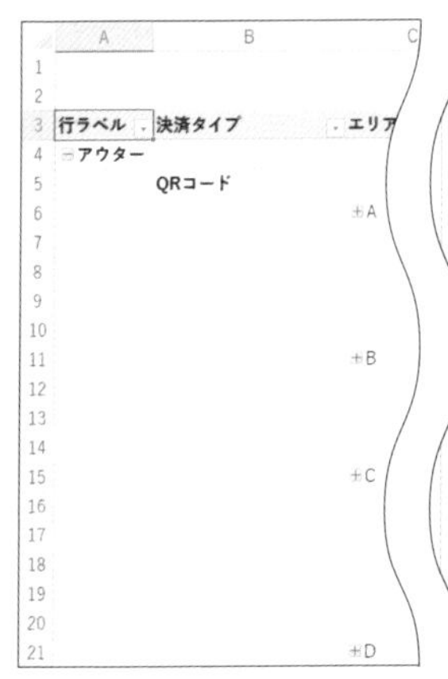

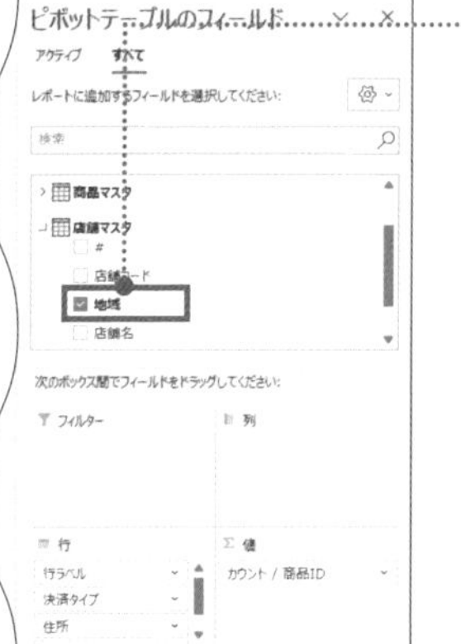

3

［店舗マスタ］にある［地域］にチェックを入れる

必要なテーブルをすべて選択しているので、全然意味の通らない分析になっていますけど、ひとまずこれでOKです！

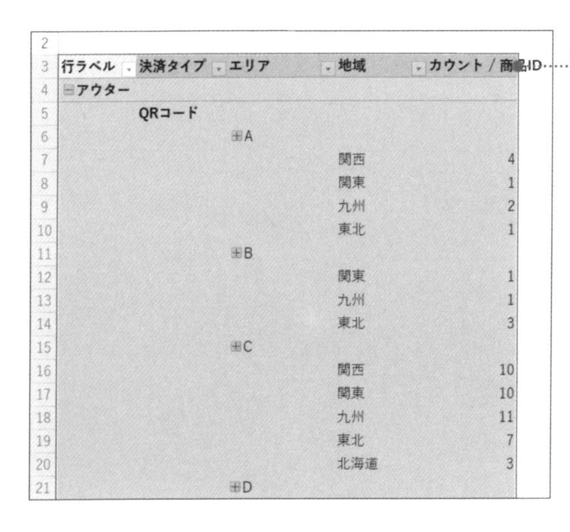

	行ラベル	決済タイプ	エリア	地域	カウント / 商品ID
2					
3	行ラベル	決済タイプ	エリア	地域	カウント / 商品ID
4	⊟アウター				
5		QRコード			
6			⊞A		
7				関西	4
8				関東	1
9				九州	2
10				東北	1
11			⊞B		
12				関東	1
13				九州	1
14				東北	3
15			⊞C		
16				関西	10
17				関東	10
18				九州	11
19				東北	7
20				北海道	3
21			⊞D		

4

ピボットテーブルを選択して Ctrl + A キーを押す

5

Ctrl + C キーを押す

CHECK!

Ctrl + A はグラフを全選択するショートカットキーです。ALLの「A」と覚えるといいでしょう。

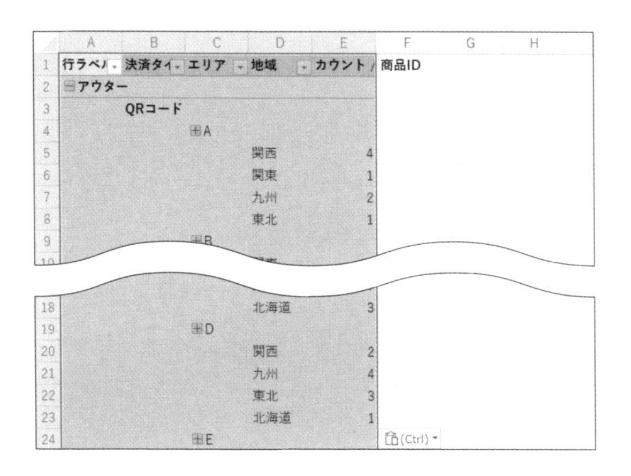

6

新規ブックを作成して、Ctrl+Vキーを押す

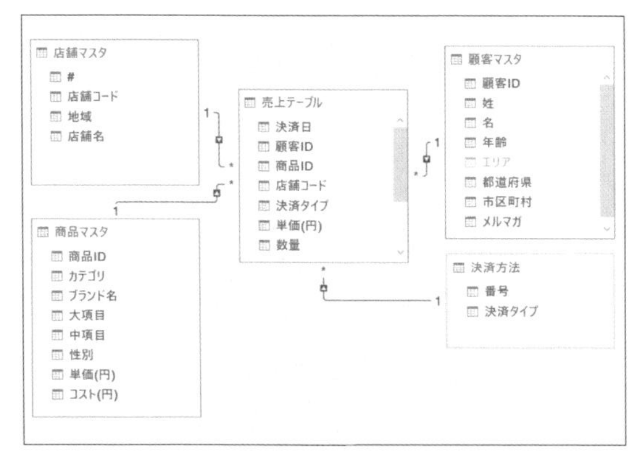

7

貼り付けられたら、49ページを参考にダイアグラムビューを表示しておく。

データモデルもコピーされていることを確認できた。

理解を深めるHINT

そのまま貼り付けたら、データモデルはどうなる？

もし、手順1～3を飛ばして、最初のピボットテーブルをそのままコピー＆ペーストすると、右図のデータモデルになってしまいます。2つのテーブルしかコピーされておらず、不完全な状態です。

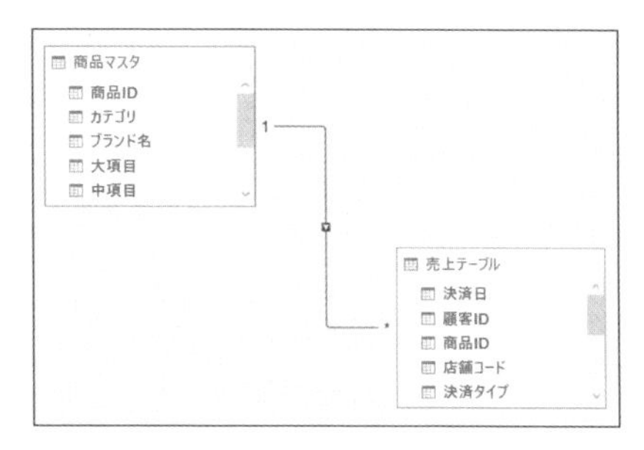

COLUMN

ちょっと気になる 教育系YouTuberの1日

視聴者の方々や友人からよくいただく質問に、「YouTuberってどんな働き方をしているの？」というものがあります。自分自身をYouTuberだと認識する瞬間は普段まったくないですが、皆さんが興味を抱く気持ちもわかります。なので、普段私がどんなことをしているのか改めて棚卸ししてみました。

前提として、私の所属するユースフルはフルリモートの企業なので、メンバーが直接顔を合わせることはめったにありません。月1回あればよいほうでしょうか。そんなわけで、朝はいきなり撮影からスタートです。撮影はいつも自宅で行うので、起きて着替えたらすぐに撮り始めます。前の日に暴飲暴食すると、むくんだ顔が否応なしに現実を突きつけてきますが、それも仕事のうちだと思うようになりました。

午前いっぱいは撮影を続けますが、数時間使って2本完成すれば万々歳くらい。1つひとつの言葉に思いをこめながら、ベストの動画になるまで試行錯誤を繰り返します。

やはりストレスが溜まる孤独な戦いなので、ユースフルには「演者会」なるミーティングが設けられています。私を含めた数人の演者が午前の活動報告をしたり、身の回りの変な話をしたり……。最近はMBTIというパーソナリティ診断で話題がもちきりで、1週間ほど大熱狂しました。他愛もない空間ですが、何か沁みます。

少しゆっくりしたら、午後の予定は日によってまちまち。特に何もない日は、AIに関する最新情報を海外からリサーチするときもありますし、日を追うごとに法人研修の講師としてお邪魔する機会もだんだん増えてきました。ぜひいつか皆さんの企業にも行ってみたいです！

最近は『ユースフル』チャンネルはもちろん、姉妹チャンネルの『トプシュー』でも我々メンバーの個性を見られるような動画が増えてきました。ここまで読んでくださった方は、ぜひ併せてご覧いただけるとうれしいです！

CHAPTER 3

はじめての DAX入門

01

DAX

DAXがわかるとデータ分析の幅が広がる

DAXとは

DAX(ダックス)とは、マイクロソフトが開発したデータ分析用の言語です。正式名称は「Data Analysis Expressions」で、パワーピボット上でデータを集計するときに使います。Excelの関数に似ているので、最初は戸惑うかもしれません。

また、DAXはパワーピボットだけでなく、Power BIやMicrosoft Analysis Serviceなどのサービスでも利用できます。Chapter 3では、DAXの基礎について丁寧に解説していきます。

Excel関数とDAX関数の違い

Excel関数とDAXは、どちらもデータ分析をするうえで不可欠ですが、使い方や機能には大きな違いがあります。それぞれの特性を理解し、適切な状況で使い分けることが重要です。

DAXはより高度な分析に特化した関数

まず1点目として、Excel関数は基本的なデータ操作や計算に有効ですが、DAXはより高度な分析に特化した関数が多数用意されています。具体的には、「昨年と今年のGW期間の売り上げを比較したい」など、時間軸を考慮した複雑な計算などをシンプルな式で実現できます。

POINT：

1 DAXは「Data Analysis Expressions」の略

2 DAXはExcel関数より高度な計算ができる

3 大量データの計算はDAXが適している

入力したDAX式は名前を付けて管理できる

2点目は関数の管理です。Excelは各セルに関数を入力する必要があり、関数が多くなるにつれて管理が煩雑になりがちです。一方DAXはこのあと詳しく紹介する[メジャーの管理]にて一元的に式をチェックし、わかりやすい名前を付けながら管理ができるのです。

DAXはデータの重さを気にせずに、大規模な分析が可能

そして3点目として、DAXは関数と比較してデータ量を減らすことができます。Excelでは関数を作ると、オートフィルやコピーですべてのセルに関数を入れなければなりませんでした。その結果、データが増えると関数も増えて、Excelの動作が重くなってしまいます。しかしDAXは1つの式ですべてのセルに値を適用できるので、データの膨張を防ぎつつ大規模な分析が可能です。少し難しい内容なので、この章の動画で詳しく説明します。

DAXは、データを自由に操作できるようにする重要なスキルです。文章だけで学ぶと全体像が見えにくいので、実際にDAXを使ってみることで理解を深めましょう。次のレッスンから動画とサンプルファイルを用意しています。

02

DAX／メジャー／計算列

FILE：Chap3-02.xlsx

ピボットテーブルの裏で動いているDAXを見てみよう

ピボットテーブルの裏側を確認してみよう

今回は、ブランド別に決済タイプの回数を集計したピボットテーブルから、DAXを使った計算について学んでいきます。サンプルファイルのセルH97には、すべてのブランドと決済タイプの合計が表示されています。この値は、ピボットテーブルが自動的にDAXを使って計算しているものです。パワーピボットの[暗黙のメジャーの表示]をオンにすると、その計算式を見ることができます。このレッスンでは、既存のDAXを確認して、基本的な概念や書き方を理解していきましょう。

ピボットテーブル

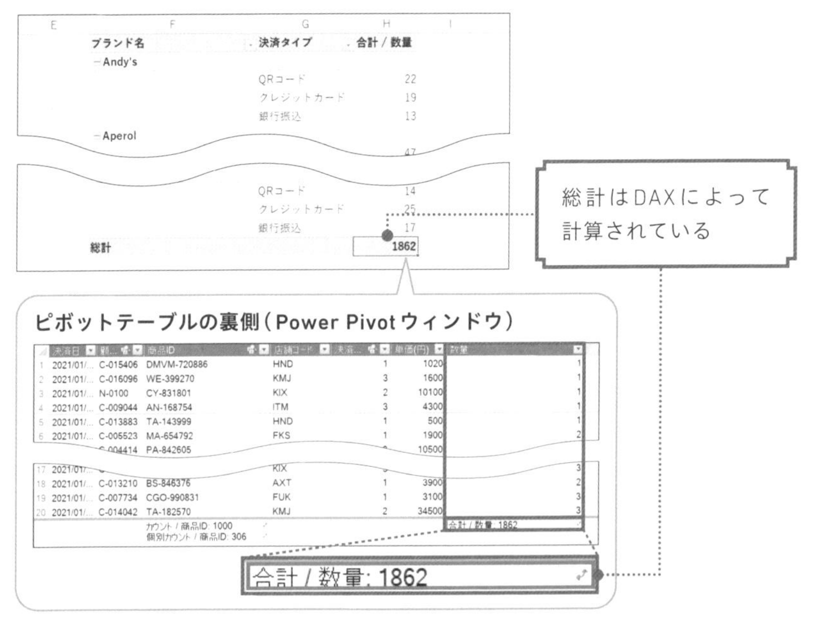

POINT：

1. パワーピボットの総計はDAXで計算されている
2. 計算式はパワーピボットで確認できる
3. 確認するときは暗黙のメジャーを表示させる

MOVIE：

https://dekiru.net/ytpp302

暗黙のメジャーを表示してDAXを確認する

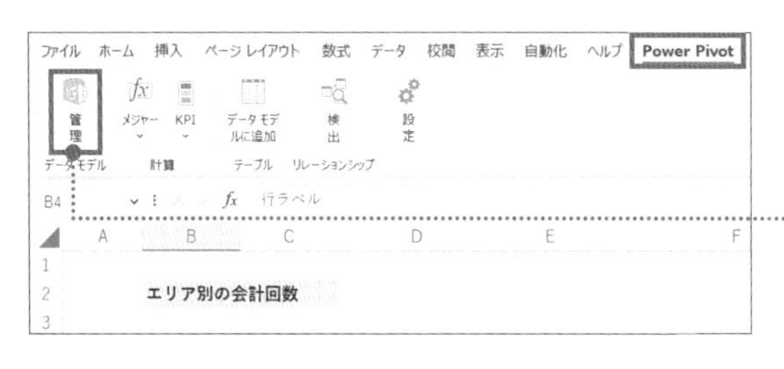

Chap3-02.xlsxのセルH97に数量の総計が表示されている

1

[Power Pivot]タブ→[管理]をクリック

Power Pivot for Excel - Chap3-02.xlsx

ファイル　ホーム　デザイン　詳細設定

作成と管理　選択: <既定>　暗黙のメジャーの表示　集計の方法　既定のフィールド セット　テーブルの動作　シノニム

パースペクティブ　レポートのプロパティ　言語

[顧客ID]

	顧...	姓	名	年齢	エリア	都道府県	市区町村	メルマガ
1	C-000032	大橋	尊	20	E	兵庫県	神戸市	要
2	C-000298	小川	和也	66	G	福岡県	福岡市	要
3	C-006932	白川	誠	72	E	大阪府	和泉市	要
4	N-0078	立原	将	68	C	埼玉県	川口市	-
5	C-008721	池田	英之	80	C	千葉県	浦安市	不要
6	C-009334	羽山	友輝	26	C	東京都	品川区	要
7	C-012248	寺田	佳祐	44	C	神奈川県	平塚市	要
8	N-0123	市川	一浩	42	C	神奈川県	綾瀬市	-
9	C-013580	徳岡	聡子	74	E	大阪府	大阪市	不要
10	C-015219	藤本	昌平	68	E	大阪府	大阪市	要
11	C-001515	加藤	美香	62	C	東京都	葛飾区	要
12	C-002697	奥田	英志	24	C	東京都	新宿区	不要
13	C-004323	中尾	昌子	21	C	東京都	港区	要
14	C-004947	三上	大輔	61	A	北海道	札幌市	不要
15	C-008299	中村	敏治	48	E	大阪府	大阪市	要
16	C-011236	高田	恵一	39	E	兵庫県	神戸市	不要
17	C-011804	後藤	真弥	46	G	福岡県	北九州市	不要
18	C-012722	木村	由...	38	A	北海道	札幌市	不要
19	C-014381	江間	沙紀	21	C	埼玉県	越谷市	要
20	C-015620	田中	知之	51	C	東京都	港区	不要
21	C-009010	松永	倫子	80	B	茨城県	日立市	要
22	C-000089	斉藤	正弘	61	A	北海道	帯広市	不要
23	C-000122	永利	かつら	21	G	福岡県	福岡市	不要

Power Pivotウィンドウが起動した。[売上テーブル]を表示しておく。

2

[詳細設定]タブ→[暗黙のメジャーの表示]をクリック

計算列
1レコード（行）ごとにDAX式を適用する

メジャー
テーブル全体にDAX式を適用する

CHECK!

計算列とメジャーの違いについては、130ページで詳しく解説しています。

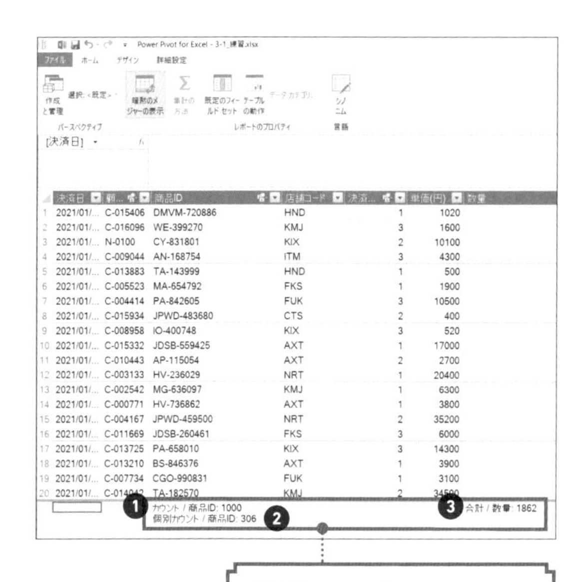

暗黙のメジャーが表示された。
表示が切れている場合は列幅を広げて、メジャーに表示されている計算を確認しておく。

CHECK!

ピボットテーブルを作成する過程で、パワーピボットが裏側で「合計」「平均」「カウント」「個別のカウント」「最大」「最小」といった簡単な計算を作成してくれます。

暗黙のメジャー

暗黙的（自動的）に作られたメジャーのこと

〈 メジャーに入力されているDAX式 〉

❶ カウント/商品ID:1000

❷ 個別カウント/商品ID:306

❸ 合計/数量:1862

セルH97（数量の合計）は、③のDAX式から求められていることがわかりました。ピボットテーブルの集計結果はどう計算されているのか、Power Pivotウィンドウのメジャーで確認できます。

理解を深めるHINT

Power Pivotウィンドウに素早く切り替える方法

Power PivotウィンドウでDAXを作成して、ブックに切り替えてピボットテーブルで集計。この往復のため、Power Pivotウィンドウに切り替えるショートカットを作成しておくと便利です。クイックアクセスツールバーに[Power Pivotウィンドウへの移動]のショートカットキーを追加しておきましょう。

[ファイル]タブ→[その他]→[オプション]をクリックして[Excelのオプション]ダイアログボックスを表示しておく。

1 [クイックアクセスツールバー]をクリック

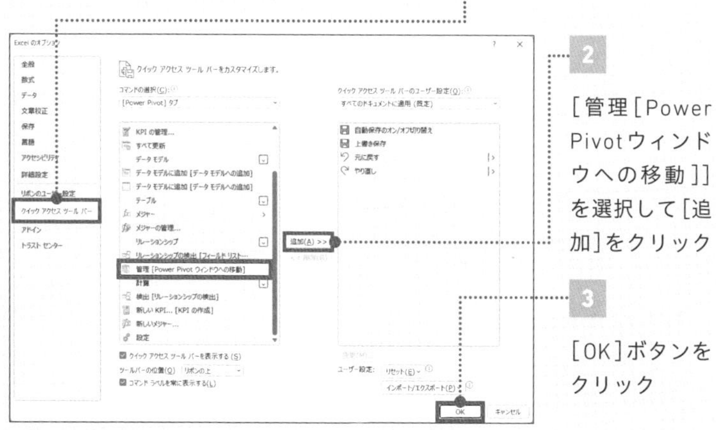

2 [管理[Power Pivotウィンドウへの移動]]を選択して[追加]をクリック

3 [OK]ボタンをクリック

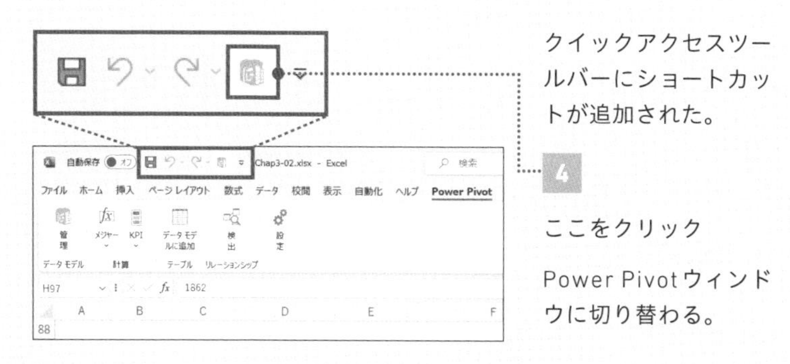

クイックアクセスツールバーにショートカットが追加された。

4 ここをクリック

Power Pivotウィンドウに切り替わる。

03

FILE：Chap3-03.xlsx

DAX／SUM

オートSUM機能を使ってDAXを作成してみよう

ブランド別の購入回数を求めてみよう

Power Pivotウィンドウ

店舗コード	決済...	単価(円)	数量
HND	1	1020	1
KMJ	3	1600	1
KIX	2	10100	1
ITM	3	4300	1
HND	1	500	1
FKS	1	1900	2
FUK	3	10500	2
CTS	2	400	3
KIX	3	520	2
AXT	1	17000	1
AXT	2	2700	1
NRT	1	20400	1
KMJ	1	6300	1
AXT	1	3800	3
NRT	2	35200	3
FKS	3	6000	1
KIX	3	14300	3
AXT	1	3900	2
FUK	1	3100	3
KMJ	2	34500	3

数量の合計: 1,862

ピボットテーブル

ブランド名	決済タイプ	合計 / 数量
−Andy's		
	QRコード	22
	クレジットカード	19
	銀行振込	13
−Aperol		
	QRコード	47
	クレジットカード	44
	銀行振込	29
−Ballantine's		
	QRコード	14
	クレジットカード	26
	銀行振込	15
−Ballantine's Sauvignon		
	QRコード	33
	クレジットカード	20
	銀行振込	16
−Canadian Club Classic		

▶ メジャーにオートSUM機能の合計を挿入する

ここから、DAXを実際に作成してみましょう。DAXと聞くとそれだけで難しいイメージがあるかもしれませんが大丈夫です！ まずは最も簡単な「オートSUM」から始めてみましょう。「オートSUM」とは、一言でいうと「自動計算」のこと。この機能を使えば、基本的な計算を行う際に、複雑な式を1つ1つ書く必要がありません。数回クリックするだけで、求めるDAXを完成させることが可能です。このステップを通じて、DAXの基本的な操作を理解できれば、それだけで大きな一歩を踏み出せます。

POINT：

1 Power Pivotウィンドウを起動する

2 オートSUM機能を使うと簡単に計算できる

3 DAXの計算式は、ほかのピボットテーブルにも流用できる

MOVIE：

https://dekiru.net/ytpp303

合計のDAXを挿入する

77ページを参考にPower Pivotウィンドウの[売上テーブル]を表示しておく。

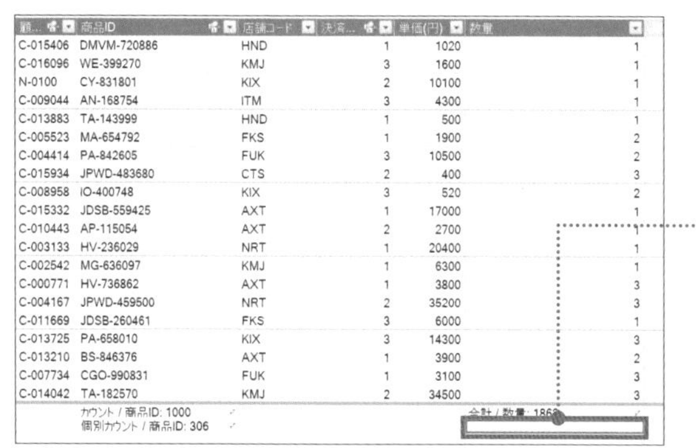

顧...	商品ID	店舗コード	決済...	単価(円)	数量
C-015406	DMVM-720886	HND	1	1020	1
C-016096	WE-399270	KMJ	3	1600	1
N-0100	CY-831801	KIX	2	10100	1
C-009044	AN-168754	ITM	3	4300	1
C-013883	TA-143999	HND	1	500	1
C-005523	MA-654792	FKS	1	1900	2
C-004414	PA-842605	FUK	3	10500	2
C-015934	JPWD-483680	CTS	2	400	3
C-008958	IO-400748	KIX	3	520	2
C-015332	JDSB-559425	AXT	1	17000	1
C-010443	AP-115054	AXT	2	2700	1
C-003133	HV-236029	NRT	1	20400	1
C-002542	MG-636097	KMJ	1	6300	1
C-000771	HV-736862	AXT	1	3800	3
C-004167	JPWD-459500	NRT	2	35200	3
C-011669	JDSB-260461	FKS	3	6000	1
C-013725	PA-658010	KIX	3	14300	3
C-013210	BS-846376	AXT	1	3900	2
C-007734	CGO-990831	FUK	1	3100	3
C-014042	TA-182570	KMJ	2	34500	3

カウント / 商品ID: 1000
個別カウント / 商品ID: 306
合計 / 数量: 186

1 [数量]列のメジャーをクリック

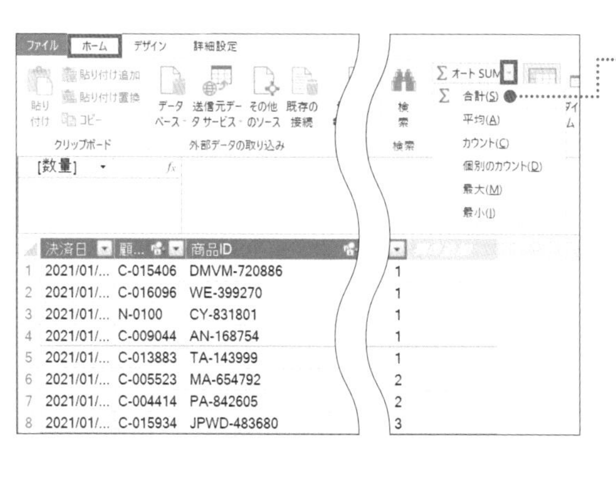

2 [ホーム]タブ→[オートSUM]の[▼]→[合計]をクリック

C-010443	AP-115...	AXT	2	2700	1
C-003133	HV-236...	NRT	1	20400	1
C-002542	MG-636...	KMJ	1	6300	1
C-000771	HV-736...	AXT	1	3800	3
C-004167	JPWD-4...	NRT	2	35200	3
C-011669	JDSB-2...	FKS	3	6000	1
C-013725	PA-658...	KIX	3	14300	3
C-013210	BS-8463...	AXT	1	3900	2
C-007734	CGO-99...	FUK	1	3100	3
C-014042	TA-182...	KMJ	2	34500	3
	カウント /...			合計 / 数量: 1862	
	個別カウ...			数量 の合計: 1862	

合計 / 数量: 1862
数量 の合計: 1862

合計のDAXが挿入された。

最初にピボットテーブルで確認したセルH97の「1862」と同じ数字が返ってきていることがわかります！

集計結果に書式を設定して、不要な数式は削除する

1

[ホーム]タブ→[書式:全般]をクリックして、[整数]を選択

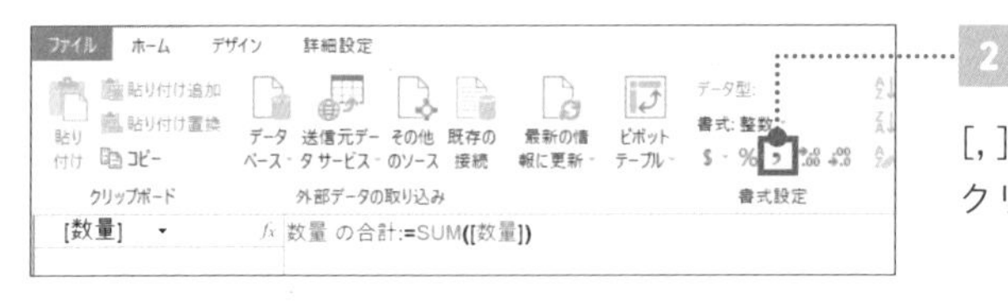

2

[,](桁区切り記号)をクリック

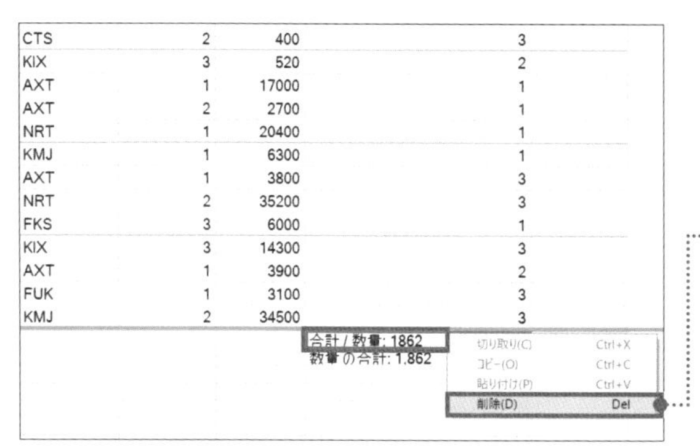

CTS	2	400	3
KIX	3	520	2
AXT	1	17000	1
AXT	2	2700	1
NRT	1	20400	1
KMJ	1	6300	1
AXT	1	3800	3
NRT	2	35200	3
FKS	3	6000	1
KIX	3	14300	3
AXT	1	3900	2
FUK	1	3100	3
KMJ	2	34500	3

「1,862」と書式を表示できた。自動的に作られた計算式は削除しておく。

3

「合計 / 数量：1862」を右クリックして[削除]を選択

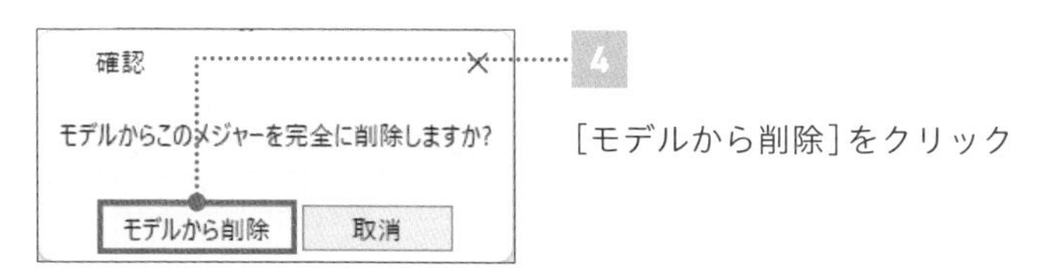

4

[モデルから削除]をクリック

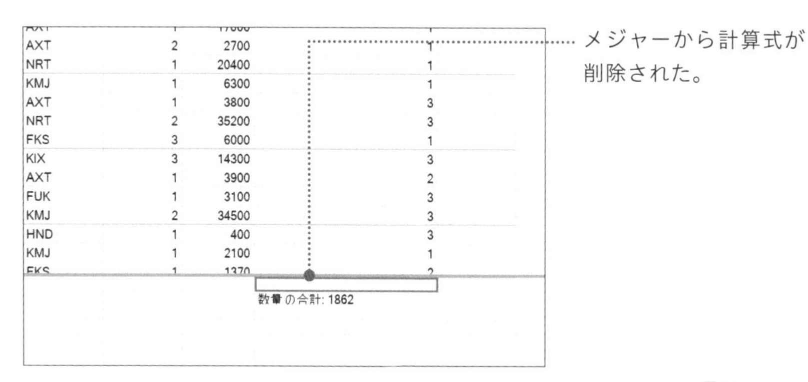

AXT	2	2700	1
NRT	1	20400	1
KMJ	1	6300	1
AXT	1	3800	3
NRT	2	35200	3
FKS	3	6000	1
KIX	3	14300	3
AXT	1	3900	2
FUK	1	3100	3
KMJ	2	34500	3
HND	1	400	3
KMJ	1	2100	1

メジャーから計算式が削除された。

次に、作成したDAXをパワーピボットに組み込んでいきましょう！

ピボットテーブルで集計してみる

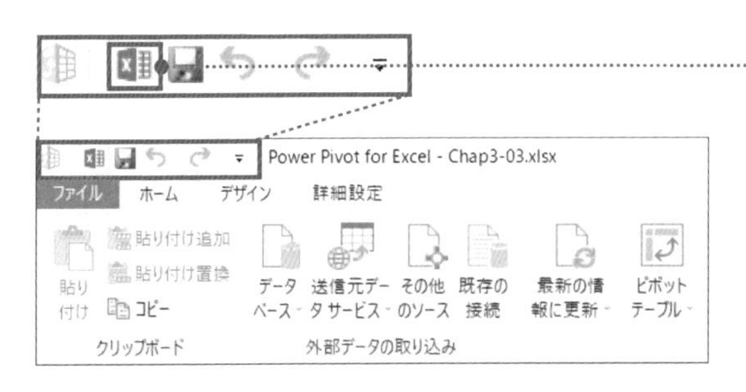

1

画面左上にある[ブックに切り替え]をクリック

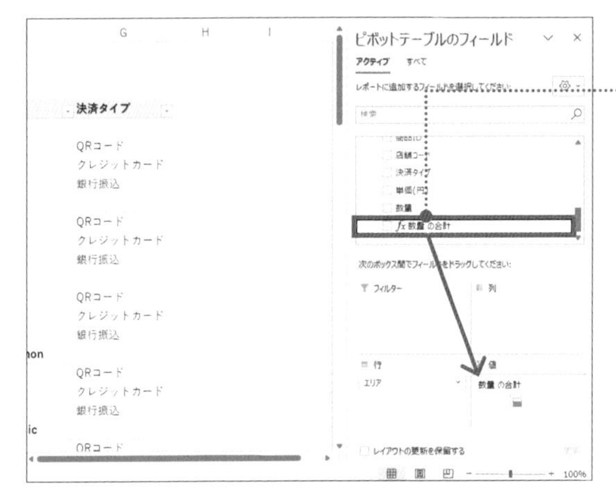

ブックに切り替わった。

2

フィールドに「数量の合計」が追加されていることを確認

3

「fx 数量の合計」を[値]エリアにドラッグ

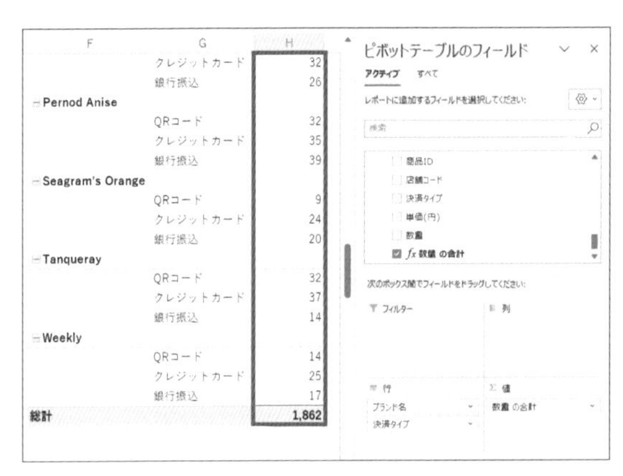

CHECK!

DAXで作られたフィールドには、頭に「fx」が付きます。

ブランド別の購入回数の総計が表示された。

理解を深めるHINT

一度作成したDAXは
ほかのピボットテーブルにも流用できる

作成した計算式は、ほかのピボットテーブルにも利用できます。サンプルファイルの場合、B列のピボットテーブルを選択して「fx 数量の合計」を[値]エリアにドラッグしてみてください。以下の画面のように、エリア別の購入回数が求められます。DAXならではのメリットなので、ぜひ覚えておきましょう。

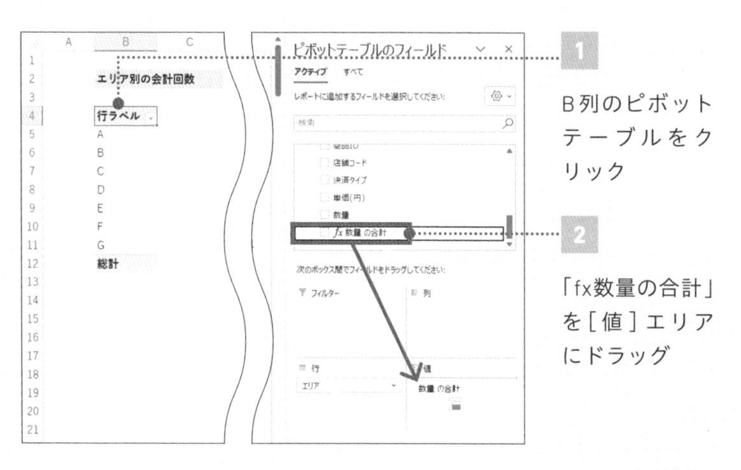

1 B列のピボットテーブルをクリック

2 「fx数量の合計」を[値]エリアにドラッグ

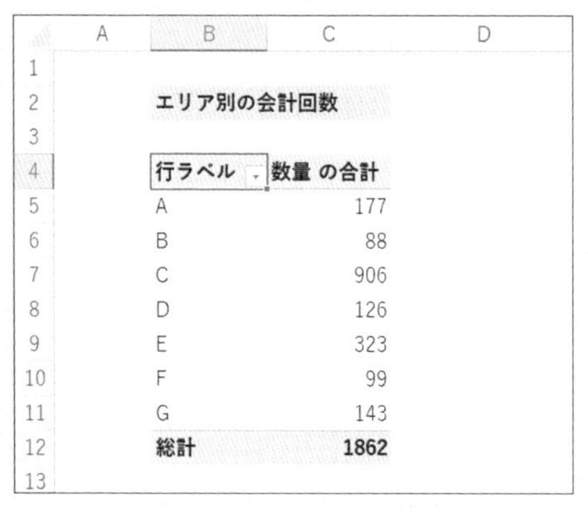

	A	B	C	D
1				
2		エリア別の会計回数		
3				
4		行ラベル	数量 の合計	
5		A	177	
6		B	88	
7		C	906	
8		D	126	
9		E	323	
10		F	99	
11		G	143	
12		総計	1862	
13				

エリア別の購入回数の総計が表示された。

04

FILE：Chap3-04.xlsx

DAX／関数

DAXの数式は6つの要素で構成されている

DAXを構成している要素を知ろう

DAXの数式は、関数や演算子、値などを組み合わせてデータを分析するための式です。Chapter3-03では、オートSUMを使ってDAXの数式を作成しました。関数に慣れていないと、これらの数式は難しく見えるかもしれませんが、心配しないでください。DAXの数式は、基本的に6つの要素からできています。この章では、それぞれの要素について詳しく説明します。これらの要素を理解すれば、自分でDAXの数式を書くことができるようになります。下図の丸数字の中身は、それぞれ右ページに示したDAXの数式になっています。

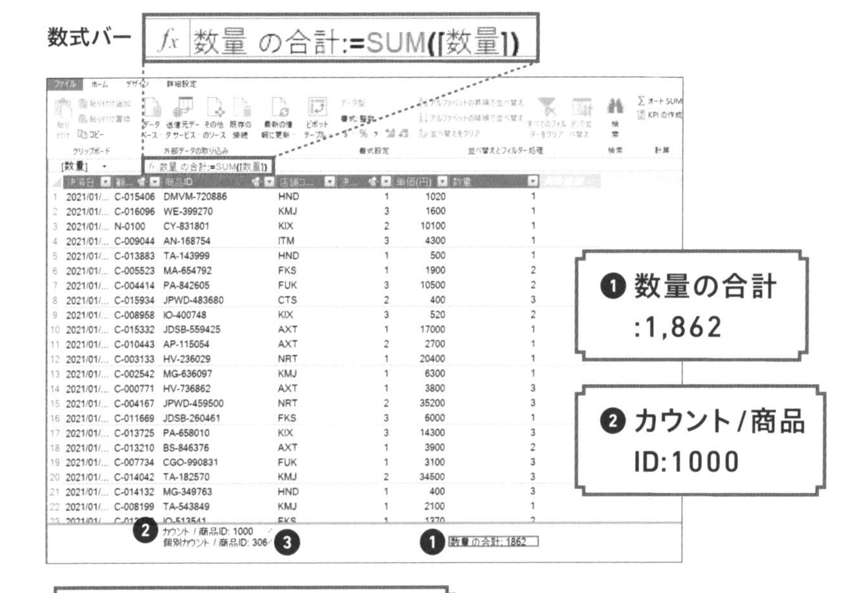

POINT：

1 Excel関数とDAX関数は、構成要素が異なる

2 「:=」を使って、数式を開始する

3 テーブルは「'」、列は「[]」で囲んで指定する

MOVIE：

https://dekiru.net/ytpp304

DAX関数 参照先の列

❶ 数量の合計:=SUM([数量])

メジャー名 等号演算子 引数 参照先のテーブル

❷ カウント/商品ID:=COUNT('売上テーブル'[商品ID])

❸ 個別カウント/商品ID:=DISTINKTCOUNT('売上テーブル'[商品ID])

数式の要素	詳細
メジャー名	数式の名前です。わかりやすい名前を付けます。
等号演算子	「:=」を使って、数式の開始を示します。
DAX関数	DAX関数で計算方法を指定します。
引数	関数が必要とする値や列、テーブルを入力します。引数は半角の「()」で囲みます。
参照先のテーブル	計算に使うテーブルを指定。テーブル名は、半角の「`」で囲みます。
参照先の列	計算に使う列を指定。列名は、半角の「[]」で囲みます。

Excel関数と違ってDAXの数式は、引数にセル番号ではなく、列名やテーブル名を指定します。要素やルールを理解できたら、次は実際にDAXの数式を書いてみましょう。

05

FILE：Chap3-05.xlsx

COUNT／数式バー

Power Pivotウィンドウの数式バーから数式を入力する

エリア別の商品数を集計したい

DAX作成

C-008958	IO-400748	KIX
C-015332	JDSB-559425	AXT
C-010443	AP-115054	AXT
C-003133	HV-236029	NRT
C-002542	MG-636097	KMJ
C-000771	HV-736862	AXT
C-004167	JPWD-459500	NRT
C-011669	JDSB-260461	FKS
C-013725	PA-658010	KIX
C-013210	BS-846376	AXT
C-007734	CGO-990831	FUK
C-014042	TA-182570	KMJ
C-014132	MG-349763	HND
C-008199	TA-543849	KMJ
C-013280	IO-513541	FKS

カウント / 商品ID: 1000
個別カウント / 商品ID: 306
商品種類: 1000

Power PivotウィンドウでCOUNT関数を使って商品数を求める。

ピボットテーブルで集計

エリア別の会計回数

行ラベル	Sum of 数量	商品種類
A	177	88
B	88	49
C	906	490
D	126	73
E	323	171
F	99	51
G	143	78
総計	1,862	1000

作成したDAXをピボットテーブルに組み込み、エリア別の商品数を求める。

▶ 数式の入力方法は主に2パターン

少しレベルを上げて、皆さんの手でイチからDAXを作っていきましょう。実はDAXには大きく分けて作り方が2つあり、順番に紹介していくので皆さんの使いやすい方を選んでいただければと思います。

まず1つ目の方法は、Power Pivotウィンドウの数式バーから直接DAXを作成していきます。DAX特有の表現方法が多く出てくるので、Excelに慣れている方ほど最初は戸惑うかもしれません。前のレッスンにて紹介した6つの重要パーツを参照しながらじっくり進めましょう。

POINT：

1 値が入っているセルを数えるときはCOUNT

2 Power Pivot ウィンドウに切り替えて数式を入力

3 数式のメジャー名は、わかりやすい名前を付ける

MOVIE：

https://dekiru.net/ytpp305

商品IDを数える

指定した列内の空白以外の値を含む行数を数える

COUNT(column)

引数のcolumnには、カウントする値を含む列を指定する。テーブルが複数ある場合は、テーブル名と列名を入力。空白の値はスキップされて、値が入っている行数だけを数える。

〈数式の入力例〉

商品種類:=COUNT('売上テーブル'[商品ID])

❶ '売上テーブル'　❷ [商品ID]

〈引数の役割〉

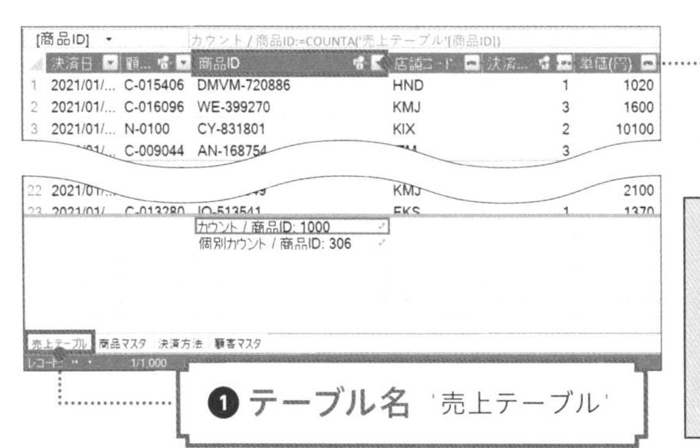

CHECK!

テーブル名は半角の「'」で囲み、列名は、半角の「[ ]」で囲みましょう。

Power Pivotウィンドウの数式バーから入力する

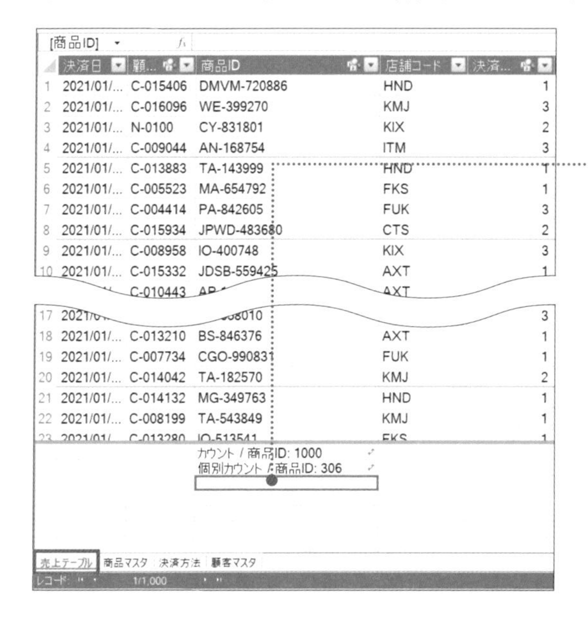

Power Pivotウィンドウの[売上テーブル]を表示しておく。

1 メジャーのここをクリック

CHECK!

メジャーが表示されていない場合は、Chapter3-02を参考に[暗黙のメジャーの表示]をクリックします。

[商品ID] × ✓ fx 商品種類:=

	決済日	顧...	商品ID	店舗コード	決済...
1	2021/01/...	C-015406	DMVM-720886	HND	1
2	2021/01/...	C-016096	WE-399270	KMJ	3
3	2021/01/...	N-0100	CY-831801	KIX	2
4	2021/01/...	C-009044	AN-168754	ITM	3
5	2021/01/...	C-013883	TA-143999	HND	1
6	2021/01/...	C-005523	MA-654792	FKS	1
7	2021/01/...	C-004414	PA-842605	FUK	3

2 「商品種類:=」を入力

今回は、商品IDをカウントするので「商品種類」と付けました。メジャー名は、ピボットテーブルのフィールドに表示されるのでなるべくわかりやすい名前を付けてあげましょう！

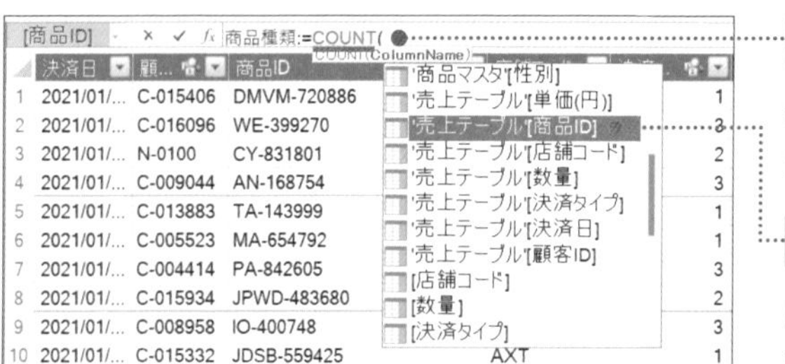

3 続けて「COUNT(」と入力

4 「'売上テーブル'[商品ID]」をダブルクリック

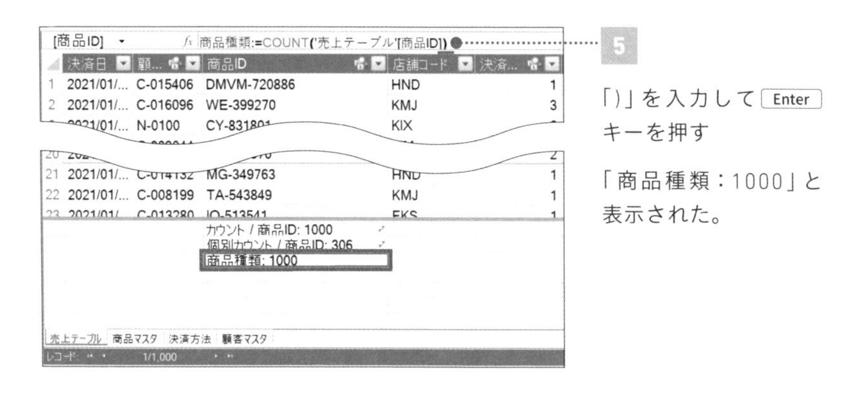

「)」を入力して Enter キーを押す

「商品種類：1000」と表示された。

商品種類の数をピボットテーブルで集計する

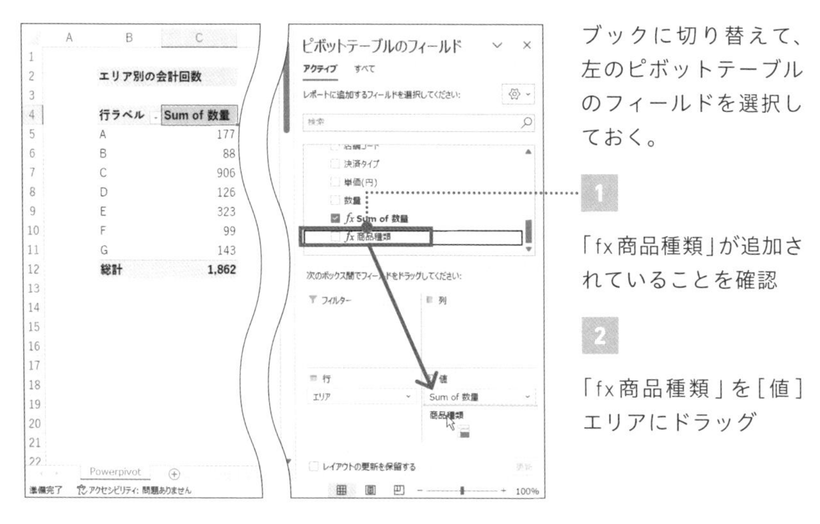

ブックに切り替えて、左のピボットテーブルのフィールドを選択しておく。

「fx商品種類」が追加されていることを確認

「fx商品種類」を[値]エリアにドラッグ

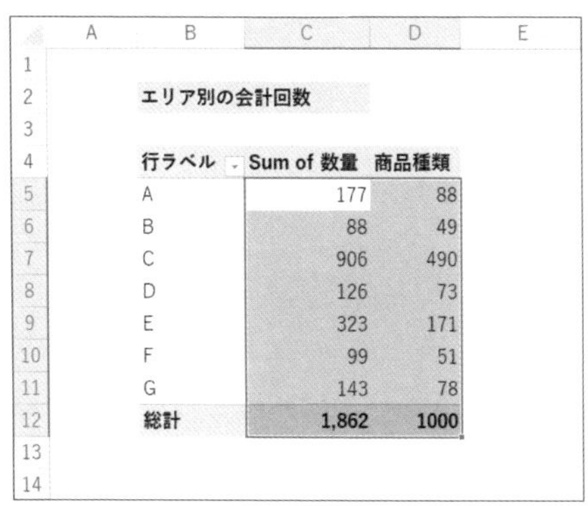

エリア別の会計回数

行ラベル	Sum of 数量	商品種類
A	177	88
B	88	49
C	906	490
D	126	73
E	323	171
F	99	51
G	143	78
総計	1,862	1000

D列に商品種類の数が集計された。

06

FILE：Chap3-06.xlsx

COUNT／メジャー

[メジャー]ダイアログボックスから数式を入力する

メジャーを使って数式を入力・管理する

❶テーブル名
売上テーブル

❷メジャー名
商品種類

メジャー
テーブル名(T): 売上テーブル ❶
メジャー名(M): 商品種類 ❷
説明(D):
式(F): fx 数式の確認(H)
=COUNT('売上テーブル'[商品ID]) ❸
書式オプション

❸数式
=COUNT('売上テーブル'[商品ID])

[メジャー]ダイアログボックスを使って入力してみよう

Chapter3-05では、COUNT関数を使って商品種類の数を求めました。今回は、同じ数式を[メジャー]ダイアログボックスを使って入力してみましょう。まずは[メジャーの管理]ダイアログボックスから前レッスンで作成した数式を削除します。

次に[メジャー]ダイアログボックスを表示して、数式を入力していきます。なお、[メジャー]ダイアログボックスには数式が正しいかどうかをチェックできる[数式の確認]という機能があります。

POINT：

1 [メジャー]ダイアログボックスから数式を入力できる

2 数式バーと入力方法が異なる

3 [メジャーの管理] から数式を編集・削除できる

MOVIE：

https://dekiru.net/ytpp306

[メジャーの管理]ダイアログボックスから数式を削除する

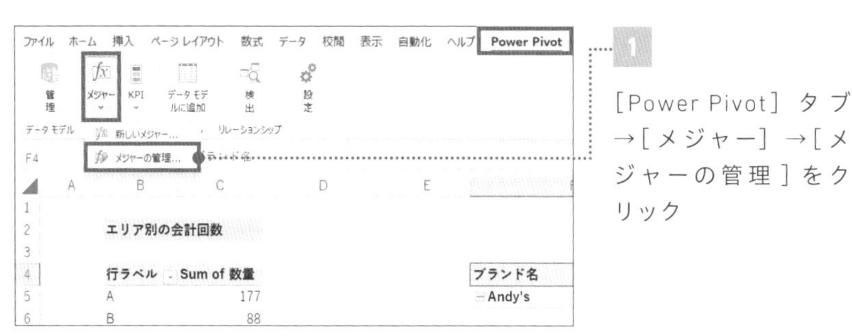

1 [Power Pivot] タブ→[メジャー] →[メジャーの管理] をクリック

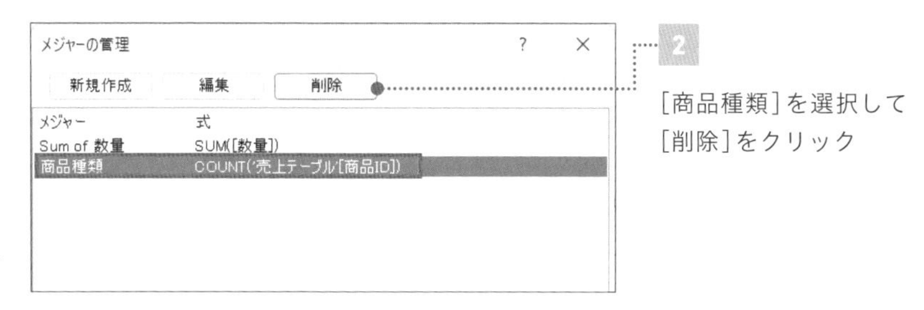

2 [商品種類]を選択して[削除]をクリック

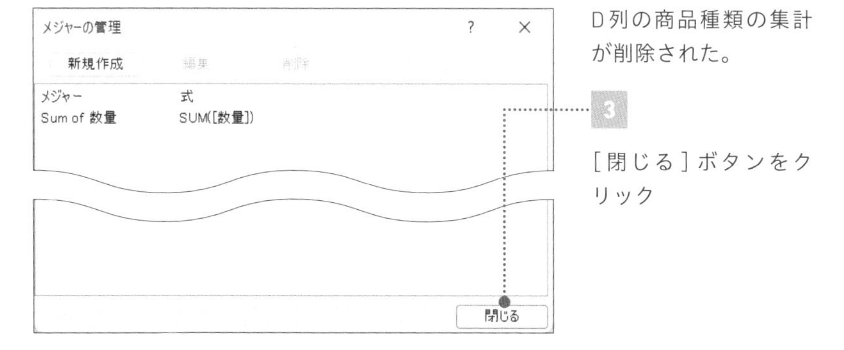

D列の商品種類の集計が削除された。

3 [閉じる]ボタンをクリック

Power Pivotウィンドウの数式バーから入力する

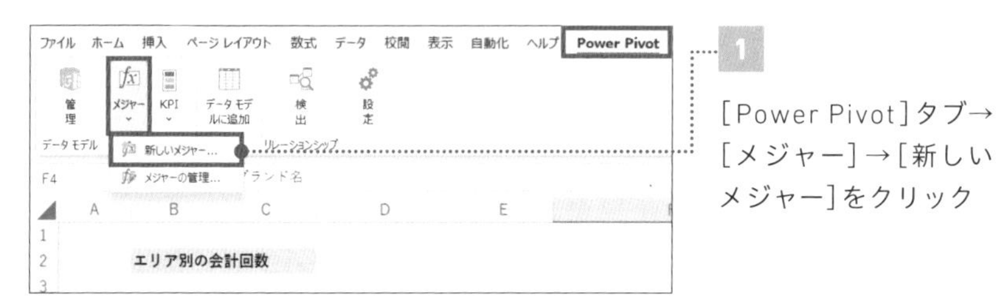

1

[Power Pivot]タブ→[メジャー]→[新しいメジャー]をクリック

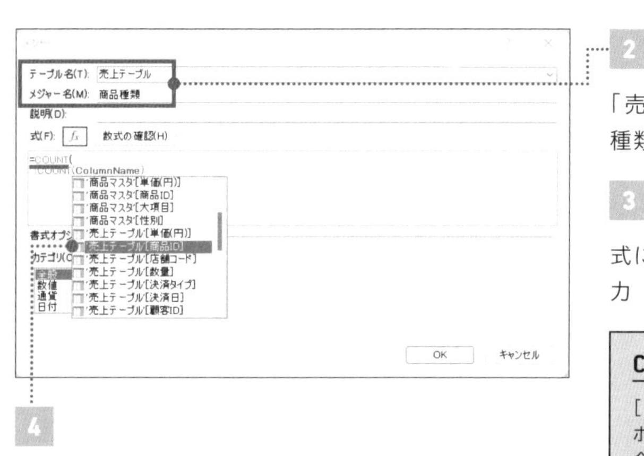

2

「売上テーブル」「商品種類」と入力

3

式に「=COUNT(」と入力

4

「'売上テーブル'[商品ID]」をクリック

CHECK!

[メジャー]ダイアログボックスで入力する場合は、「=」の前に「:」は不要です。

理解を深めるHINT

数式を入力しやすくするコツ

[メジャー]ダイアログボックスの式が小さいと感じたときはCtrlキーを押しながらマウスのホイールを転がしましょう。画面を拡大・縮小できます。

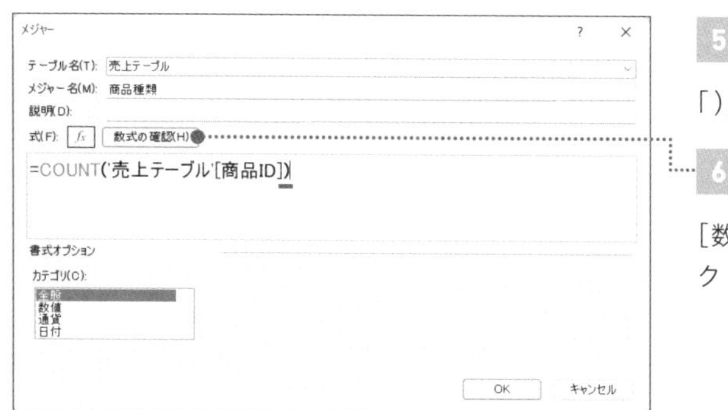

5

「)」を入力

6

[数式の確認]をクリック

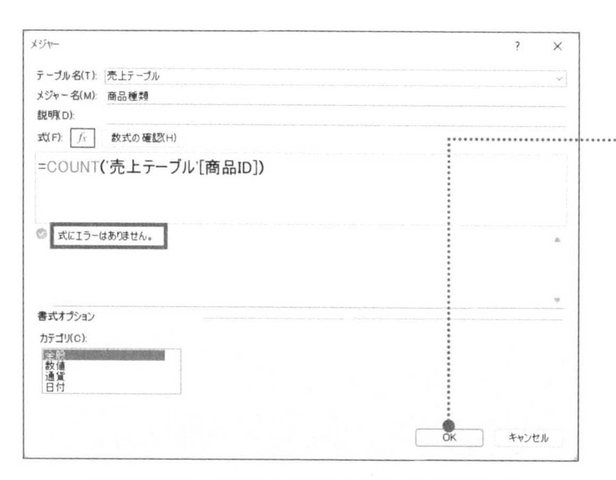

数式に問題ないことが確認できた。

7

[OK]ボタンをクリック

数式バーよりも[メジャー]ダイアログボックスで入力する方がExcel関数と似ているので、直感的でわかりやすいかもしれません。

商品種類の数をピボットテーブルで集計する

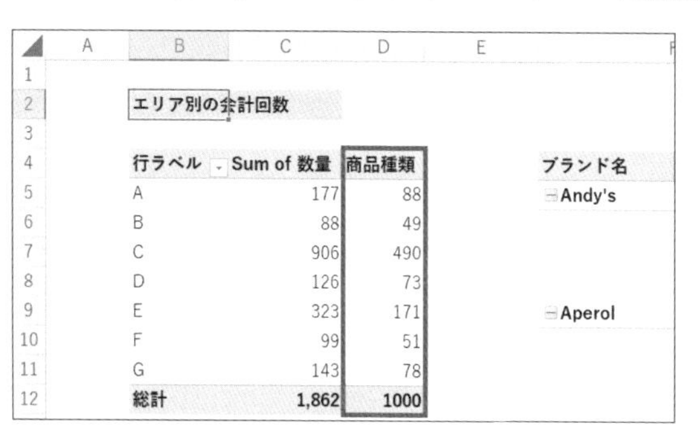

エリア別の会計回数

行ラベル	Sum of 数量	商品種類
A	177	88
B	88	49
C	906	490
D	126	73
E	323	171
F	99	51
G	143	78
総計	1,862	1000

Chapter 3-05を参考に、[値]エリアに「fx 商品種類」をドラッグしておく。

D列に商品種類の数が集計された。

07

FILE：Chap3-07.xlsx

メジャー／IF

条件によって表示を切り替えるIF関数を組み立てる

数量に応じて売れ筋を判定したい

ブランド名	Sum of 数量	売れ筋
Andy's	54	Low
Aperol	120	High
Ballantine's	55	Low
Ballantine's Sauvignon	69	Low
Canadian Club Classic	58	Low
Catoctin Greek Organic	66	Low
Chivas Regal	94	Middle
Connermara	78	Low
Cyrano	88	Middle

数量が120以上なら「High」、80以上なら「Middle」、80未満なら「Low」と表示してみましょう。IF関数を使います。

条件分岐ができるIF関数を使いこなす！

最後にもう1つ基礎的なIF関数をテーマに、DAXの作り方をマスターしていきましょう！ IF関数といえばExcel関数でもおなじみですが、「条件分岐」を行うために使いますよね。基本的な考え方はExcelで使用するときとまったく変わらないので、すでにExcelで慣れているよという方は安心して進めましょう。そうでない方へもステップバイステップで解説します。DAXを作る際にやってしまいがちなミスや式を見やすくする方法など、より上級者に近づくためのヒントもたくさん紹介していきます。

POINT：

1. 値に応じて判定を変えたいときは、IF関数
2. IF関数をネストすることで、3つの条件を判定できる
3. 複雑な数式は改行すると見やすい

MOVIE：

https://dekiru.net/ytpp307

IF関数を理解する

条件をチェックし、TRUEの場合は1つ目の値を返し、それ以外の場合は2つ目の値を返す

IF（イフ）(LogicalTest,ResultIfTrue,ResultIfFalse)

- LogicalTest = TRUEまたはFALSEに評価できる値または式を挿入
- ResultIfTrue = TRUE の場合に返される値
- ResultIfFalse = 論理テストが FALSE の場合に返される値。省略した場合は、空白が返される

〈 数式の入力例 〉

```
IF(SUM('売上テーブル'[数量])>=120,"High","Low")
```

❶ LogicalTest：売上テーブルの数量の値は120より大きい

❷ ResultIfTrue：TRUEの場合は「High」

❸ ResultIfFalse：FALSEの場合は「Low」

メジャー

テーブル名(T): 売上テーブル

メジャー名(M): 売れ筋

説明(D):

式(F): fx 数式の確認(H)

```
=IF('売上テーブル'[数量]>=120,"High","Low")
```

LogicalTestの引数になぜ「SUM」が入るの？

Excel関数に慣れている人は、LogicalTestの引数に「SUM」が入っていることに違和感があるのではないでしょうか。

今回、引数で指定している売上テーブルの［数量］列を見てみましょう。1件1件の売上データがSUM関数で集計され、ブランド名ごとの売上数として求められていることがわかります。

Power Pivotウィンドウの［売上テーブル］

店舗コード	決済...	単価(円)	数量
HND	1	1020	1
KMJ	3	1600	1
KIX	2	10100	1
ITM	3	4300	1
HND	1	500	1
FKS	1	1900	2
FUK	3	10500	2
CTS	2	400	3
KIX	3	520	2
AXT	1	17000	1
AXT	2	2700	1
NRT	1	20400	1
KMJ	1	6300	1

Excelのピボットテーブル

ブランド名	Sum of 数量	売れ筋
INOX Original	150	High
Aperol	120	High
Jack Daniel's Single Barrel	120	High
J.P: Wiser's Deluxe	118	Middle
Margaritaville Gold	113	Middle
Pernod Anise	106	Middle
Chivas Regal	94	Middle
Cyrano	88	Middle
Macchu Pisco	85	Middle
Máotái	85	Middle
Tanqueray	83	Middle

3通りの判定を求めたい

前ページの数式では、数量が120以上なら「High」、そうでない場合は「Low」という構文になっており、結果は2通りです。今回の目的は、数量が120以上なら「High」、80以上なら「Middle」、80未満なら「Low」と3つの判定を求めることです。図解すると以下のようになります。

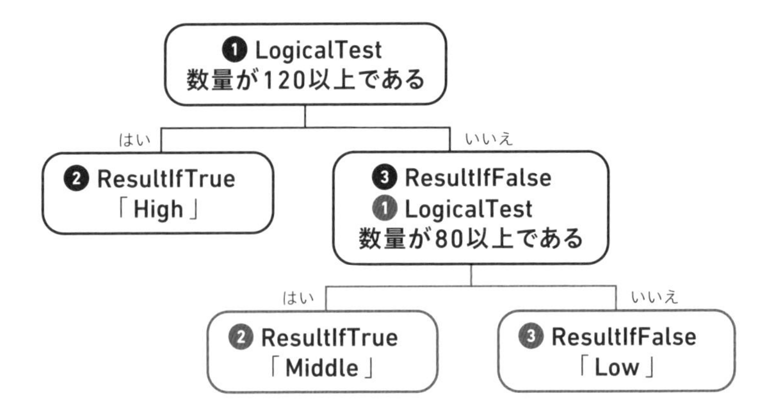

この3通りの判定を数式で表すと下のようになります。1つ目の「ResultIfTrue」に、新たなSUM関数が入っていることがわかります。このように関数の中に関数が入っていることを「ネスト」と呼びます。複雑な数式に見えますが、引数を1つひとつ見ていくと、数式の意味が理解できるでしょう。

〈 数式の入力例 〉

=IF(SUM('売上テーブル'[数量])>=120,"High",
❶ ❷
IF(SUM('売上テーブル'[数量])>=80,
❸❶
"Middle","Low"))
❷ ❸

CHECK!

「High」「Middle」「Low」などの文字列を数式で表示するときは、必ず「"」(ダブルクォーテーション)で囲みます。

売上数で「High」「Middle」「Low」を判定する

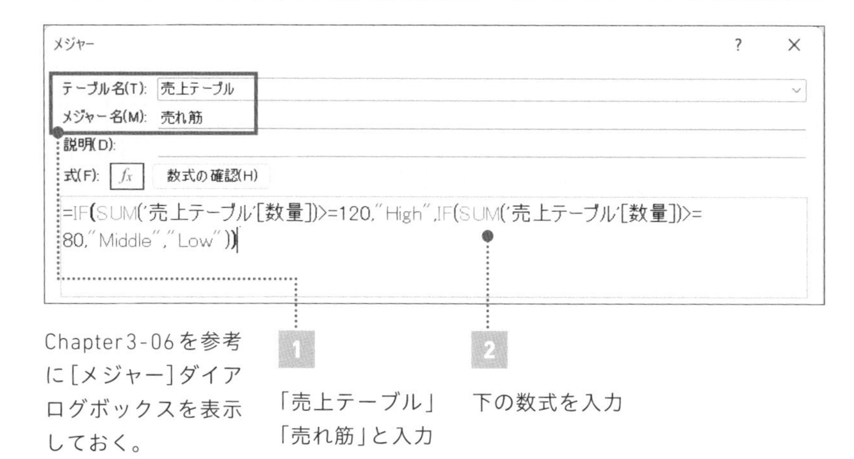

Chapter3-06を参考に[メジャー]ダイアログボックスを表示しておく。

1 「売上テーブル」「売れ筋」と入力

2 下の数式を入力

=IF(SUM('売上テーブル'[数量])>=120,"High",
IF(SUM('売上テーブル'[数量])>=80,"Middle","Low"))

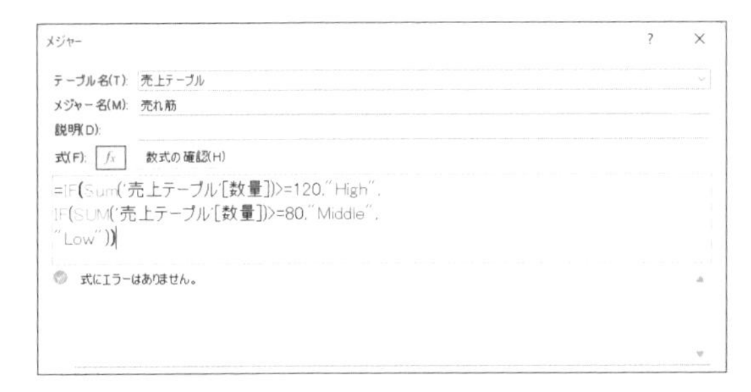

数式が見にくいので、改行を挿入

4

[OK]ボタンをクリック

改行を入れると数式が見やすくなるので、積極的に使うことをおすすめします。なお、今回の手順では[数式の確認]を省略していますが、数式が正しいか確認しておきましょう。

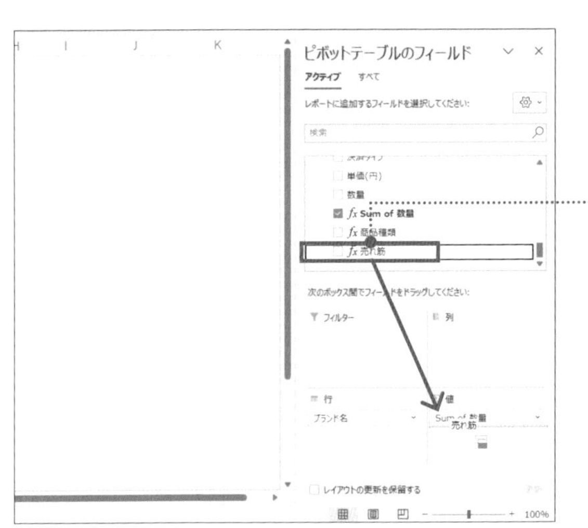

ピボットテーブルを表示し、[ブランド名]のピボットテーブルをクリックしておく。

5

フィールドにある「売れ筋」を[値]エリアにドラッグ

ブランド名	Sum of 数量	売れ筋
Andy's	54	Low
Aperol	120	High
Ballantine's	55	Low
Ballantine's Sauvignon	69	Low
Canadian Club Classic	58	Low
Catoctin Greek Organic	66	Low
Chivas Regal	94	Middle
Connermara	78	Low
Cyrano	88	Middle
Del Maguey Vida Mezcal	38	Low

数量が120以上なら「High」、80以上なら「Middle」、80未満なら「Low」と表示できた。

理解を深めるHINT

複雑な数式をもっとシンプルにするコツ

今回は、IF関数の中にIF関数を入れるといった長い数式を作りましたが、もっとシンプルな数式にする方法があります。

IF (SUM('売上テーブル'[数量])>=120, "High", IF (SUM ('売上テーブル'[数量]) >=80,"Middle","Low"))

茶色にした箇所に見覚えはありませんか？ そうです、Chapter 3 - 03でオートSUMで作成した「数量の合計」の数式です。

数量の合計=SUM ([数量])

よって、IF関数の数式にある「SUM(`売上テーブル`[数量])」を「数量の合計」というメジャー名に置き換えることが可能です。売上テーブルは省略されていますが、メジャーはどのテーブルでも利用できるので問題ありません。

BEFORE

テーブル名(T): 売上テーブル
メジャー名(M): 売れ筋
説明(D):
式(F): fx 数式の確認(H)
=IF(SUM('売上テーブル'[数量])>=120,"High",IF(SUM('売上テーブル'[数量])>=80,"Middle","Low"))

AFTER

テーブル名(T): 売上テーブル
メジャー名(M): 売れ筋
説明(D):
式(F): fx 数式の確認(H)
=IF([数量の合計]>=120,"High",IF([数量の合計]>=80,"Middle","Low"))

IF ([数量の合計]>=120,"High", IF ([数量の合計]>=80,"Middle","Low"))

IF関数がさらにコンパクトでわかりやすくなりました。1つメジャーを作るとどんどん効率化できるのも、パワーピボットの特徴です。ほかの数式にも流用しやすいように、わかりやすいメジャー名を付けるように気を付けましょう。

COLUMN

AI時代にパワーピボットを学ぶ必要はあるか

一連の動画を撮影した2023年はテクノロジーの領域において激動の年でした。そう、生成AIの台頭です。ChatGPTやMicrosoft Copilotなど、ユーザーが自然言語で指示を与えるだけで、AIがさまざまなタスクを代わりに行ってくれるという革命的な技術です。

Excel関数やPythonのコードについて聞いてもChatGPTは難なく答えてくれるからこそ、今こうしてパワーピボットについて学習されている皆さんはある疑問を抱えているかもしれません。

「AIがあれば、パワーピボットは勉強しなくてもいいんじゃないか？」

結論からいうと、「AIがあるからこそ、パワーピボットを学ぶべきで、パワーピボットの知識が身につけばビジネスの現場で貴重な存在になれる」と思っています。というのも、AIは、Webなどから情報を学習しているため、AIの回答精度は、求める回答に関連する情報がWebにどれだけあるかに依存します。たとえばExcelやPythonに関する情報はWebで検索すれば大量にヒットするでしょう。

一方でパワーピボットはどうでしょう？ ほかの2つと比べたら検索結果としてヒットする数はまだまだ少ないですよね。

このことは、パワーピボットに関してAIが持つ情報の質や量がまだまだ少ないことを意味しています。だからこそ、AIが流行っていてもパワーピボットを学ぶ意味があります。自身の知識として身につけておけば、AIの回答が使える内容かどうかを判断することもできます。自ら学ぶことは、AIの時代になっても必要なのです。

CHAPTER 4

日付データを自由自在に操る

01

日付データ

Excel関数では面倒だった日付データも思い通りに

日付データを自由に分析しよう

「週次・月次のレポートを作成したい」「前年比を算出したい」「特定期間の売り上げを抽出したい」など、時間軸で分析したいと思ったことはありませんか？ パワーピボットにとっては、日付データを扱った集計は得意分野です。Chapter4では、日付データを自由に分析してみましょう。

決済日の件数を求める

Date	合計 / 数量
2021/1/1	
2021/1/2	1
2021/1/3	
2021/1/4	3
2021/1/5	
2021/1/6	
2021/1/7	
2021/1/8	3
2021/1/9	2

→Chapter4-03

4月基点の年度累計を求める

YYYY/MM	年度累計（売上数量）
2021/01	56
2021/02	115
2021/03	175
2021/04	60
2021/05	139
2021/06	185
2021/07	241
2021/08	312

→Chapter4-06

四半期で集計する

総額	年 / Qtr				
	2022				総計
ブランド名	1Q	2Q	3Q	4Q	
Andy's	15,900	3,300	30,400	22,000	71,600
Aperol	130,800	28,000	124,500	103,700	387,000
Ballantine's	4,600	12,700	21,000	3,000	41,300
Ballantine's Sa	39,920	42,500	16,140	1,200	99,760
Canadian Club	107,200	21,400	44,500		173,100
Catoctin Greek	3,100	12,000	22,900	15,700	53,700
Chivas Regal	171,080	800	66,720	61,720	300,320
Connermara	157,100	138,900	120,000	54,160	470,160
Cyrano	109,200	59,360	170,800	173,970	513,330

→Chapter4-07

POINT：

1. パワーピボットは時系列の分析が得意
2. そのためには日付テーブルが必須
3. 時系列の分析に特化したDAXの関数がある

時系列分析するステップ

時系列をベースに分析をするためには、これまでのパワーピボットの使い方に、さらなるひと手間を加える必要があります。それがStep 1にある「日付テーブルの作成」です。この日付テーブルが、これまで作ってきたデータモデルへ新たに加わることで、従来のピボットテーブルでは複雑な作業を伴う分析もDAXで簡単に行えます！

Step1：日付テーブルの作成

日付テーブルは、時系列分析に必要な要素です。データソースから日付テーブルをインポートするか、手動で日付テーブルを作成してデータモデルに追加できます。

↓

Step2：日付テーブルをリレーションシップに加える

Step 1で作成した日付テーブルと分析したいテーブルをリレーションシップします。

↓

Step3：DAX関数を入力

複雑な集計をしたいときは、DAX関数を入力します。 DAX関数には、時系列でのデータの集計や比較に特化したタイムインテリジェンス関数が用意されています。

↓

Step4：ピボットテーブルで集計

ピボットテーブルを作成して、時系列データを集計および分析できます。

日付テーブルを作る以外は、これまでのステップと一緒ですね！

02

日付テーブル

FILE：Chap4-02.xlsx

分析する前に日付テーブルを作成しよう

日付テーブルがあると、時間単位の分析が超シンプルに！

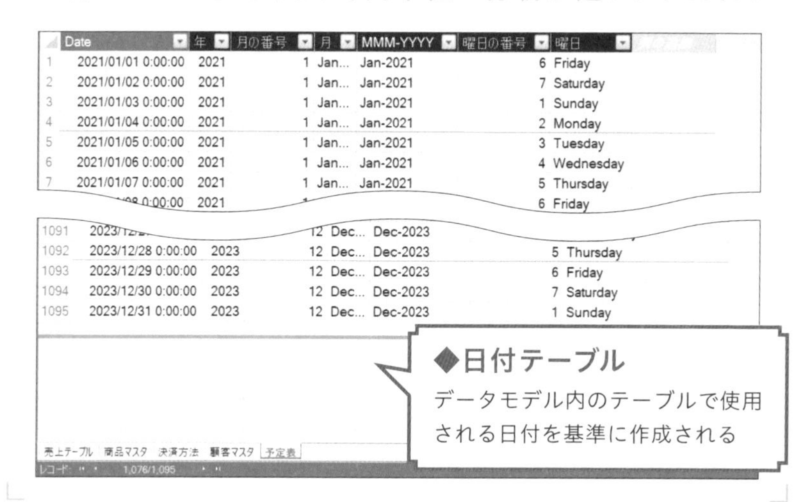

▶ 日時を分析するためには、日付テーブルが必須

　まずは、時系列分析に欠かせない日付テーブルの作成から始めましょう。とにかく大事なのは、「正しく」日付テーブルを作ること。これができないと間違った分析結果が返ってきたり、そもそも分析ができなかったりすることもあります。とはいえ、日付テーブル自体は数クリックで簡単にできるので、あまり怖がらずに少しずつ進めていきましょう。

　また、そもそも「正しい」ってどういう状態？ を説明するための、「正しい日付テーブル5箇条」もご紹介するので、ぜひ実際に作った日付テーブルと照らし合わせてみてください！

POINT：

1. パワーピボットのテーブルを開いて［日付テーブル］を新規作成
2. 自動的に［予定表］シートが追加される
3. ［Date］列には1月1日～12月31日までの日付が含まれている

MOVIE：

https://dekiru.net/ytpp402

● 新しい日付テーブルを作成する

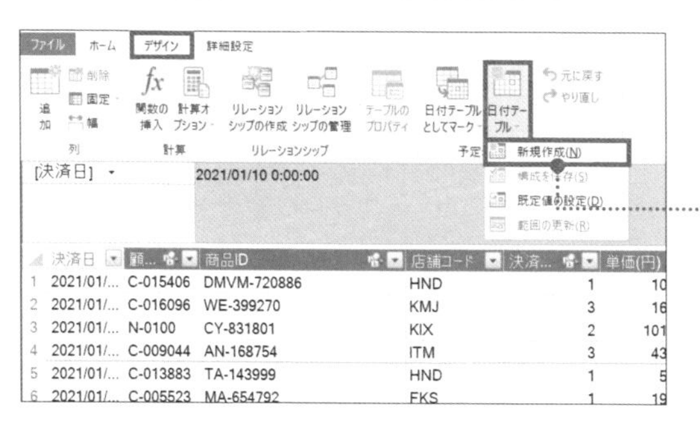

Power Pivotウィンドウの［売上テーブル］を表示しておく。

1 ［デザイン］タブ→［日付テーブル］→［新規作成］をクリック

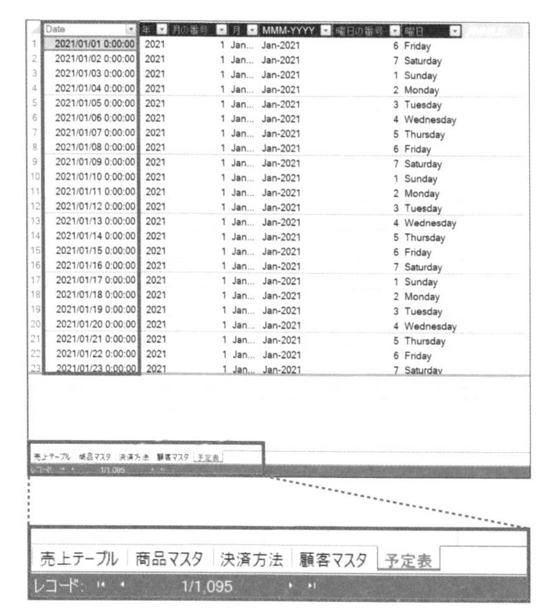

◆日付テーブル
［Date］列には連続した日付が記入されている

自動的に日付テーブルが入っている［予定表］シートが追加された。

[Date] 2023/12/31 0:00:00

	Date	年	月の番号	月	MMM-YYYY	曜日の番号	曜日
1088	2023/12/24 0:00:00	2023	12	Dec...	Dec-2023	1	Sunday
1089	2023/12/25 0:00:00	2023	12	Dec...	Dec-2023	2	Monday
1090	2023/12/26 0:00:00	2023	12	Dec...	Dec-2023	3	Tuesday
1091	2023/12/27 0:00:00	2023	12	Dec...	Dec-2023	4	Wednesday
1092	2023/12/28 0:00:00	2023	12	Dec...	Dec-2023	5	Thursday
1093	2023/12/29 0:00:00	2023	12	Dec...	Dec-2023	6	Friday
1094	2023/12/30 0:00:00	2023	12	Dec...	Dec-2023	7	Saturday
1095	2023/12/31 0:00:00	2023	12	Dec...	Dec-2023	1	Sunday

2

下までスクロール

[Date] 列には、「2023/12/31」まで日付が入っている。

理解を深めるHINT

なぜ「2023/12/31」まで日付が入っているの？

[売上テーブル]シートの[決済日]列には、「2021/01/02」から「2023/09/30」までの日付が入っています。今回の日付テーブルは、もともと入っている日付を読み取り、その範囲に合致するように年末までの日付が設定されています。

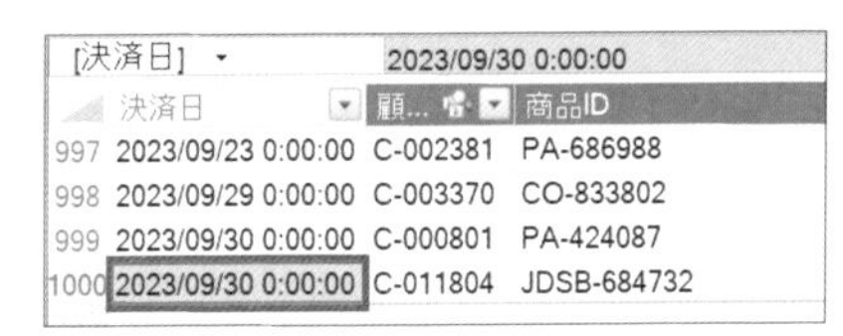

[決済日] 2023/09/30 0:00:00

	決済日	顧...	商品ID
997	2023/09/23 0:00:00	C-002381	PA-686988
998	2023/09/29 0:00:00	C-003370	CO-833802
999	2023/09/30 0:00:00	C-000801	PA-424087
1000	2023/09/30 0:00:00	C-011804	JDSB-684732

[売上テーブル]シートの[決済日]列の最後には「2023/09/30」と入力されている。

理解を深めるHINT

日付テーブルを更新するには

データモデル内の日付データが、日付テーブルの範囲を越えることがあります。たとえば、[売上テーブル]シートの[決済日]が「2024/1/1」以降になった場合です。その際は、[デザイン]タブの[日付テーブル]から[範囲を更新]をクリックして、最新のデータに更新しましょう。

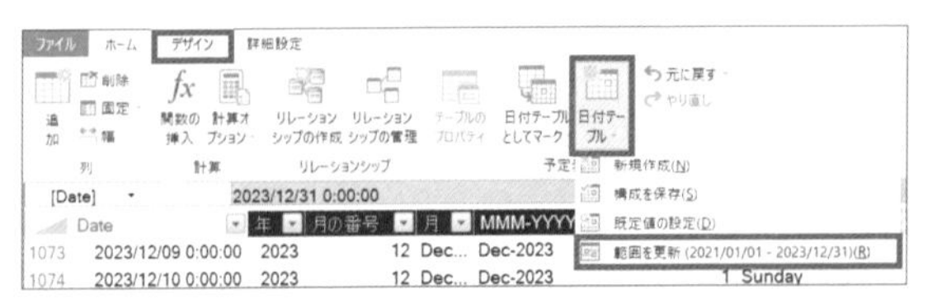

[デザイン]タブ→[日付テーブル]→[範囲を更新]をクリック

正しい日付テーブル5箇条

パワーピボットにおける正しい日付テーブルの条件には、次の5箇条があります。

◆[Date]列

	Date	年	月の番号	月	MMM-YYYY	曜日の番号	曜日
1	2021/01/01 0:00:00	2021	1	Jan...	Jan-2021	6	Friday
2	2021/01/02 0:00:00	2021	1	Jan...	Jan-2021	7	Saturday
3	2021/01/03 0:00:00	2021	1	Jan...	Jan-2021	1	Sunday
4	2021/01/04 0:00:00	2021	1	Jan...	Jan-2021	2	Monday
5	2021/01/05 0:00:00	2021	1	Jan...	Jan-2021	3	Tuesday
	…/01/06 0:00:00	2021				4	
10…			12	Dec...			…Wednesda
10…2	2023/12/28 0:00:00	2023	12	Dec...	Dec-2023	5	Thursday
10…3	2023/12/29 0:00:00	2023	12	Dec...	Dec-2023	6	Friday
10…4	2023/12/30 0:00:00	2023	12	Dec...	Dec-2023	7	Saturday
10…5	2023/12/31 0:00:00	2023	12	Dec...	Dec-2023	1	Sunday

①データ型が日付である[Date]列が必要

[Date]列は、日付データを格納するための列で、データ型が日付である必要があります。

②[Date]列は一意の値が含まれている

[Date]列には、一意の値が含まれている必要があります。つまり、同じ日付が複数回登場してはいけません。

③[Date]列は空白が含まれない

[Date]列には、空白が含まれていないことが重要です。空白があると、分析結果に影響を与える可能性があります。

④欠落している日付があってはいけない

欠落している日付があってはいけません。すべての日付が連続していることが重要です。

⑤[Date]列は年間全体にわたっている

[Date]列は、年間全体にわたっている必要があります。つまり、1月1日から12月31日までのすべての日付が含まれていることが重要です。

03

FILE：Chap4-03.xlsx

日付テーブル

日付ごとの決済件数を見える化する

✕ NG

Date	合計/数量
2021/1/2	1
2021/1/4	3
2021/1/8	3
2021/1/9	2
2021/1/10	3
2021/1/11	2
2021/1/13	2
2021/1/15	5
2021/1/19	3

〇 GOOD

Date	合計 / 数量
2021/1/1	
2021/1/2	1
2021/1/3	
2021/1/4	3
2021/1/5	
2021/1/6	
2021/1/7	
2021/1/8	3
2021/1/9	2

デフォルトの設定では、数量1以上の日しか表示されていません。
GOODのように数量0の日も表示するようにしましょう。

日付テーブルと売上テーブルのリレーションシップを組む

Chapter4-02で作成した日付テーブル（[予定表]シート）を利用して、日付別に決済件数を集計しましょう。ピボットテーブルで集計する際は、必ずテーブル間でリレーションシップを構築しておく必要があります。このレッスンでは、[予定表]シートの[Date]列と[売上テーブル]シートの[決済日]列を関連付けます。リレーションシップが作成できたら、いつも通りピボットテーブルで集計していきましょう。

POINT :

1 集計する前に必ず リレーションシップを組む

2 ピボットテーブルに切り替えて、行エリアに［Date］をドラッグ

3 デフォルトの設定では、決済0件の日付は表示されない

MOVIE :

https://dekiru.net/ytpp403

リレーションシップを作成する

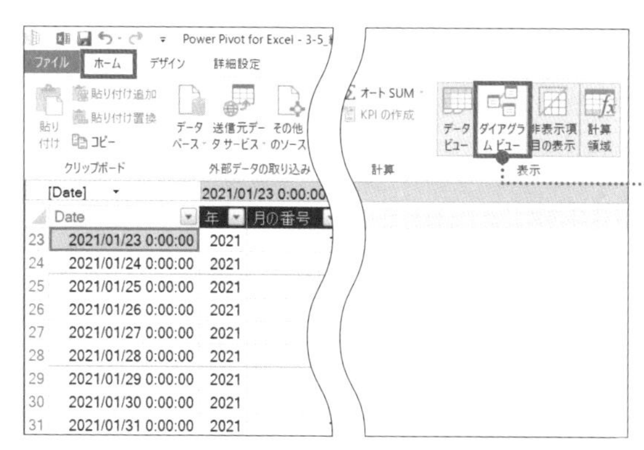

Power Pivotウィンドウの［予定表］を表示しておく。

1 ［ホーム］タブ→［ダイアグラムビュー］をクリック

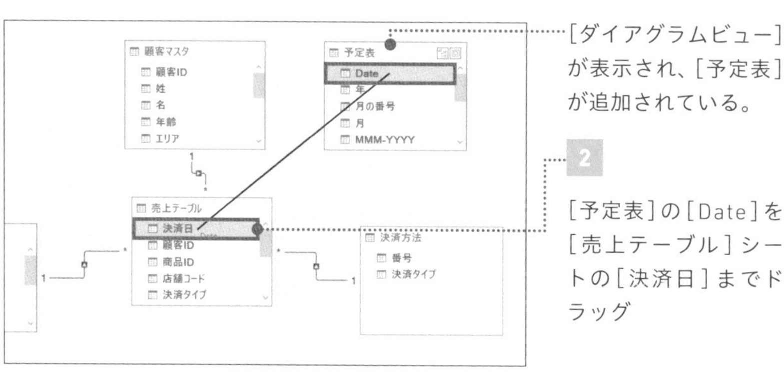

［ダイアグラムビュー］が表示され、［予定表］が追加されている。

2 ［予定表］の［Date］を［売上テーブル］シートの［決済日］までドラッグ

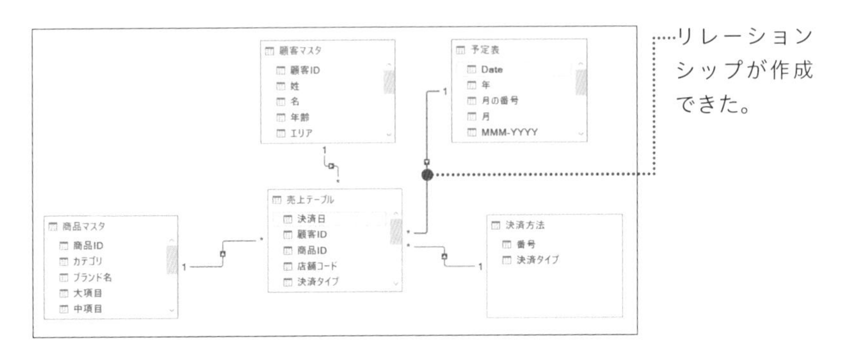

リレーションシップが作成できた。

ピボットテーブルで集計する

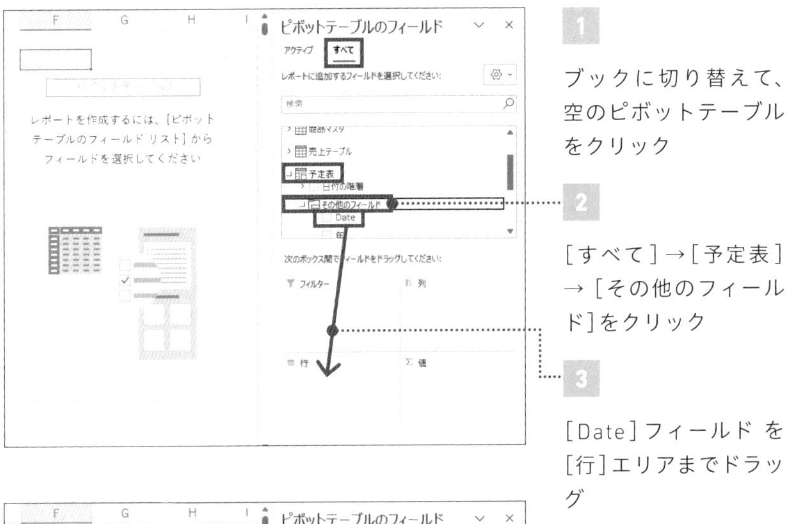

1

ブックに切り替えて、空のピボットテーブルをクリック

2

[すべて]→[予定表]→[その他のフィールド]をクリック

3

[Date]フィールド を[行]エリアまでドラッグ

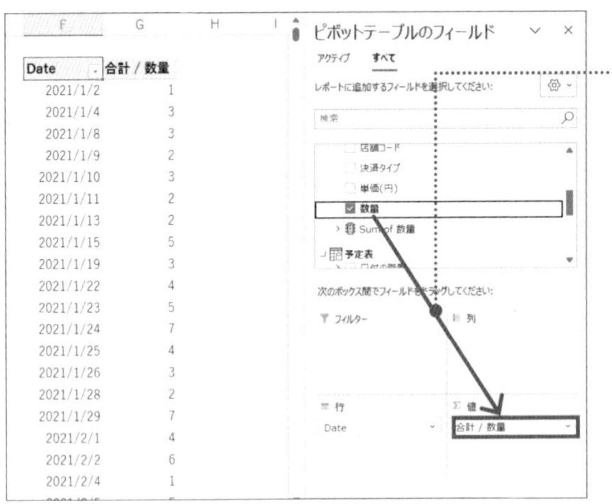

Date	合計 / 数量
2021/1/2	1
2021/1/4	3
2021/1/8	3
2021/1/9	2
2021/1/10	3
2021/1/11	2
2021/1/13	2
2021/1/15	5
2021/1/19	3
2021/1/22	4
2021/1/23	5
2021/1/24	7
2021/1/25	4
2021/1/26	3
2021/1/28	2
2021/1/29	7
2021/2/1	4
2021/2/2	6
2021/2/4	1

4

[売上テーブル]にある[数量] フィールドを[値]エリアまでドラッグ

日付ごとの決済件数が表示された。

今のままでは、決済が0件の日付が表示されていません。[ピボットテーブルオプション]ダイアログボックスから設定しましょう！

決済が0件だった日を表示する

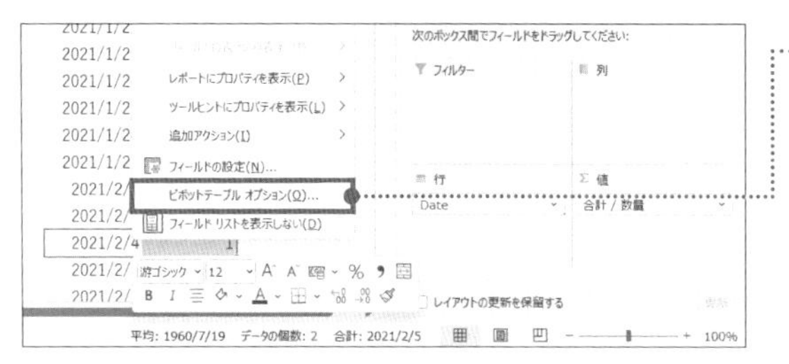

1 [Date]列のセルを右クリックして、[ピボットテーブルオプション]を選択

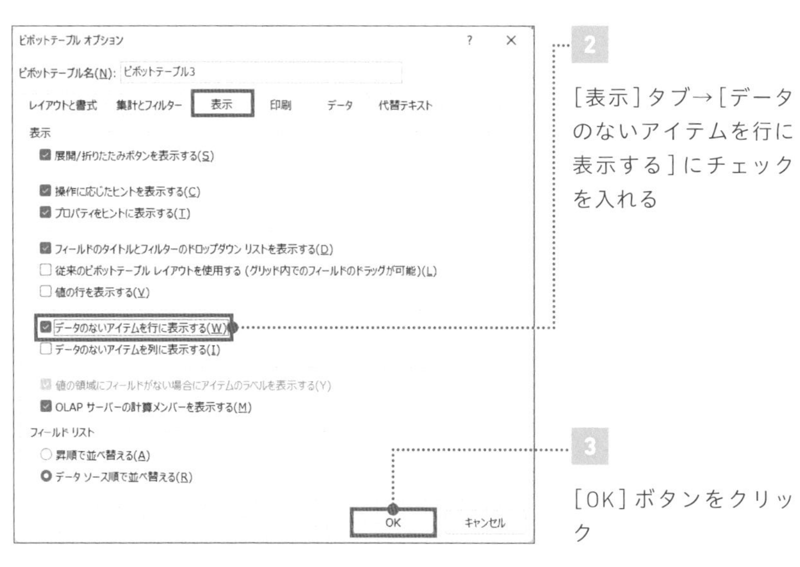

2 [表示]タブ→[データのないアイテムを行に表示する]にチェックを入れる

3 [OK]ボタンをクリック

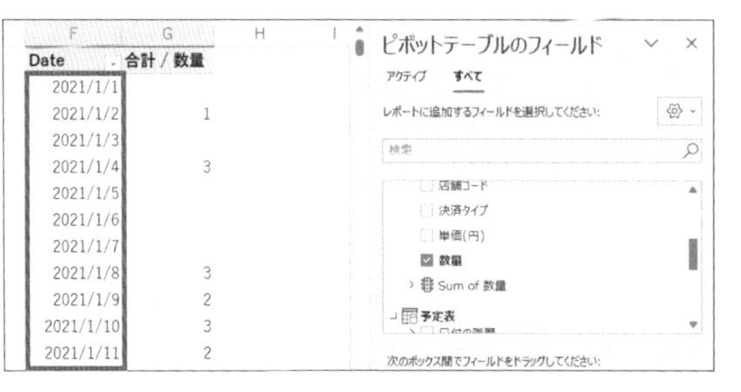

すべての日付が表示された。

04

日付テーブル／FORMAT／書式設定

FILE：Chap4-04.xlsx

日付テーブルのフィールドをカスタマイズする

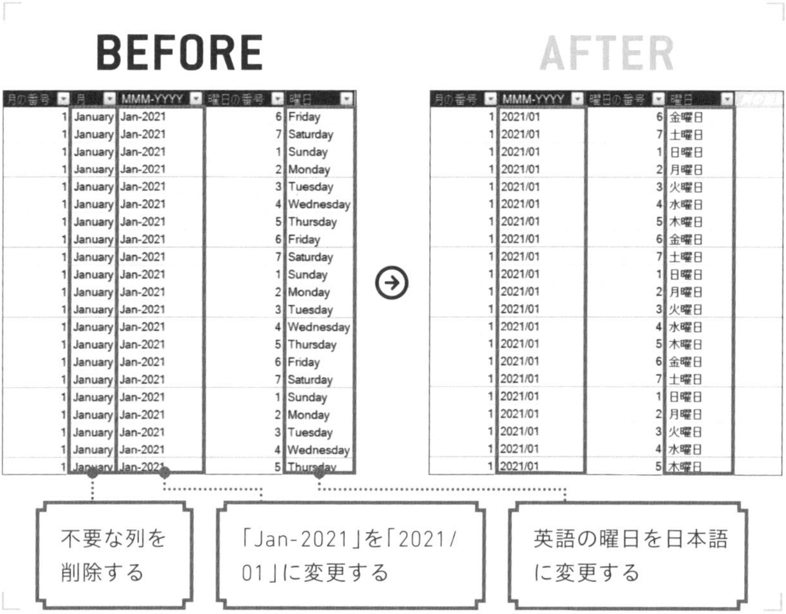

BEFORE

月の番号	月	MMM-YYYY	曜日の番号	曜日
1	January	Jan-2021	6	Friday
1	January	Jan-2021	7	Saturday
1	January	Jan-2021	1	Sunday
1	January	Jan-2021	2	Monday
1	January	Jan-2021	3	Tuesday
1	January	Jan-2021	4	Wednesday
1	January	Jan-2021	5	Thursday
1	January	Jan-2021	6	Friday
1	January	Jan-2021	7	Saturday
1	January	Jan-2021	1	Sunday
1	January	Jan-2021	2	Monday
1	January	Jan-2021	3	Tuesday
1	January	Jan-2021	4	Wednesday
1	January	Jan-2021	5	Thursday
1	January	Jan-2021	6	Friday
1	January	Jan-2021	7	Saturday
1	January	Jan-2021	1	Sunday
1	January	Jan-2021	2	Monday
1	January	Jan-2021	3	Tuesday
1	January	Jan-2021	4	Wednesday
1	January	Jan-2021	5	Thursday

AFTER

月の番号	MMM-YYYY	曜日の番号	曜日
1	2021/01	6	金曜日
1	2021/01	7	土曜日
1	2021/01	1	日曜日
1	2021/01	2	月曜日
1	2021/01	3	火曜日
1	2021/01	4	水曜日
1	2021/01	5	木曜日
1	2021/01	6	金曜日
1	2021/01	7	土曜日
1	2021/01	1	日曜日
1	2021/01	2	月曜日
1	2021/01	3	火曜日
1	2021/01	4	水曜日
1	2021/01	5	木曜日
1	2021/01	6	金曜日
1	2021/01	7	土曜日
1	2021/01	1	日曜日
1	2021/01	2	月曜日
1	2021/01	3	火曜日
1	2021/01	4	水曜日
1	2021/01	5	木曜日

不要な列を削除する

「Jan-2021」を「2021/01」に変更する

英語の曜日を日本語に変更する

日付テーブルをより、見やすく、扱いやすく！

日付テーブルは、中身のカスタマイズができるようになっています。日付テーブルを作成した直後の状態は、英語ユーザー向けの作りになっており、使いづらさを感じる方も多いでしょう。今回は2つのカスタマイズで、日付テーブルを見やすくするコツをご紹介します。

①不要な列を削除する

②データの表示形式を変更する（例：Friday→金曜日）

誰もが見やすい書式に整えることで、データの可読性が向上しますよ！

POINT：

1 データを見慣れた形に整える
ひと手間が大事

2 英語表記が見にくい場合は、
日本語表記に変更する

3 FORMAT関数を使うと、
書式が変更できる

MOVIE：

https://dekiru.net/ytpp404

不要な列を削除する

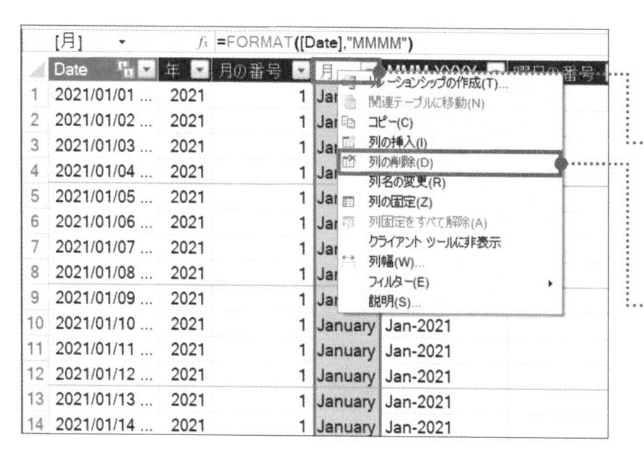

Power Pivotウィンドウの[予定表]を表示しておく。

1

[月]をクリックして列全体を選択

2

右クリックして[列の削除]をクリック

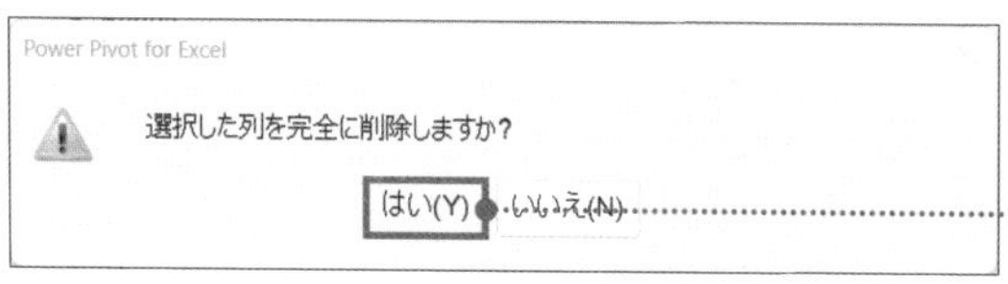

3

[はい]をクリック

[MMM-YY... =FORMAT([Date],"MMM-YYYY")

	Date	年	月の番号	MMM-YYYY	曜日の番号	曜日
1	2021/01/01 ...	2021	1	Jan-2021	6	Friday
2	2021/01/02 ...	2021	1	Jan-2021	7	Saturd
3	2021/01/03 ...	2021	1	Jan-2021	1	Sunda
4	2021/01/04 ...	2021	1	Jan-2021	2	Mond
5	2021/01/05 ...	2021	1	Jan-2021	3	Tuesd
6	2021/01/06 ...	2021	1	Jan-2021	4	Wedn
7	2021/01/07 ...	2021	1	Jan-2021	5	Thurs
8	2021/01/08 ...	2021	1	Jan-2021	6	Friday
9	2021/01/09 ...	2021	1	Jan-2021	7	Saturd
10	2021/01/10 ...	2021	1	Jan-2021	1	Sunda
11	2021/01/11 ...	2021	1	Jan-2021	2	Mond
12	2021/01/12 ...	2021	1	Jan-2021	3	Tuesd
13	2021/01/13 ...	2021	1	Jan-2021	4	Wedn
14	2021/01/14 ...	2021	1	Jan-2021	5	Thurs

[月]列が削除された。

「Friday」を「金曜日」に変更する

[曜日] =FORMAT([Date],"DDDD")

	Date	年	月の番号	MMM-YYYY	曜日の番号	曜日
1	2021/01/01 ...	2021	1	Jan-2021	6	Friday
2	2021/01/02 ...	2021	1	Jan-2021	7	Saturday
3	2021/01/03 ...	2021	1	Jan-2021	1	Sunday
4	2021/01/04 ...	2021	1	Jan-2021	2	Monday
5	2021/01/05 ...	2021	1	Jan-2021	3	Tuesday
6	2021/01/06 ...	2021	1	Jan-2021	4	Wednesday
7	2021/01/07 ...	2021	1	Jan-2021	5	Thursday
8	2021/01/08 ...	2021	1	Jan-2021	6	Friday
9	2021/01/09 ...	2021	1	Jan-2021	7	Saturday
10	2021/01/10 ...	2021	1	Jan-2021	1	Sunday

1

「Friday」をクリックして、数式バーを確認

FORMAT関数が入力されている。

=FORMAT([Date], "AAAA")

[曜日] × ✓ =FORMAT([Date],"AAAA")
FORMAT(値, Format)

	Date	年	月の番号	MMM-YYYY	曜日の番号	曜日
1	2021/01/01 ...	2021	1	Jan-2021	6	Friday
2	2021/01/02 ...	2021	1	Jan-2021	7	Saturday
3	2021/01/03 ...	2021	1	Jan-2021	1	Sunday
4	2021/01/04 ...	2021	1	Jan-2021	2	Monday
5	2021/01/05 ...	2021	1	Jan-2021	3	Tuesday
6	2021/01/06 ...	2021	1	Jan-2021	4	Wednesday
7	2021/01/07 ...	2021	1	Jan-2021	5	Thursday
8	2021/01/08 ...	2021	1	Jan-2021	6	Friday
9	2021/01/09 ...	2021	1	Jan-2021	7	Saturday
10	2021/01/10 ...	2021	1	Jan-2021	1	Sunday

2

「DDDD」を「AAAA」に変更して、Enterキーを押す

> **CHECK!**
>
> 「AAAA」は、大文字でも、小文字でも、どちらでも大丈夫です。

[曜日] =FORMAT([Date],"AAAA")

	Date	年	月の番号	MMM-YYYY	曜日の番号	曜日
1	2021/01/01 ...	2021	1	Jan-2021	6	金曜日
2	2021/01/02 ...	2021	1	Jan-2021	7	土曜日
3	2021/01/03 ...	2021	1	Jan-2021	1	日曜日
4	2021/01/04 ...	2021	1	Jan-2021	2	月曜日
5	2021/01/05 ...	2021	1	Jan-2021	3	火曜日
6	2021/01/06 ...	2021	1	Jan-2021	4	水曜日
7	2021/01/07 ...	2021	1	Jan-2021	5	木曜日
8	2021/01/08 ...	2021	1	Jan-2021	6	金曜日
9	2021/01/09 ...	2021	1	Jan-2021	7	土曜日
10	2021/01/10 ...	2021	1	Jan-2021	1	日曜日

「金曜日」「土曜日」……と表示された。

「Jan-2021」を「2021/01」に変更する

[MMM-YY... =FORMAT([Date],"MMM-YYYY")

	Date	年	月の番号	MMM-YYYY	曜日の番号	曜日
1	2021/01/01 ...	2021	1	Jan-2021	6	金曜日
2	2021/01/02 ...	2021	1	Jan-2021	7	土曜日
3	2021/01/03 ...	2021	1	Jan-2021	1	日曜日
4	2021/01/04 ...	2021	1	Jan-2021	2	月曜日
5	2021/01/05 ...	2021	1	Jan-2021	3	火曜日
6	2021/01/06 ...	2021	1	Jan-2021	4	水曜日
7	2021/01/07 ...	2021	1	Jan-2021	5	木曜日
8	2021/01/08 ...	2021	1	Jan-2021	6	金曜日
9	2021/01/09 ...	2021	1	Jan-2021	7	土曜日
10	2021/01/10 ...	2021	1	Jan-2021	1	日曜日

1

「Jan-2021」をクリックして、数式バーを確認

FORMAT関数が入力されている。

[MMM-YY... × ✓ fx =FORMAT([Date],"YYYY/MM")

FORMAT(値, Format)

	Date	年	月の番号	MMM-YYYY	曜日の番号	曜日
1	2021/01/01 ...	2021	1	Jan-2021	6	金曜日
2	2021/01/02 ...	2021	1	Jan-2021	7	土曜日
3	2021/01/03 ...	2021	1	Jan-2021	1	日曜日
4	2021/01/04 ...	2021	1	Jan-2021	2	月曜日
5	2021/01/05 ...	2021	1	Jan-2021	3	火曜日
6	2021/01/06 ...	2021	1	Jan-2021	4	水曜日
7	2021/01/07 ...	2021	1	Jan-2021	5	木曜日
8	2021/01/08 ...	2021	1	Jan-2021	6	金曜日
9	2021/01/09 ...	2021	1	Jan-2021	7	土曜日
10	2021/01/10 ...	2021	1	Jan-2021	1	日曜日

2

「"MMM-YYYY"」を「"YYYY/MM"」に変更して、Enter キーを押す

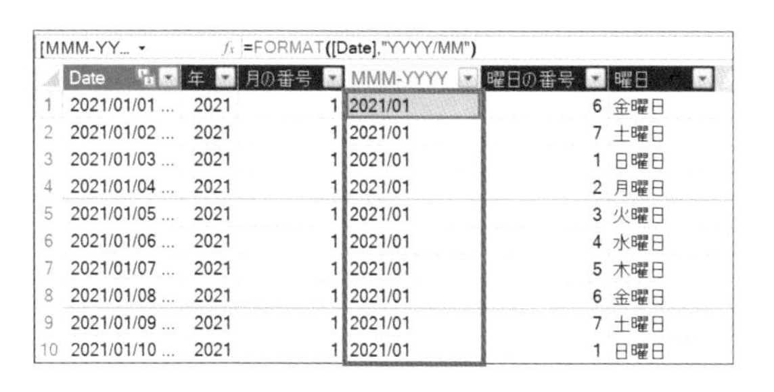

[MMM-YY... fx =FORMAT([Date],"YYYY/MM")

	Date	年	月の番号	MMM-YYYY	曜日の番号	曜日
1	2021/01/01 ...	2021	1	2021/01	6	金曜日
2	2021/01/02 ...	2021	1	2021/01	7	土曜日
3	2021/01/03 ...	2021	1	2021/01	1	日曜日
4	2021/01/04 ...	2021	1	2021/01	2	月曜日
5	2021/01/05 ...	2021	1	2021/01	3	火曜日
6	2021/01/06 ...	2021	1	2021/01	4	水曜日
7	2021/01/07 ...	2021	1	2021/01	5	木曜日
8	2021/01/08 ...	2021	1	2021/01	6	金曜日
9	2021/01/09 ...	2021	1	2021/01	7	土曜日
10	2021/01/10 ...	2021	1	2021/01	1	日曜日

「2021/01」と表示された。

理解を深めるHINT

「"AAAA"」って何？ 書式を変更できるFORMAT（フォーマット）関数

DAXのFORMAT関数は、指定された書式に従って値をテキストに変換する関数です。

FORMAT(値, Format)

<値> には列番号を指定し、<Format> に書式設定を指定します。<Format>には、数値、日付、時刻などの異なる書式設定の引数が用意されています。曜日に関する引数は、以下を参考にしてみてください。

引数	説明	戻り値
DDDD	英語表記の曜日	Sunday～Saturday
DDD	省略形の英語表記の曜日	Sun～Sat
AAAA	日本語表記の曜日	日曜日～土曜日
AAA	省略形の日本語表記の曜日	日～土

05

日付テーブル／並べ替え／WEEKDAY

FILE：Chap4-05.xlsx

月曜日から始まる曜日別の売上数量を求める

✕ NG

曜日	合計 / 数量
火曜日	220
金曜日	304
月曜日	270
水曜日	259
土曜日	273
日曜日	236
木曜日	300
総計	1862

曜日ごとの売上数量を集計したけれど、並び順が気になる……。

○ GOOD

曜日	合計／数量
月	270
火	220
水	259
木	300
金	304
土	273
日	236
総計	1,862

WEEKDAY関数を使って、並べ替えます。

曜日データの集計は、必ず曜日順に並べ替えを

曜日ごとにデータを集計することで、傾向やパターンを把握できます。たとえば、どの曜日が最も売り上げが多いか、または最も少ないかなど、販売戦略に役立つでしょう。曜日データの集計は、日付テーブルの[曜日]フィールドを[行]または[列]エリアにドラッグするだけです。ただし、曜日順に並んでいないため見る人にストレスを与えることも……。そのため、月曜または日曜始まりに並べ替えることが重要です。ここでは、WEEKDAY関数を使用して、月曜日始まりに並べ替える方法も紹介します。

POINT：

1 日付テーブルがあれば、曜日ごとの集計もあっというま！

2 しかし、曜日が順番通りに並んでいないこともある

3 WEEKDAY関数を使えば、曜日順に並べ替えられる

MOVIE：

https://dekiru.net/ytpp405

ピボットテーブルで曜日ごとの売り上げを集計する

ブックを表示しておく。

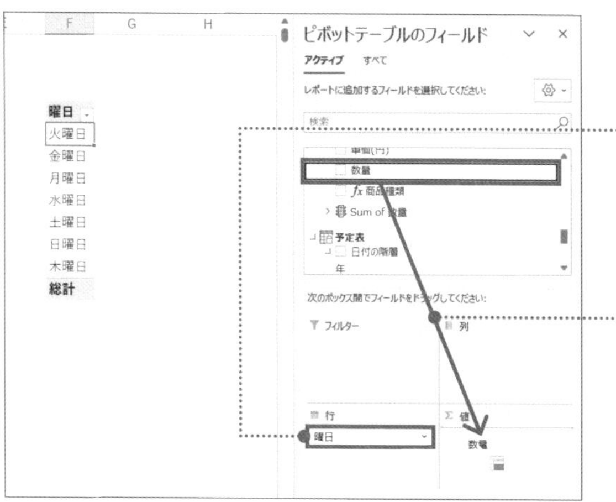

1 [曜日]フィールドを[行]エリアまでドラッグ

2 [数量]フィールドを[値]エリアまでドラッグ

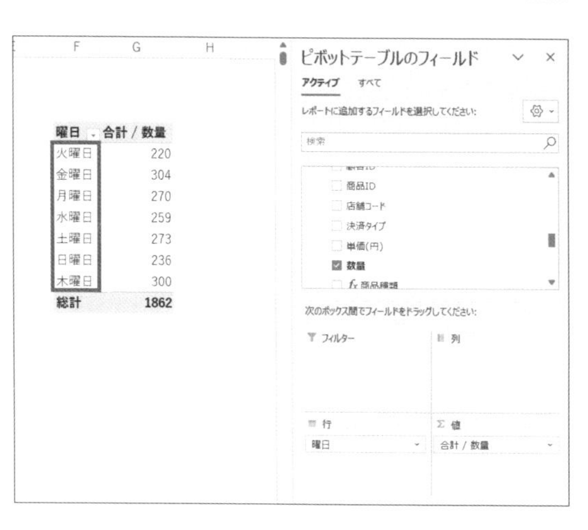

曜日	合計 / 数量
火曜日	220
金曜日	304
月曜日	270
水曜日	259
土曜日	273
日曜日	236
木曜日	300
総計	1862

曜日ごとの売上数量が表示された。

「火曜日」「金曜日」「月曜日」といった順番に並んでいる。

曜日を「月曜日」始まりで並べ替える

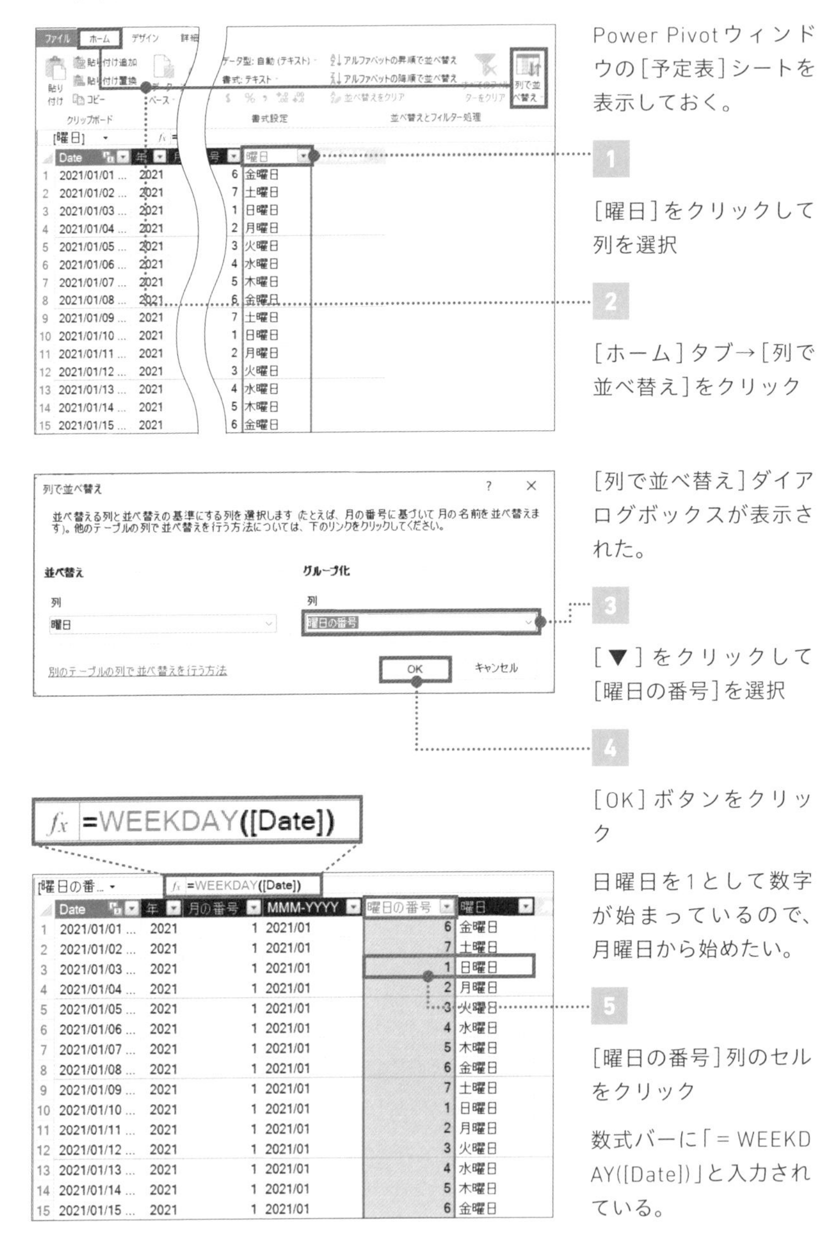

Power Pivotウィンドウの[予定表]シートを表示しておく。

1 [曜日]をクリックして列を選択

2 [ホーム]タブ→[列で並べ替え]をクリック

[列で並べ替え]ダイアログボックスが表示された。

3 [▼]をクリックして[曜日の番号]を選択

4 [OK]ボタンをクリック

日曜日を1として数字が始まっているので、月曜日から始めたい。

5 [曜日の番号]列のセルをクリック

数式バーに「=WEEKDAY([Date])」と入力されている。

=WEEKDAY([Date],2)

fx =WEEKDAY([Date],2)

[曜日の番... × ✓ fx =WEEKDAY([Date],2)

WEEKDAY(Date, [ReturnType])

Monday=1 through Sunday=7

	D..	年	月の番号	MMM-YYYY	曜日の番号	曜日
1	2021/...	2021	1	2021/01	6	金曜日
2	2021/...	2021	1	2021/01	7	土曜日
3	2021/...	2021	1	2021/01	1	日曜日
4	2021/...	2021	1	2021/01	2	月曜日
5	2021/...	2021	1	2021/01	3	火曜日
6	2021/...	2021	1	2021/01	4	水曜日
7	2021/...	2021	1	2021/01	5	木曜日
8	2021/...	2021	1	2021/01	6	金曜日
9	2021/...	2021	1	2021/01	7	土曜日
10	2021/...	2021	1	2021/01	1	日曜日

6

Dateの後ろに「,2」と入力して、Enterキーを押す

[曜日の番... fx =WEEKDAY([Date],2)

	D..	年	月の番号	MMM-YYYY	曜日の番号	曜日
1	2021/...	2021	1	2021/01	5	金曜日
2	2021/...	2021	1	2021/01	6	土曜日
3	2021/...	2021	1	2021/01	7	日曜日
4	2021/...	2021	1	2021/01	1	月曜日
5	2021/...	2021	1	2021/01	2	火曜日
6	2021/...	2021	1	2021/01	3	水曜日
7	2021/...	2021	1	2021/01	4	木曜日
8	2021/...	2021	1	2021/01	5	金曜日
9	2021/...	2021	1	2021/01	6	土曜日
10	2021/...	2021	1	2021/01	7	日曜日

月曜日が「1」、日曜日が「7」と表示された。

ブックに切り替えて、ピボットテーブルを確認すると、月曜日から日曜日の順番で集計されている。

理解を深めるHINT

入力した「2」って何？ 曜日を示すWEEKDAY（ウィークデイ）関数

WEEKDAY(Date, ReturnType)

WEEKDAY関数は、日付の曜日を示す1～7の整数を返す関数です。ReturnTypeは、戻り値を決定する数値で、1～3の引数を指定します。省略した場合は、1の引数が指定されます。

ReturnTypeの引数

1：週が日曜日(1)に始まり、土曜日(7)に終わる
2：週が月曜日(1)に始まり、日曜日(7)に終わる
3：週が月曜日(0)に始まり、日曜日(6)に終わる

06

FILE：Chap4-06.xlsx

タイムインテリジェンス関数／TOTALYTD

4月を基点とした売上数量の年度累計を求める

TOTALYTD(トータルワイティディ)関数を使って累計を求める

YYYY/MM	年度累計（売上数量）
2021/01	56
2021/02	115
2021/03	175
2021/04	60
2021/05	139
2021/06	185
2021/07	241
2021/08	312
2021/09	358
2021/10	403
2021/11	454
2021/12	514
2022/01	573
2022/02	621
2022/03	677
2022/04	67

4月を基点に売上数量が積み重なっている

TOTALYTD関数を使うと年度累計も簡単に求められます！

▶ タイムインテリジェンス関数で、時系列の集計も思い通りに！

タイムインテリジェンス関数とは、DAXに用意されている、時系列でのデータの集計や比較に特化した関数です。DAXには、35種類のタイムインテリジェンス関数が用意されています。これらの関数を使用すると、期間（日、月、四半期、年など）を指定してデータを集計できます。Excelの標準機能だけでは複雑な時系列の集計が、簡単に行えるようになりました。たとえば、前年比や累計などの計算が簡単に行えます。今回は、TOTALYTD関数を使用して、4月を基点とした年度累計を求めてみましょう。

POINT：

1 タイムインテリジェンス関数は時系列のデータ集計に特化した関数

2 TOTALYTD関数を使って、年度累計を求める

3 4月始まりの場合は、第4引数に「3/31」を指定する

MOVIE：

https://dekiru.net/ytpp406

商品IDの種類を数える

年度累計を算出する

トータルワイティーディー
TOTALYTD(Expression,Dates,[Filter],[YearEndDate])

・Expression=計算方法を指定
・Dates=日付を含む列を指定
・Filter=現在のコンテキストに適用するフィルターを指定(省略可能)
・YearEndDate=年度末の日付を定義。省略可能で、既定値は12月31日

〈 数式の入力例 〉

TOTALYTD([Sum of 数量],'予定表'[Date],"3/31")

❶ Expression　❷ Dates　❹ YearEndDate

❶ Expression：[Sum of 数量]で売上数量を計算
❷ Dates：[予定表]シートの[Date]列を参照
❸ Filter：今回はフィルターをかけないので省略
❹ YearEndDate：4月1日から累計するので、年度末の3月31日を指定

CHECK!

ここでは、フィルターを設定していないので第3の引数を省略しています。Excel関数に慣れていると「=TOTALYTD([Sum of 数量],'予定表'[Date],,"3/31")」のように、省略した引数分をコンマ(,)で区切ってしまいますが、DAX関数では、省略した引数分のコンマは不要です。省略した引数分のコンマを入れると、エラーが発生する可能性があります。

ブックを表示しておく。

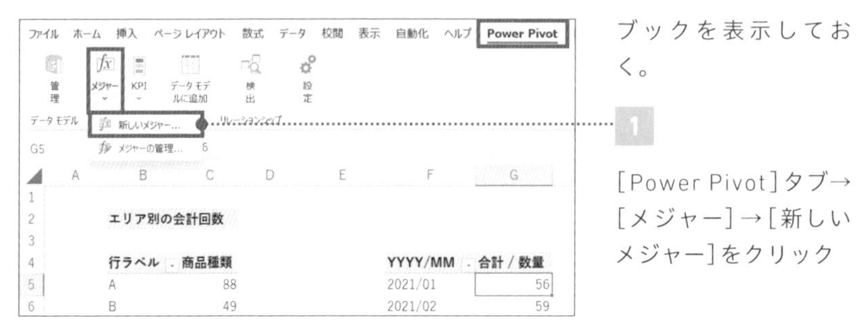

1

[Power Pivot]タブ→[メジャー]→[新しいメジャー]をクリック

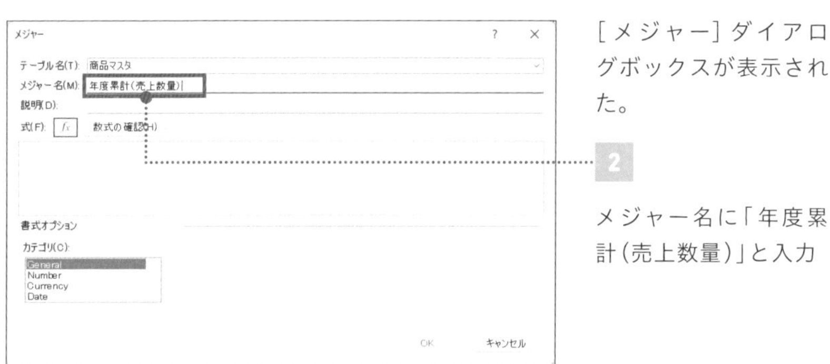

[メジャー]ダイアログボックスが表示された。

2

メジャー名に「年度累計(売上数量)」と入力

=TOTALYTD([Sum of 数量],'予定表'[Date],"3/31")

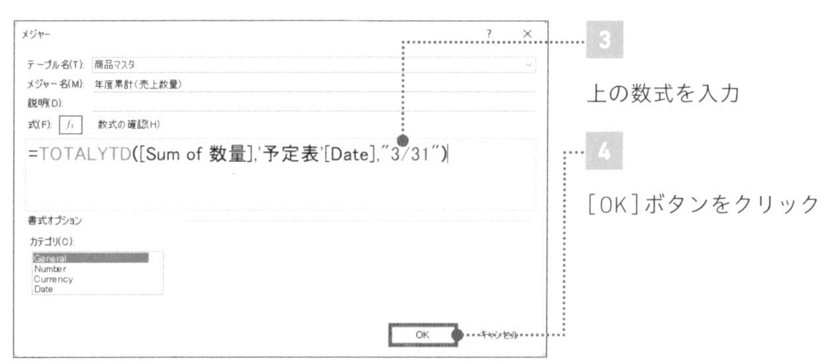

3

上の数式を入力

4

[OK]ボタンをクリック

操作では省略していますが、数字を入力できたら[数式の確認]をクリックして、数式にエラーがないかチェックしておきましょう！

YYYY/MM	年度累計（売上数量）
2021/01	56
2021/02	115
2021/03	175
2021/04	60
2021/05	139
2021/06	185
2021/07	241

4月を基点とした年度累計が集計された。

CHECK!

TOTALYTD関数のYTDとは、Year To Date（その年の初めから現在までの期間）の略です。

理解を深めるHINT

特定の店舗に絞って、年度累計を求めるには

今回は第3の引数を省略して、フィルターをかけずに年度累計を求めましたが、フィルターをかけて年度累計を求める方法も紹介します。
たとえば、羽田の店舗に絞って年度累計を求めたい場合は、以下のような数式になります。パワーピボットのシート名、列名、抽出したい特定のキーワードを入れて、Filter引数を指定しましょう。

=TOTALYTD([Sum of 数量],'予定表'[Date], '店舗マスタ'[店舗名]="羽田","3/31")

式(F): fx 数式の確認(H)

=TOTALYTD([Sum of 数量],'予定表'[Date], '店舗マスタ'[店舗名]="羽田","3/31")

［メジャー］ダイアログボックスを表示して、上の数式を入力

YYYY/MM	年度累計（売上数量）
2021/01	9
2021/02	10
2021/03	13
2021/04	12
2021/05	22
2021/06	26
2021/07	29

羽田店舗に絞って、年度累計が集計された。

07

FILE：Chap4-07.xlsx

計算列／IF／AND

「上期下期」や「四半期」に日付を分類する

計算列にIF関数を入力して、分類しよう

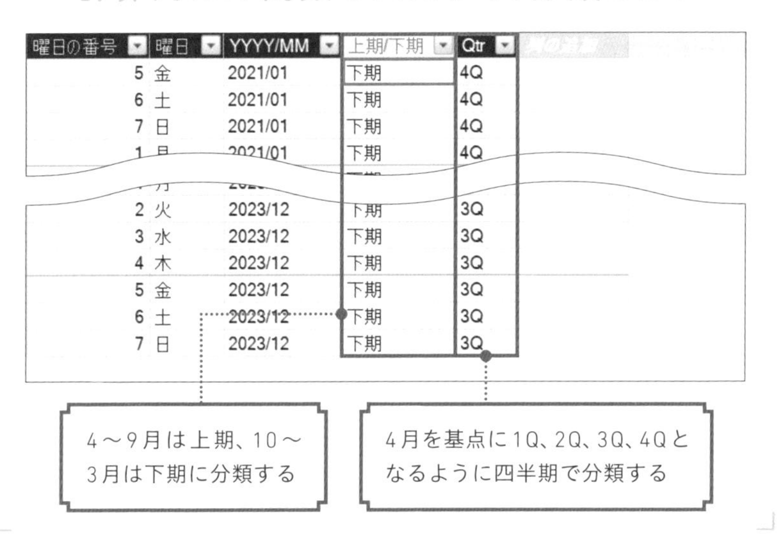

計算列を利用して、ひとつ上の時系列分析を

今回は、「新たに列を追加する」手法で日付テーブルをカスタマイズしていきましょう。それぞれの日付を「上期or下期」や「四半期」で分類します。これによって、ピボットテーブルで四半期ごとの売上高を比較するなど、時系列分析を簡単に行うテクニックをさらに高められます。

ここでは新たな概念である計算列に対して、IF関数を活用します。77ページでも紹介しましたが、DAXにはメジャーと計算列の2種類があります。両者は同じDAXでも違った特徴を持つので、ページの最後に併せて解説します。

POINT :

1 「上期下期」や「四半期」は IF関数で求められる

2 数式は計算列に入力する

3 計算列の数式は、行や列、フィルターの目的で使用できる

MOVIE :

https://dekiru.net/ytpp407

上期・下期に分類する

YYYY/MM	曜日の番号	曜日	上期/下期
2021/01	5	金	
2021/01	6	土	
2021/01	7	日	
2021/01	1	月	
2021/01	2	火	
2021/01	3	水	
2021/01	4	木	
2021/01	5	金	

Power Pivotウィンドウの[予定表]シートを表示しておく。

1 ここをダブルクリックして「上期/下期」と入力

=IF(AND([月の番号]>=4,[月の番号]<=9),"上期","下期")

fx =IF(AND([月の番号]>=4,[月の番号]<=9),"上期","下期")

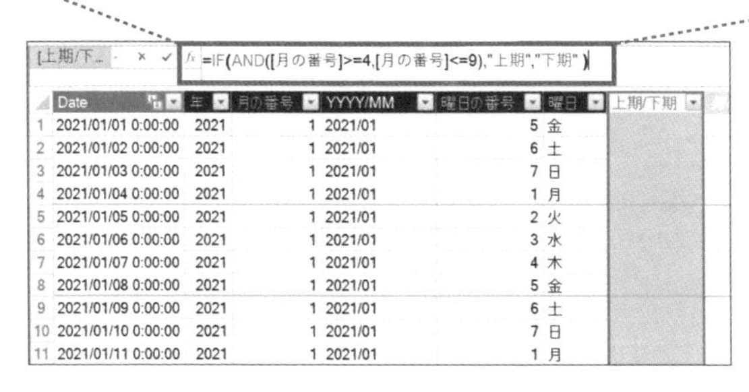
[上期/下... fx =IF(AND([月の番号]>=4,[月の番号]<=9),"上期","下期")

	Date	年	月の番号	YYYY/MM	曜日の番号	曜日	上期/下期
1	2021/01/01 0:00:00	2021	1	2021/01	5	金	
2	2021/01/02 0:00:00	2021	1	2021/01	6	土	
3	2021/01/03 0:00:00	2021	1	2021/01	7	日	
4	2021/01/04 0:00:00	2021	1	2021/01	1	月	
5	2021/01/05 0:00:00	2021	1	2021/01	2	火	
6	2021/01/06 0:00:00	2021	1	2021/01	3	水	
7	2021/01/07 0:00:00	2021	1	2021/01	4	木	
8	2021/01/08 0:00:00	2021	1	2021/01	5	金	
9	2021/01/09 0:00:00	2021	1	2021/01	6	土	
10	2021/01/10 0:00:00	2021	1	2021/01	7	日	
11	2021/01/11 0:00:00	2021	1	2021/01	1	月	

2 上の数式を入力して、Enter キーを押す

この数式は、[月の番号]が4以上かつ9以下(つまり4〜9月)であれば上期、そうでなければ下期という文字列を返します。「AかつB」という数式なのでAND関数を組み込んでいます。

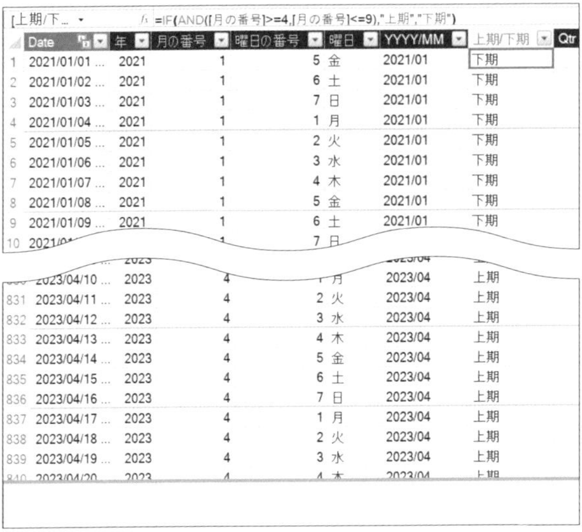

[上期/下... =IF(AND([月の番号]>=4,[月の番号]<=9),"上期","下期")

	Date	年	月の番号	曜日の番号	曜日	YYYY/MM	上期/下期	Qtr
1	2021/01/01 ...	2021	1	5	金	2021/01	下期	
2	2021/01/02 ...	2021	1	6	土	2021/01	下期	
3	2021/01/03 ...	2021	1	7	日	2021/01	下期	
4	2021/01/04 ...	2021	1	1	月	2021/01	下期	
5	2021/01/05 ...	2021	1	2	火	2021/01	下期	
6	2021/01/06 ...	2021	1	3	水	2021/01	下期	
7	2021/01/07 ...	2021	1	4	木	2021/01	下期	
8	2021/01/08 ...	2021	1	5	金	2021/01	下期	
9	2021/01/09 ...	2021	1	6	土	2021/01	下期	
10	2021/0...		1	7	日			
	2023/04/10 ...	2023	4	1	月	2023/04	上期	
831	2023/04/11 ...	2023	4	2	火	2023/04	上期	
832	2023/04/12 ...	2023	4	3	水	2023/04	上期	
833	2023/04/13 ...	2023	4	4	木	2023/04	上期	
834	2023/04/14 ...	2023	4	5	金	2023/04	上期	
835	2023/04/15 ...	2023	4	6	土	2023/04	上期	
836	2023/04/16 ...	2023	4	7	日	2023/04	上期	
837	2023/04/17 ...	2023	4	1	月	2023/04	上期	
838	2023/04/18 ...	2023	4	2	火	2023/04	上期	
839	2023/04/19 ...	2023	4	3	水	2023/04	上期	
840	2023/04/20 ...	2023	4	4	木	2023/04	上期	

4～9月は上期、10～3月は下期と表示された。

理解を深めるHINT

IF関数と組み合わせてAND関数を使う

「もしAかつBの場合はC、そうでない場合はD」を返したい場合は、IF関数にAND関数を組み込みます。AND関数の構文は以下です。

AND(Logical1, Logical2)

Logical1、Logical2に論理値を入れ、両方の引数が真であればTRUEを返し、そうでない場合はFALSEを返します。

また「AまたはBの場合はC、そうでない場合はD」という式を作りたい場合は、IF関数にOR関数を組み込んで、DAX式を作成しましょう。これらの考え方は、Excel関数と同じです。

OR(Logical1, Logical2)

▶ 四半期に分類する

年	月の番号	YYYY/MM	曜日の番号	曜日	上期/下期	
2021	1	2021/01	5	金	下期	
2021	1	2021/01	6	土	下期	
2021	1	2021/01	7	日	下期	
2021	1	2021/01	1	月	下期	
2021	1	2021/01	2	火	下期	
2021	1	2021/01	3	水	下期	
2021	1	2021/01	4	木	下期	
2021	1	2021/01	5	金	下期	
2021	1	2021/01	6	土	下期	
2021	1	2021/01	7	日	下期	
2021	1	2021/01	1	月	下期	

1

ここをダブルクリックして「Qtr」と入力

CHECK!

「quarter」の略語で四半期を表します。

=IF([月の番号]<=3,"4Q",
IF([月の番号]<=6,"1Q",
IF([月の番号]<=9,"2Q","3Q")))

```
fx =IF([月の番号]<=3,"4Q",
   IF([月の番号]<=6,"1Q",
   IF([月の番号]<=9,"2Q","3Q")))
```

[Qtr] × ✓ fx =IF([月の番号]<=3,"4Q",
IF([月の番号]<=6,"1Q",
IF([月の番号]<=9,"2Q","3Q")))

	D..	年	月の番号	曜日の番号	曜日	YYYY/MM	上期/下期	Qtr
1	2021/...	2021	1	5	金	2021/01	下期	
2	2021/...	2021	1	6	土	2021/01	下期	
3	2021/...	2021	1	7	日	2021/01	下期	
4	2021/...	2021	1	1	月	2021/01	下期	
5	2021/...	2021	1	2	火	2021/01	下期	
6	2021/...	2021	1	3	水	2021/01	下期	
7	2021/...	2021	1	4	木	2021/01	下期	
8	2021/...	2021	1	5	金	2021/01	下期	

2

上の数式を入力して、Enter キーを押す

	D..	年	月の番号	曜日の番号	曜日	YYYY/MM	上期/下期	Qtr
1	2021/...	2021	1	5	金	2021/01	下期	4Q
2	2021/...	2021	1	6	土	2021/01	下期	4Q
3	2021/...	2021	1	7	日	2021/01	下期	4Q
4	2021/...	2021	1	1	月	2021/01	下期	4Q
5	2021/...	2021	1	2	火	2021/01	下期	4Q
6	2021/...	2021	1	3	水	2021/01	下期	4Q
7	2021/...	2021	1	4	木	2021/01	下期	4Q
8	2021/...	2021	1	5	金	2021/01	下期	4Q
9	2021/...	2021	1	6	土	2021/01	下期	4Q
10	2021/...	2021	1	7	日	2021/01	下期	4Q
11	2021/...	2021	1	1	月	2021/01	下期	4Q

4月を基点に四半期ごとに分類できた。

理解を深めるHINT

計算列とメジャー、どちらで計算する？

パワーピボットの計算式は、「計算列」か「メジャー」のどちらかに入力します。このレッスンでは、計算列を使って計算を行いました。ここで一度、計算列とメジャーの違いを理解しておきましょう。

◆計算列
1レコード(行)ごとに計算する

	決...	顧...	商品ID	店舗...	決...	単価(円)	数量	単価×数量
1	2021/01/...	C-015406	DMVM-720886	HND	1	1020	1	1020
2	2021/01/...	C-016096	WE-399270	KMJ	3	1600	1	1600
3	2021/01/...	N-0100	CY-831801	KIX	2	10100	1	10100
4	2021/01/...	C-009044	AN-168754	ITM	3	4300	1	4300
5	2021/01/...	C-013883	TA-143999	HND	1	500	1	500
6	2021/01/...	C-005523	MA-654792	FKS	1	1900	2	3800
7	2021/01/...	C-004414	PA-842605	FUK	3	10500	2	21000
8	2021/01/...	C-015934	JPWD-483680	CTS	2	400	3	1200
9	2021/01/...	C-008958	IO-400748	KIX	3	520	2	1040
10	2021/01/...	C-015332	JDSB-559425	AXT	1	17000	1	17000
11	2021/01/...	C-010443	AP-115054	AXT	2	2700	1	2700
12	2021/01/...	C-003133	HV-236029	NRT	1	20400	1	20400
13	2021/01/...	C-002542	MG-636097	KMJ	1	6300	1	6300
14	2021/01/...	C-000771	HV-736862	AXT	1	3800	3	11400
15	2021/01/...	C-004167	JPWD-459500	NRT	2	35200	3	105600
16	2021/01/...	C-011669	JDSB-260461	FKS	3	6000	1	6000
17	2021/01/...	C-013725	PA-658010	KIX	3	14300	3	42900
18	2021/01/...	C-013210	BS-846376	AXT	1	3900	2	7800
19	2021/01/...	C-007734	CGO-990831	FUK	1	3100	3	9300
20	2021/01/...	C-014042	TA-182570	KMJ	2	34500	3	103500
21	2021/01/...	C-014132	MG-349763	HND	1	400	3	1200
22	2021/01/...	C-008199	TA-543849	KMJ	1	2100	1	2100

商品種... カウント / 商品ID: 1000
年度累... 個別カウント / 商品ID: 306
Sum of 数量: 1,862

◆メジャー
「テーブル全体」への計算を行う

このレッスンで2つの違いを理解できると、パワーピボットを使いこなす幅が広がります！ Chapter5-02でも解説しているので、参考にしてみてください。

計算列 **ブックのデータ量に影響を与える（計算にRAMが使われるため）**

メジャー **ブックのデータ量に影響を与えない**

計算列では、計算を行うためにRAMというメモリが使われます。簡単にいえば、関数と同じく計算列が増えれば増えるほど、Excelのデータ量が重くなっていくことを意味します。
一方で、メジャーは作成しただけではデータ量に影響を与えず、ピボットテーブルで使われるたびに都度計算が行われる構造なので、どれだけ増えても問題ありません。メジャーと計算列、どちらでも計算ができるなら、メジャーを使うのがよさそうです。

計算列 **行や列、フィルターの目的で使用できる**

メジャー **値フィールドでのみ使用できる**

計算列で求めたデータは、分析での使い道が多岐にわたります。たとえばこのレッスンでIF関数を用いて作成した四半期のカテゴリは、ピボットテーブルの列フィールドに加える、フィルターやスライサーとして活用するなど、さまざまな使い方が可能です。
一方で、メジャーは値フィールドでのみ使うことができ、合計や個数を算出することに特化していると覚えておきましょう。ただ、こちらはメジャーと計算列の優劣を決めるものではなく、それぞれの特徴として捉えていただければOKです。

計算列 **「掛け算→足し算」のプロセスで計算**

メジャー **「足し算→掛け算」のプロセスで計算**

計算式とメジャーでは、計算のプロセスが異なるため、それを知らないと思わぬミスが起こることも……。たとえば、単価と数量がそれぞれ記載されている売上テーブルから、1年間の売上総額を求めるとしましょう。計算の仕方として、それぞれの単価と数量を掛け算し、その結果をすべて足し合わせることで正しい答えが出せます。つまり、「掛け算→足し算」が正しい順番ということです。
しかし、メジャーはまずすべての単価と数量をそれぞれ足し算するところから始まります。そして足し算によって導かれた2つの数字を最後に掛け算する、つまり「足し算→掛け算」のプロセスで計算してしまうので、間違った結果が返ってきてしまうのですが、なかなか気づくことができません。
こういった行ごとに計算したうえで、その結果を最後にまとめるには計算列を使うのがベターですが、実はそのメジャーの弱点を克服するDAX式もあるので、Chapter 5-03にて紹介します。

COLUMN

データ分析で本当に大切なこと

さて、皆さんはDAXというデータ分析を効率的に行うための武器をたくさん身につけている最中です。もちろん貴重な知識ですが、必ずしも「DAXなどの分析手法をたくさん知っている＝分析がうまい」というわけではないことも事実です。なぜなら、ビジネスの現場でデータ分析をするには、その目的を明確にすることが最も大切だからです。

私もこの大事なポイントを履き違え、痛い経験をしたことがあります。新卒1年目に課された分析の課題にて、とにかくExcelを駆使してデータの特徴を見つけようと、初めからデータに触れ始めました。確かに示唆のある数字は出せたのかもしれませんが「この分析で何を伝えたいの？」「この結果を受けて、どんな施策が必要だと思う？」といった重要な問いに対してまったく頭が回っていなかったのです。

そこで再認識したのは、データ分析はあくまでも手段だということ。実務で忙しい皆さんだからこそ、闇雲にデータに触れ、いたずらに時間を費やすのではなく、目的をバチッと定めて分析を始めましょう。

分析の目的は人やタスクそれぞれですし、本書の趣旨とは外れるので深く言及しませんが、ぜひこれを機会に「データ分析とはなにか」という概論的なテーマにも興味を持っていただけると幸いです。これからも皆さんが目的に向かって最短距離で進むための分析手法をたくさんご紹介していくので、引き続きお付き合いください！

CHAPTER 5

DAXやスライサーを使いこなして分析力を高める

01

便利関数／スライサー

パワーピボットのすごさを活用しよう

パワーピボットならではの便利関数をマスターしよう

Chapter4では、パワーピボットで使える日付に関するDAX関数を紹介しました。この章では、集計に役立つ関数をいくつか紹介します。実務でのデータ分析にも活用できるので、ぜひ覚えておきましょう。

この章で紹介する関数

- SUMX
- AVERAGEX
- RELATED
- DATEADD
- DIVIDE
- HASONEVALUE
- CALCULATE
- VALUES
- SWITCH
- ALL

予実分析もかんたん！

予実分析は、経営目標に対してどのくらい達成しているかを測るために必要な手法です。パワーピボットを使えば、予算と実績の比較や分析をスピーディーに行い、改善策を考えることができます。

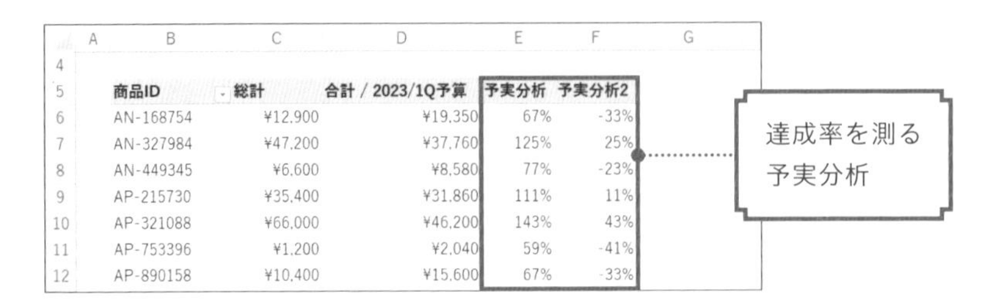

商品ID	総計	合計 / 2023/1Q予算	予実分析	予実分析2
AN-168754	¥12,900	¥19,350	67%	-33%
AN-327984	¥47,200	¥37,760	125%	25%
AN-449345	¥6,600	¥8,580	77%	-23%
AP-215730	¥35,400	¥31,860	111%	11%
AP-321088	¥66,000	¥46,200	143%	43%
AP-753396	¥1,200	¥2,040	59%	-41%
AP-890158	¥10,400	¥15,600	67%	-33%

POINT：

1. この章を通して、集計に役立つDAX関数を紹介
2. Excelでは複雑な予実分析も、パワーピボットなら効率的！
3. スライサーを挿入すれば、視覚的にデータを抽出可能！

スライサーを挿入して直感的に操作！

スライサーとは、ピボットテーブルやテーブルで、データをフィルタリングするために使えるボタンの集まりのことです。スライサーを使うと、データの絞り込みや比較が視覚的にできるので、分析がしやすくなります。

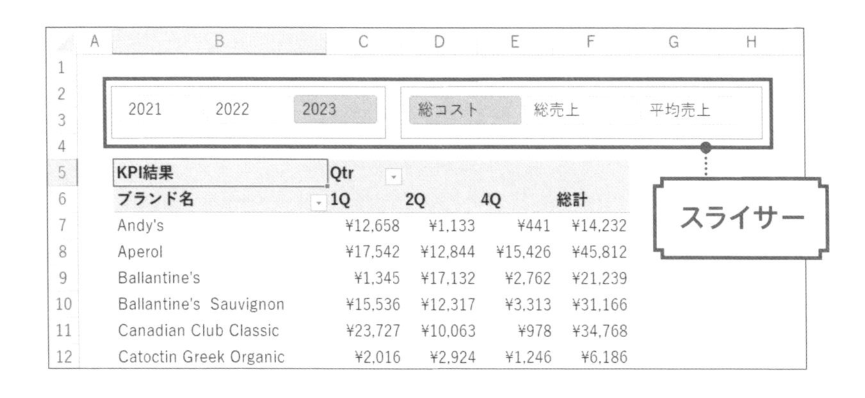

KPI結果	Qtr			
ブランド名	1Q	2Q	4Q	総計
Andy's	¥12,658	¥1,133	¥441	¥14,232
Aperol	¥17,542	¥12,844	¥15,426	¥45,812
Ballantine's	¥1,345	¥17,132	¥2,762	¥21,239
Ballantine's Sauvignon	¥15,536	¥12,317	¥3,313	¥31,166
Canadian Club Classic	¥23,727	¥10,063	¥978	¥34,768
Catoctin Greek Organic	¥2,016	¥2,924	¥1,246	¥6,186

Step1：スライサー用のテーブルを作成

スライサー用のテーブルを作成し、データモデルに追加しましょう。

Step2：スライサーとピボットテーブルを紐づける

HASONEVALUE関数とVALUES関数を使って、スライサーとピボットテーブルを関連づけます。この段階では、数値は連動されていません。

Step3：スライサーに連動して値を表示させる

条件分岐ができるSWITCH関数を使って、実際の値が入るようにします。これで実用的なスライサーが完成です。

02

メジャー／計算列

FILE：Chap5-02.xlsx

単価と数量を掛け合わせた総額を求める

計算列を使うか使わないかで結果が違う？

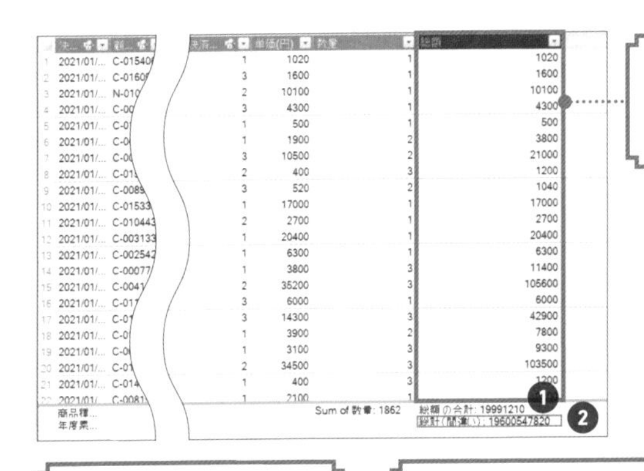

計算列
[単価(円)]*[数量]

❶ オートSUMで計算列を合計
○19,991,210

❷ メジャーのみで計算
SUM([単価(円)])*SUM[数量]
×19,600,547,820

▶ メジャーで総額を求めても、正しい結果にならない

今回の例では、売上テーブルにある単価と数量に関するデータを使用して、総売上を求めるといった、ビジネスの現場でよくあるタスクをテーマに考えます。2つの数字を掛け算し、出た結果を足し算するというシンプルな計算式なので、Chapter4-07で紹介した「メジャー」と「計算列」どちらを使っても求められそうです。

しかし、ここでメジャーを使うとまったく異なる分析結果が返ってきてしまうのです。DAX特有の動きなので、実務で使う前に必ず見ておきましょう！

POINT：

1 行ごとに計算するときは、計算列を使う

2 オートSUMを使って、計算列の総額を求める

3 計算列を使わず、SUM関数で総計を求めても結果が合わない

MOVIE：

https://dekiru.net/ytpp502

計算列で単価×数量を求めて、オートSUMで総額を求める

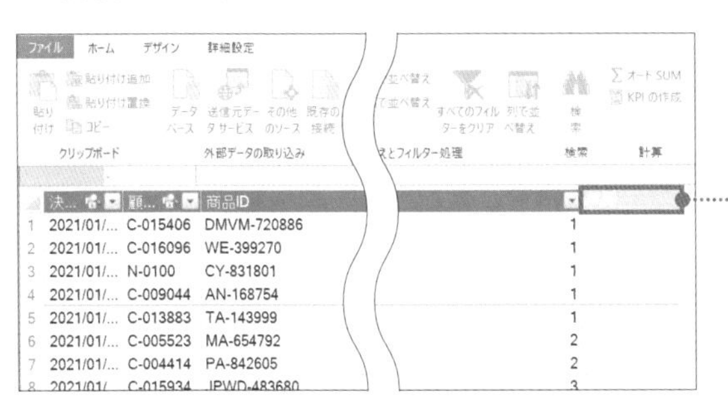

Power Pivotウィンドウの［売上テーブル］を表示しておく。

1 ［列の追加］をダブルクリックして「総額」と入力

=[単価(円)]*[数量]

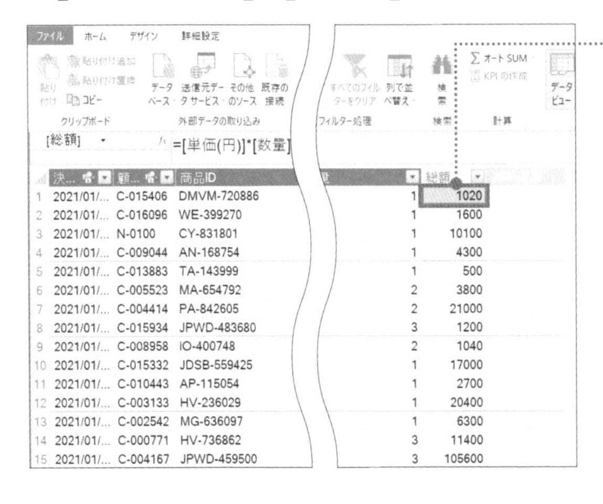

2 ［総額］の1行目に上の数式を入力して Enter キーを押す

各レコードの単価×数量が求められた。

［単価（円）］列と［数量］列を掛け合わせて、各レコード（行）の結果を求めていきます。

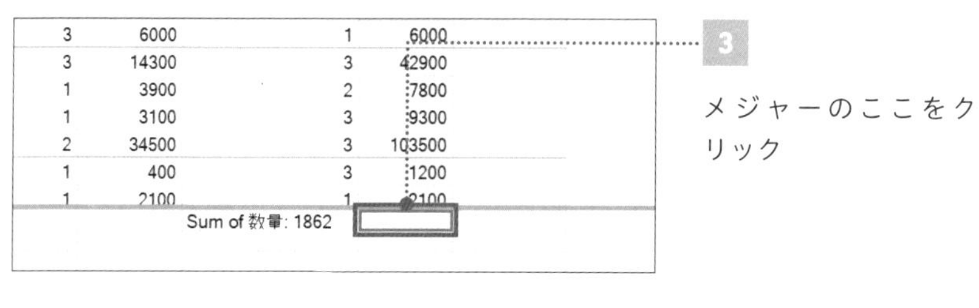

3 メジャーのここをクリック

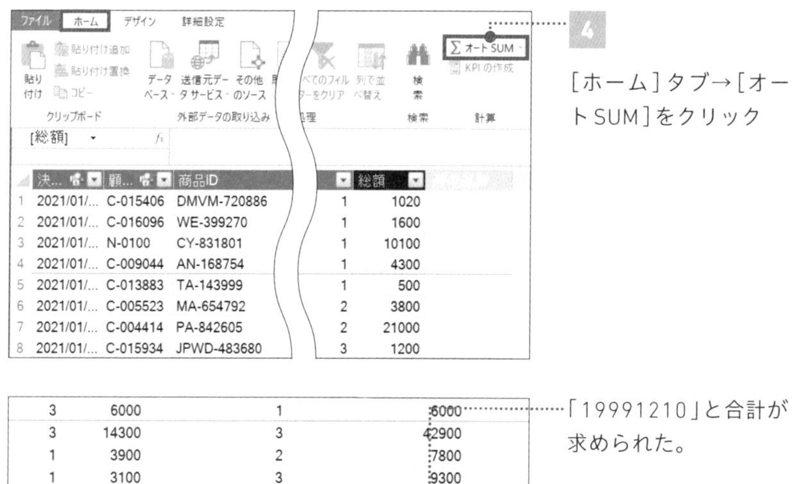

4 ［ホーム］タブ→［オートSUM］をクリック

「19991210」と合計が求められた。

メジャーでSUM関数を使って総計を求める

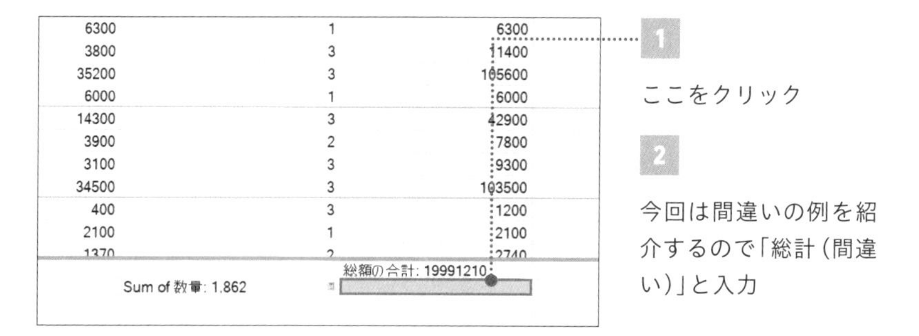

1 ここをクリック

2 今回は間違いの例を紹介するので「総計（間違い）」と入力

:=SUM([単価(円)])*SUM([数量])

総計（間違い）:=SUM([単価(円)])*SUM([数量])

[総額] × ✓ fx 総計（間違い）:=SUM([単価(円)])*SUM([数量])

	決...	顧...	商品ID	店舗...	決済...	単価(円)	数量
1	2021/01/...	C-015406	DMVM-720886	HND	1	1020	1
2	2021/01/...	C-016096	WE-399270	KMJ	3	1600	1
3	2021/01/...	N-0100	CY-831801	KIX	2	10100	1
4	2021/01/...	C-009044	AN-168754	ITM	3	4300	1
5	2021/01/...	C-013883	TA-143999	HND	1	500	1
6	2021/01/...	C-005523	MA-654792	FKS	1	1900	2
7	2021/01/...	C-004414	PA-842605	FUK	3	10500	2
8	2021/01/...	C-015934	JPWD-483680	CTS	2	400	3
9	2021/01/...	C-008958	IO-400748	KIX	3	520	2
10	2021/01/...	C-015332	JDSB-559425	AXT	1	17000	1

3

上の数式を入力して、Enter キーを押す

1	3900	2	7800
1	3100	3	9300
2	34500	3	103500
1	400	3	1200
1	2100	1	2100

Sum of 数量: 1862　総額の合計: 19991210
総計(間違い): 19600547820

「19600547820」と表示された。オートSUM関数と異なる結果になった。

上の結果は間違っています！ オートSUMで求めた結果が正しいです。

理解を深めるHINT

計算の順序が違うから、結果が異なってしまう

なぜ「メジャー」と「計算列」で異なる結果が返ってきてしまうのか？ その裏側を覗いてみましょう。キーポイントは計算の順序です。

①計算列の場合

計算列は1行ごとに計算結果が出て、それらの出力を足し算することで最終結果を求めましたよね。つまり「掛け算→足し算」の順序で行っているわけです。この順序が正しい計算結果を導きます。

②メジャーの場合

対してメジャーは、使用する際にSUM関数やAVERAGE関数などの集合関数を組み合わせることが必須とされています（このルールを覚える必要はありません）。

つまり、今回は最初に単価1列分と数量1列分をそれぞれすべて足し算したうえで、2つを掛け算するという「足し算→掛け算」の順序で行われてしまうので、おのずと計算結果にズレが生じてしまうのです。

03

FILE：Chap5-03.xlsx

SUMX／
イテレーター関数

SUMX関数を使って単価×数量の総額を求める

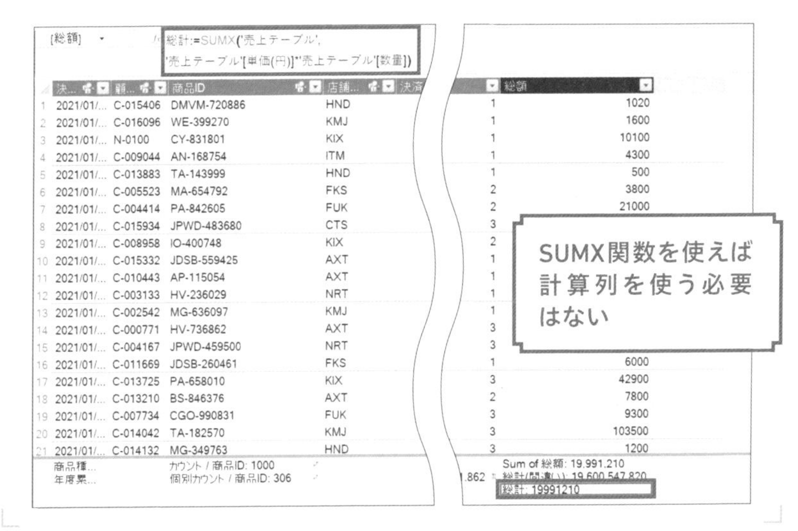

SUM関数の弱点を解決するSUMX関数とは

SUM関数は、列の値を合計する関数です。引数には列の参照しか指定できません。たとえば、「SUM('売上データ'[数量])」というように使います。一方、ここで紹介するSUMX関数は、計算式の値を合計する関数です。引数にはテーブルと計算式を指定できます。たとえば、「SUMX('売上データ','売上データ'[単価]*'売上データ'[数量])」というように使います。SUMX関数は、テーブルの行ごとに計算式を評価し、その結果の数値を合計します。SUM関数と違って、列に存在しない値を動的に計算して合計できるのです。

POINT：

1 SUMX関数は、テーブルの行ごとに式を評価し、その合計値を返す

2 末尾に「X」が付く関数をイテレーター関数と呼ぶ

3 SUM関数と違って、列に存在しない値を動的に計算してくれる

MOVIE：

https://dekiru.net/ytpp503

SUMX関数を理解する

テーブルの行ごとに評価される式の合計値を求める

SUMX（サムエックス）(テーブル, expression)

❶ テーブル＝テーブルを指定

❷ expression=合計したい数値を含む列、または列に評価される式を指定

〈 数式の入力例 〉

=SUMX('売上テーブル',
❶ テーブル

'売上テーブル'[単価(円)]*'売上テーブル'[数量])
❷ expression

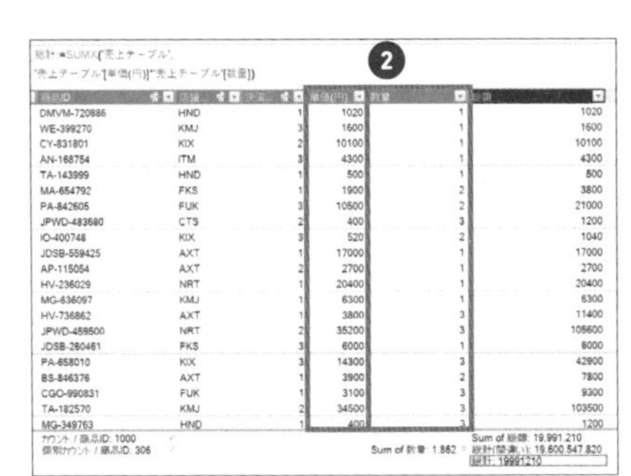

総計:=SUMX('売上テーブル',
'売上テーブル'[単価(円)]*'売上テーブル'[数量])

❷

商品ID	[illegible]	[illegible]	単価(円)	数量	[illegible]
DMVM-720886	HND	1	1020	1	1020
WE-399270	KMJ	3	1600	1	1600
CY-831801	KIX	2	10100	1	10100
AN-168754	ITM	3	4300	1	4300
TA-143999	HND	1	500	1	500
MA-654792	FKS	1	1900	2	3800
PA-842605	FUK	3	10500	2	21000
JPWD-483680	CTS	2	400	3	1200
IO-400748	KIX	3	520	2	1040
JDSB-559425	AXT	1	17000	1	17000
AP-115054	AXT	2	2700	1	2700
HV-236029	NRT	1	20400	1	20400
MG-636097	KMJ	1	6300	1	6300
HV-736862	AXT	1	3800	3	11400
JPWD-459500	NRT	2	35200	3	105600
JDSB-260461	FKS	3	6000	1	6000
PA-658010	KIX	3	14300	3	42900
BS-846376	AXT	1	3900	2	7800
CGO-990831	FUK	1	3100	3	9300
TA-182570	KMJ	2	34500	3	103500
MG-349763	HND	1	400	3	1200

カウント / 商品ID: 1000
個別カウント / 商品ID: 306
Sum of 数量: 1,862
Sum of 総額: 19,991,210
総計(間違い): 19,600,547,820
総計: 19991210

❶ テーブル
売上テーブル

❷ expression
[単価(円)]×[数量]

テーブルに入っている単価と数量を1行ずつ計算して、合計してくださいという意味になります。

SUMX関数で総計を求める

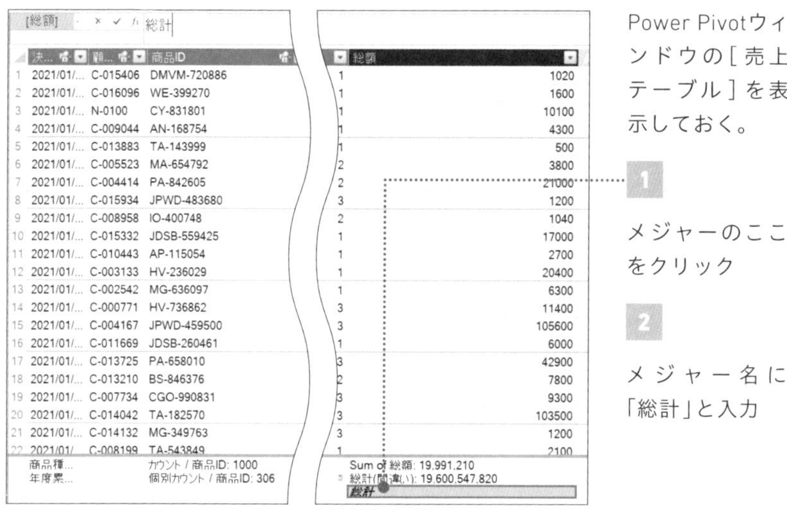

[総額]　×　✓　fx　総計

	決...	顧...	商品ID		総額
1	2021/01/...	C-015406	DMVM-720886	1	1020
2	2021/01/...	C-016096	WE-399270	1	1600
3	2021/01/...	N-0100	CY-831801	1	10100
4	2021/01/...	C-009044	AN-168754	1	4300
5	2021/01/...	C-013883	TA-143999	1	500
6	2021/01/...	C-005523	MA-654792	2	3800
7	2021/01/...	C-004414	PA-842605	2	21000
8	2021/01/...	C-015934	JPWD-483680	3	1200
9	2021/01/...	C-008958	IO-400748	2	1040
10	2021/01/...	C-015332	JDSB-559425	1	17000
11	2021/01/...	C-010443	AP-115054	1	2700
12	2021/01/...	C-003133	HV-236029	1	20400
13	2021/01/...	C-002542	MG-636097	1	6300
14	2021/01/...	C-000771	HV-736862	3	11400
15	2021/01/...	C-004167	JPWD-459500	3	105600
16	2021/01/...	C-011669	JDSB-260461	1	6000
17	2021/01/...	C-013725	PA-658010	3	42900
18	2021/01/...	C-013210	BS-846376	2	7800
19	2021/01/...	C-007734	CGO-990831	3	9300
20	2021/01/...	C-014042	TA-182570	3	103500
21	2021/01/...	C-014132	MG-349763	3	1200
22	2021/01/	C-008199	TA-543849	1	2100

商品種...　カウント / 商品ID: 1000
年度累...　個別カウント / 商品ID: 306
Sum of 総額: 19,991,210
総計(間違い): 19,600,547,820
総計

Power Pivotウィンドウの[売上テーブル]を表示しておく。

1 メジャーのここをクリック

2 メジャー名に「総計」と入力

:=SUMX('売上テーブル', '売上テーブル'[単価(円)]*'売上テーブル'[数量])

[総額]　×　✓　fx　総計:=SUMX('売上テーブル',
'売上テーブル'[単価(円)]*'売上テーブル'[数量])

	決...	顧...	商品ID	店舗...	決済...	単価(円)
1	2021/01/...	C-015406	DMVM-720886	HND	1	1020
2	2021/01/...	C-016096	WE-399270	KMJ	3	1600
3	2021/01/...	N-0100	CY-831801	KIX	2	10100
4	2021/01/...	C-009044	AN-168754	ITM	3	4300
5	2021/01/...	C-013883	TA-143999	HND	1	500
6	2021/01/...	C-005523	MA-654792	FKS	1	1900
7	2021/01/...	C-004414	PA-842605	FUK	3	10500
8	2021/01/...	C-015934	JPWD-483680	CTS	2	400
9	2021/01/...	C-008958	IO-400748	KIX	3	520
10	2021/01/...	C-015332	JDSB-559425	AXT	1	17000
11	2021/01/...	C-010443	AP-115054	AXT	2	2700
12	2021/01/...	C-003133	HV-236029	NRT	1	20400
13	2021/01/...	C-002542	MG-636097	KMJ	1	6300
14	2021/01/...	C-000771	HV-736862	AXT	1	3800

3 上の数式を入力して Enter キーを押す

CHECK!

「=」の前に「:」を忘れないようにしましょう。

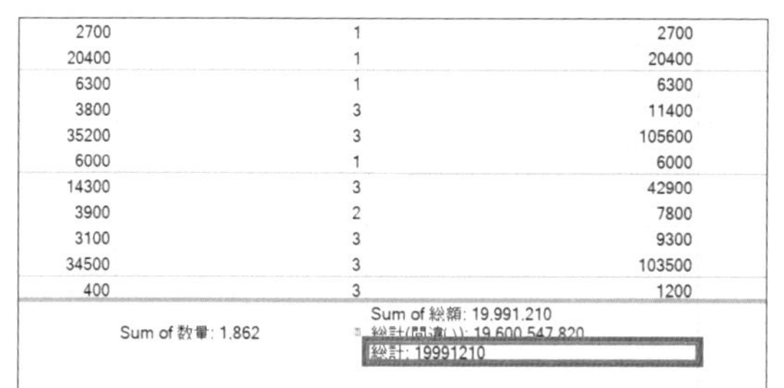

2700	1	2700
20400	1	20400
6300	1	6300
3800	3	11400
35200	3	105600
6000	1	6000
14300	3	42900
3900	2	7800
3100	3	9300
34500	3	103500
400	3	1200

Sum of 数量: 1,862
Sum of 総額: 19,991,210
総計(間違い): 19,600,547,820
総計: 19991210

「19991210」と正しい総額が求められた。

CHECK!

Chapter5-02で作成した計算列を使った数式と同じ結果になりました。

理解を深めるHINT

SUMX関数のXとは? イテレーター関数を使いこなそう

SUMX関数は、特定のテーブルのすべての行に対して反復処理を行い、その結果を集計する関数です。こういった末尾に「X」が付く関数をイテレーター関数と呼びます。Iterateを日本語にすると「反復」という言葉になります。
イテレーター関数は、SUMX関数のほかにも以下の関数があります。

イテレーター関数	内容
AVERAGEX	テーブルの各行に対して式を評価し、その結果の平均値を返す
RANKX	テーブルの各行に対して式を評価し、その結果の値のランキングを返す
COUNTX	テーブルの各行に対して式を評価し、その結果が空白でない行の数を返す
MINX	テーブルの各行に対して式を評価し、その結果の最小値を返す
MAXX	テーブルの各行に対して式を評価し、その結果の最大値を返す

どのイテレーター関数も、以下のような形式で使用できます。

イテレーター関数(テーブル, 評価式)

イテレーター関数は、反復処理が終わったら、そのイテレーター関数の特徴に応じた最終処理がされます。たとえば、SUMX関数なら反復処理した各結果を合計し、AVERAGEX関数なら反復処理した各結果の合計を反復計算した回数で割ります。
Excel関数にはない概念かつ、使えると計算列を使って計算するよりもデータが軽くなるので覚えておきましょう。

次のレッスンでは、AVERAGEX関数を使って平均値を求めていきます!

04

AVERAGEX／イテレーター関数

FILE：Chap5-04.xlsx

AVERAGEX関数を使って単価×数量の平均を求める

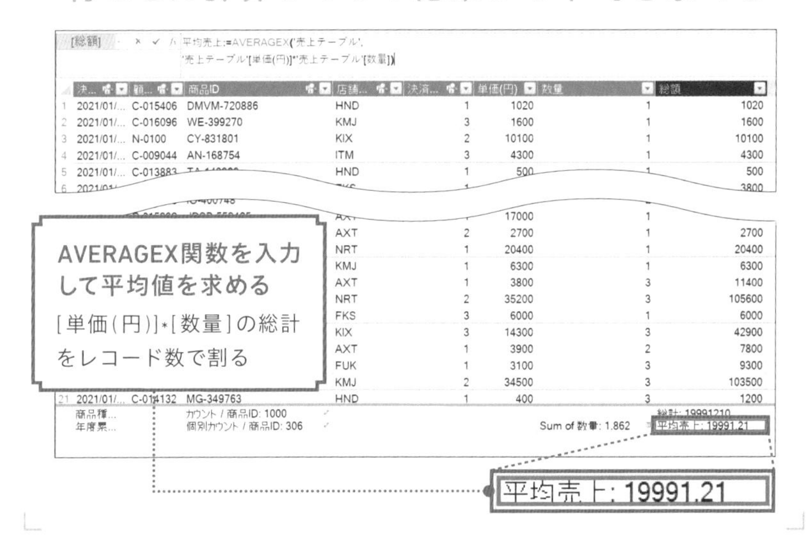

▶ イテレーター関数を使って平均値を求めよう

イテレーター関数はSUM関数だけにとどまらず、AVERAGE関数やCOUNT関数など、基本的な関数について広く用意されています。このレッスンで紹介するAVERAGEX関数を使えば、メジャーの強みを生かしながら「1会計の平均売上額」といった、平均を計算するための過程をよりシンプルに表現することが可能になります。

また、前回作成したSUMX関数の結果と組み合わせてDAXを組むことで、よりシンプルに式を作るコツも紹介します。

POINT :

1. AVERAGEX関数は、テーブルの行ごとに式を評価し、その値の平均を返す
2. AVERAGEX関数はイテレーター関数の一種
3. DAX関数の引数はほかのメジャーを流用できる

MOVIE :

https://dekiru.net/ytpp504

AVERAGEX関数を理解する

テーブルの行ごとに評価される式の平均値

AVERAGEX(テーブル, expression)

(アベレージエックス)

❶ テーブル＝テーブルを指定

❷ expression＝合計したい数値を含む列、または列に評価される式を指定

〈 数式の入力例 〉

:= **AVERAGEX**('売上テーブル',

❶ テーブル

'売上テーブル'[単価(円)]*'売上テーブル'[数量])

❷ expression

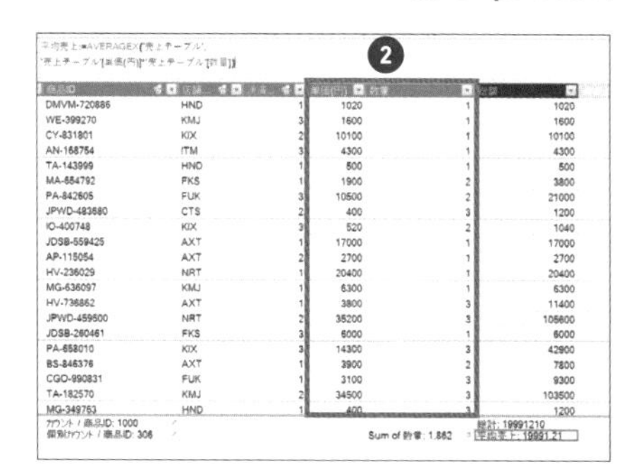

平均売上:=AVERAGEX('売上テーブル',
'売上テーブル'[単価(円)]*'売上テーブル'[数量])

商品ID	[illegible]	[illegible]	単価(円)	数量	[illegible]
DMVM-720886	HND	1	1020	1	1020
WE-399270	KMJ	3	1600	1	1600
CY-831801	KIX	2	10100	1	10100
AN-168754	ITM	3	4300	1	4300
TA-143999	HND	1	500	1	500
MA-654792	FKS	1	1900	2	3800
PA-842605	FUK	3	10500	2	21000
JPWD-483680	CTS	2	400	3	1200
IO-400748	KIX	3	520	2	1040
JDSB-559425	AXT	1	17000	1	17000
AP-115054	AXT	2	2700	1	2700
HV-236029	NRT	1	20400	1	20400
MG-636097	KMJ	1	6300	1	6300
HV-736862	AXT	1	3800	3	11400
JPWD-459500	NRT	2	35200	3	105600
JDSB-260461	FKS	3	6000	1	6000
PA-658010	KIX	3	14300	3	42900
BS-846376	AXT	1	3900	2	7800
CGO-990831	FUK	1	3100	3	9300
TA-182570	KMJ	2	34500	3	103500
MG-349763	HND	1	400	3	1200

カウント / 商品ID: 1000
個別カウント / 商品ID: 306
Sum of 数量: 1,862
総計: 19991210
平均売上: 19991.21

❶ テーブル
売上テーブル

❷ expression
[単価(円)]×[数量]

第2引数では「単価(円)×数量」を計算しています。前のレッスンで解説したSUMX関数でも同じ計算をしました。

AVERAGEX関数で平均を求める

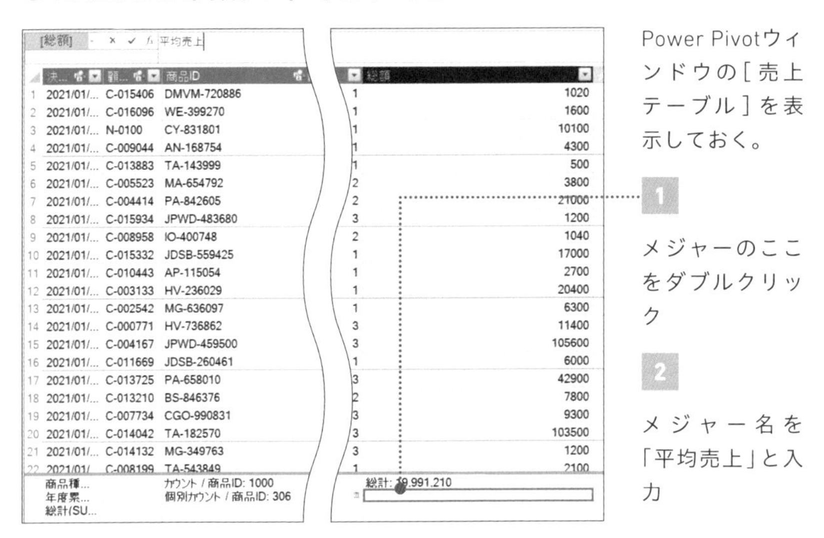

Power Pivotウィンドウの［売上テーブル］を表示しておく。

1

メジャーのここをダブルクリック

2

メジャー名を「平均売上」と入力

:=AVERAGEX('売上テーブル',[総計])

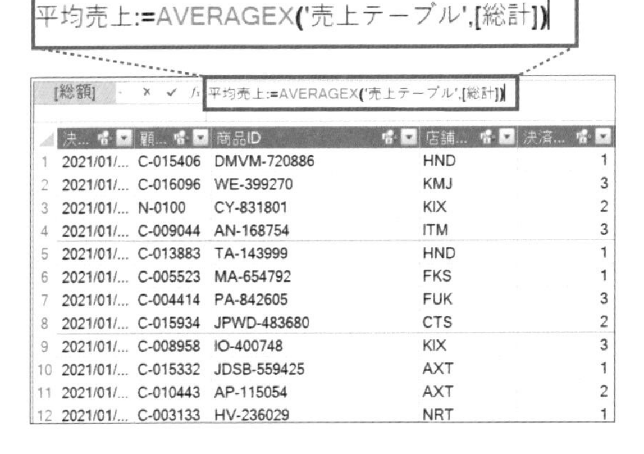

3

上の数式を入力して Enter キーを押す

6300	1	6300
3800	3	11400
35200	3	105600
6000	1	6000
14300	3	42900
3900	2	7800
3100	3	9300
34500	3	103500
400	3	1200
2100	1	2100

Sum of 数量: 1.862　総計: 19991210　平均売上: 19991.21

メジャーに平均値が表示された。

理解を深めるHINT

引数にメジャーを指定できる

Chapter 3-07でも紹介しましたが、引数として指定できる値の1つに、メジャーがあります。メジャーとは、計算された値を返すDAX式です。今回の例では、第2引数に「'売上テーブル'[単価(円)]*'売上テーブル'[数量]」という計算式を入れてもいいのですが、前回のレッスンで作ったメジャーを使ってみましょう。

実際の計算式

売上平均:= AVERAGEX('売上テーブル',
'売上テーブル'[単価(円)]*'売上テーブル'[数量])

メジャーを引数に指定した計算式

売上平均:= AVERAGEX('売上テーブル',[総計(SUMX)])

メジャー名[総計]の数式を流用

流用元の計算式

総計:= SUMX('売上テーブル',
'売上テーブル'[単価(円)]*'売上テーブル'[数量])

メジャーを使うと、どんないいことがあるのでしょうか。以下の3つがメリットとして挙げられます。

❶計算式がシンプルになる
メジャーを使うと、長くてややこしい計算式を短くわかりやすく書けます。

❷計算ロジックが統一される
メジャーを使うと、同じような計算をするときに同じメジャーを使えます。たとえば、売上高の計算方法が変わった場合、そのメジャーを使っているほかのメジャーも自動的に変わります。

❸計算速度が速くなる
メジャーを使うと、計算処理が速くなります。

05

FILE：Chap5-05.xlsx

RELATED／SUMX

テーブルをまたいだ計算を可能にするRELATED関数

異なるテーブルの列を掛け合わせたい

◆売上テーブルの[数量]

	単価(円)	数量	総額
1	1020	1	1020
3	1600	1	1600
2	10100	1	10100
3	4300	1	4300
1	500	1	500
1	1900	2	3800
3	10500	2	21000
2	400	3	1200
3	520	2	1040
1	17000	1	17000
2	2700	1	2700
1	20400	1	20400
1	6300	1	6300
1	3800	3	11400
2	35200	3	105600
3	6000	1	6000

×

◆商品マスタの[コスト(円)]

中項目	性別	単価(円)	コスト(円)
ピーコート	メンズ	19000	4679
トレンチコ...	メンズ	24900	5670
MA-1	メンズ	41600	4665
ピーコート	キッズ	23300	3843
トレンチコ...	メンズ	34700	3940
マウンテン...	レディ...	28300	6735
トレンチコ...	メンズ	12200	4706
ピーコート	レディ...	49800	5650
ダッフルコ...	メンズ	38200	6534
デニムジ...	レディ...	22400	6458
マウンテン...	メンズ	32700	4898
MA-1	メンズ	32100	4821
MA-1	メンズ	37800	4408
デニムジ...	メンズ	10100	5600
ダウンジャ...	レディ...	36800	3182
ピーコート	レディ...	34500	4542

売上テーブルの［数量］と商品マスタの［コスト］を掛け合わせたいのですが、SUMX関数では、テーブルをまたいだ計算ができません。

SUMX関数とRELATED関数を組み合わせる

Chapter5-03では、単価×数量の総額を求めるために、SUMX関数を使いました。このとき、単価と数量は売上テーブル内にありました。そのため、「SUMX('売上テーブル','売上テーブル'[単価(円)]*'売上テーブル'[数量])」という数式を記述しました。

では、上図のように「数量(売上テーブル)×コスト(商品マスタ)」を掛け合わせたい場合はどうすればいいでしょうか。SUMX関数だけではできません。そこで、別テーブルの値を返すRELATED関数を組み合わせます。

POINT：

1. SUMX関数はテーブルをまたいで計算ができない
2. RELATED関数は別のテーブルから関連する値を返せる
3. SUMX関数とRELATED関数を組み合わせて、テーブルまたぎの計算が可能

MOVIE：

https://dekiru.net/ytpp505

RELATED関数を理解する

別のテーブルから関連する値を返す

RELATED（リレーテッド）(column)

❶ column＝別のテーブルから列を指定

〈 数式の入力例 〉

＝RELATED（'商品マスタ'［コスト（円）］）

❶ column

商品マスタ

商品ID	カテゴリ	…円)	コスト(円)
CY-831801	新品	10100	5600
IO-274781	新品	36800	3182
TA-182570	新品	34500	4542
IO-203934	新品	36000	4138
HV-262456	新品	16200	3666
CO-840483	新品	40900	5236
BA-436057	新品	30700	4032
DMVM-481235	古着	25800	3024
IO-615492	古着	45900	4050
CCC-460329	新品	43300	4352
JS-955778	新品	40900	6103
BA-746286	新品	24700	4792
CO-456838	新品	40000	5437
CO-583333	古着	47400	4825
DMVM-991357	古着	44600	6893
CO-547543	新品	25500	3298

売上テーブル

商品ID	店舗...		計算列 1
CY-831801	KIX	10100	5600
AN-168754	ITM	4300	1717
TA-143999	HND	500	240
MA-654792	FKS	3800	484
PA-842605	FUK	21000	417
JPWD-483680	CTS	1200	110
IO-400748	KIX	1040	70
JDSB-559425	AXT	1700	2440
AP-115054	AXT	2700	428
HV-236029	NRT	20400	2384
MG-636097	KMJ	6300	469
HV-736862	AXT	11400	327
JPWD-459500	NRT	105600	2897
JDSB-260461	FKS	6000	585
PA-658010	KIX	42900	3927
BS-846376	AXT	7800	631

❶ column
商品マスタの［コスト（円）］列

商品マスタのコストが売上テーブルに転記される。

売上テーブルに商品マスタのコストを転記する

決済...	単価(円)	数量	総額	列の追加
1	1020	1	1020	
3	1600	1	1600	
2	10100	1	10100	
3	4300	1	4300	
1	500	1	500	
1	1900	2	3800	
3	10500	2	21000	
2	400	3	1200	
3	520	2	1040	
1	17000	1	17000	
2	2700	1	2700	
1	20400	1	20400	
1	6300	1	6300	
1	3800	3	11400	

Power Pivotウィンドウの[売上テーブル]を表示しておく。

1

計算列のここをクリック

＝RELATED('商品マスタ'[コスト(円)])

```
=RELATED('商品マスタ'[コスト(円)])
```

fx =RELATED('商品マスタ'[コスト(円)])

	決...	顧...	商品ID	店舗...	決済...
1	2021/01/...	C-015406	DMVM-720886	HND	1
2	2021/01/...	C-016096	WE-399270	KMJ	3
3	2021/01/...	N-0100	CY-831801	KIX	2
4	2021/01/...	C-009044	AN-168754	ITM	3
5	2021/01/...	C-013883	TA-143999	HND	1
6	2021/01/...	C-005523	MA-654792	FKS	1
7	2021/01/...	C-004414	PA-842605	FUK	3
8	2021/01/...	C-015934	JPWD-483680	CTS	2

2

上の数式を入力して Enter キーを押す

[計算列 1] ▾ fx =RELATED('商品マスタ'[コスト(円)])

	決...	顧...	商品ID	店舗...		計算列 1
1	2021/01/...	C-015406	DMVM-720886	HND	020	330
2	2021/01/...	C-016096	WE-399270	KMJ	600	584
3	2021/01/...	N-0100	CY-831801	KIX	100	5600
4	2021/01/...	C-009044	AN-168754	ITM	00	1717
5	2021/01/...	C-013883	TA-143999	HND	0	240
6	2021/01/...	C-005523	MA-654792	FKS		484
7	2021/01/...	C-004414	PA-842605	FUK		417
8	2021/01/...	C-015934	JPWD-483680	CTS		110
9	2021/01/...	C-008958	IO-400748	KIX	0	70
10	2021/01/...	C-015332	JDSB-559425	AXT	00	2440
11	2021/01/...	C-010443	AP-115054	AXT	700	428
12	2021/01/...	C-003133	HV-236029	NRT	400	2384
13	2021/01/...	C-002542	MG-636097	KMJ	300	469
14	2021/01/...	C-000771	HV-736862	AXT	00	327
15	2021/01/...	C-004167	JPWD-459500	NRT	0	2897
16	2021/01/...	C-011669	JDSB-260461	FKS		585

売上テーブルに、[商品マスタ]シートの[コスト(円)]列が表示された。

DAXのRELATED関数は、ExcelでいうところのVLOOKUP関数のような役割をしています。

SUMX関数を使って数量とコストの総額を求める

3100	3	9300	35
34500	3	103500	454
400	3	1200	14
2100	1	2100	49
1370	2	2740	19

Sum of 数量: 1,862　総計: 19,991,210　平均売上: 19,991

1 メジャーのここをクリック

[総額]　総コスト

	決...	顧...	商品ID	店舗...	決済...
1	2021/01/...	C-015406	DMVM-720886	HND	
2	2021/01/...	C-016096	WE-399270	KMJ	
3	2021/01/...	N-0100	CY-831801	KIX	
4	2021/01/...	C-009044	AN-168754	ITM	
5	2021/01/...	C-013883	TA-143999	HND	
6	2021/01/...	C-005523	MA-654792	FKS	
7	2021/01/...	C-004414	PA-842605	FUK	
8	2021/01/...	C-015934	JPWD-483680	CTS	
9	2021/01/...	C-008958	IO-400748	KIX	

2 メジャー名を「総コスト」と入力

:=SUMX('売上テーブル',[数量]*RELATED('商品マスタ'[コスト(円)]))

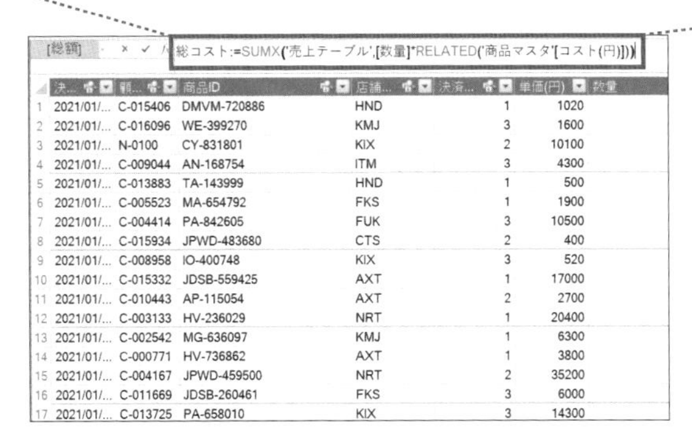
総コスト:=SUMX('売上テーブル',[数量]*RELATED('商品マスタ'[コスト(円)]))

[総額]　総コスト:=SUMX('売上テーブル',[数量]*RELATED('商品マスタ'[コスト(円)]))

	決...	顧...	商品ID	店舗...	決済...	単価(円)	数量
1	2021/01/...	C-015406	DMVM-720886	HND	1	1020	
2	2021/01/...	C-016096	WE-399270	KMJ	3	1600	
3	2021/01/...	N-0100	CY-831801	KIX	2	10100	
4	2021/01/...	C-009044	AN-168754	ITM	3	4300	
5	2021/01/...	C-013883	TA-143999	HND	1	500	
6	2021/01/...	C-005523	MA-654792	FKS	1	1900	
7	2021/01/...	C-004414	PA-842605	FUK	3	10500	
8	2021/01/...	C-015934	JPWD-483680	CTS	2	400	
9	2021/01/...	C-008958	IO-400748	KIX	3	520	
10	2021/01/...	C-015332	JDSB-559425	AXT	1	17000	
11	2021/01/...	C-010443	AP-115054	AXT	2	2700	
12	2021/01/...	C-003133	HV-236029	NRT	1	20400	
13	2021/01/...	C-002542	MG-636097	KMJ	1	6300	
14	2021/01/...	C-000771	HV-736862	AXT	1	3800	
15	2021/01/...	C-004167	JPWD-459500	NRT	2	35200	
16	2021/01/...	C-011669	JDSB-260461	FKS	3	6000	
17	2021/01/...	C-013725	PA-658010	KIX	3	14300	

3 上の数式を入力して Enter キーを押す

> **CHECK!**
> 2つの関数を使っているので、2つの「)」で閉じましょう。

1	3900	2	7800
1	3100	3	9300
2	34500	3	103500
1	400	3	1200
1	2100	1	2100

Sum of 数量: 1,862　総計: 19,991,210　平均売上: 19,991　総コスト: 2,833,082

数量とコストの総額が求められました。

06

データモデル／スノーフレークスキーマ

FILE：Chap5-06.xlsx／20231Q_予算.csv

新規データを使ってリレーションシップを組む

予算をテーブルに紐づけて、データモデルを構築

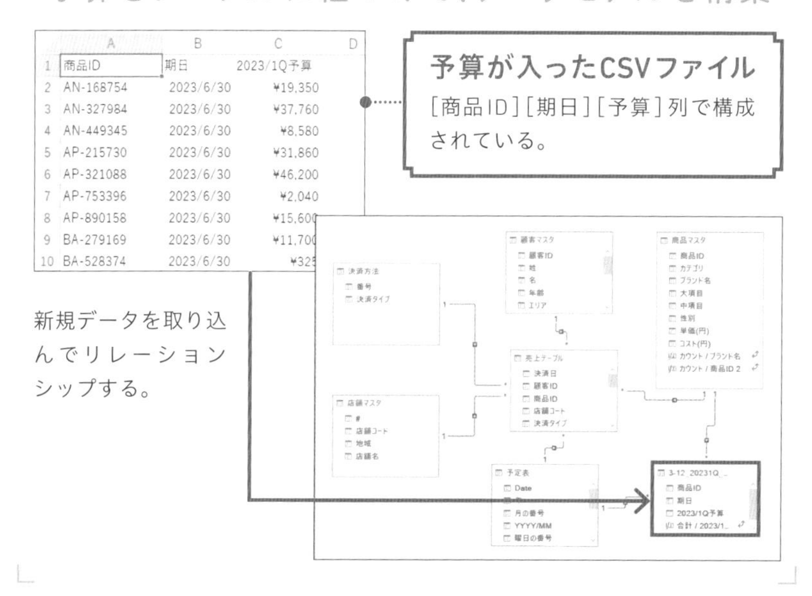

スノーフレークスキーマを作る

これまでのレッスンでは、売上テーブルをファクトテーブルとして、データ分析を行ってきました。今回は、新規に予算テーブルを追加します。右ページの図のように予算テーブルは、ファクトテーブル（売上テーブル）ではなくディメンションテーブルとリレーションシップを組んでいきます。よってファクトテーブルが複数ある状態になります。Chapter2-07でも触れましたが、このようなデータモデルを「スノーフレークスキーマ」と呼びます。

POINT：

1 予算データを取り込んで、商品マスタと売上テーブルに紐づける

2 ファクトテーブルが2つ以上ある場合をスノーフレークスキーマという

3 また、ファクトテーブルが1つの場合をスタースキーマという

MOVIE：

https://dekiru.net/ytpp506

予算のブックをデータモデルに追加する

スタースキーマ ファクトテーブルが1つの状態

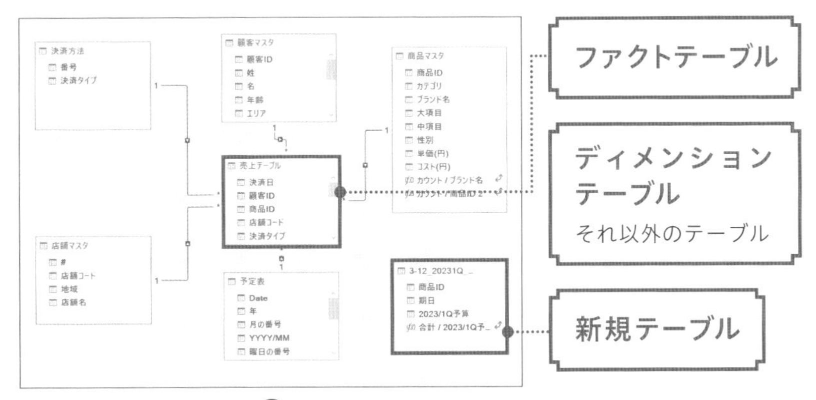

スノーフレークスキーマ ファクトテーブルが複数の状態

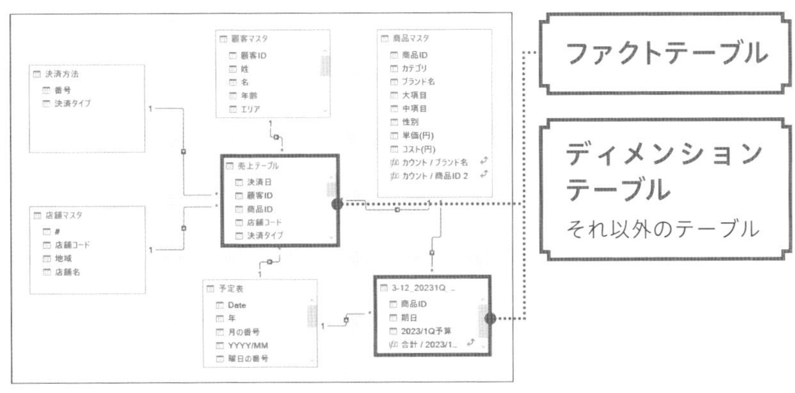

CSVファイルをExcelのブックにインポートする

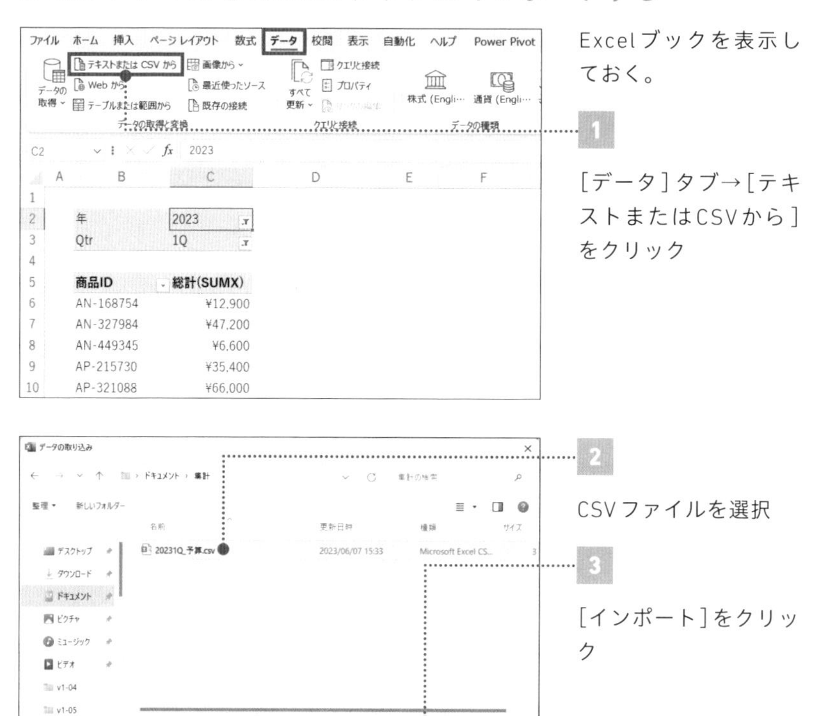

Excelブックを表示しておく。

1

[データ]タブ→[テキストまたはCSVから]をクリック

2

CSVファイルを選択

3

[インポート]をクリック

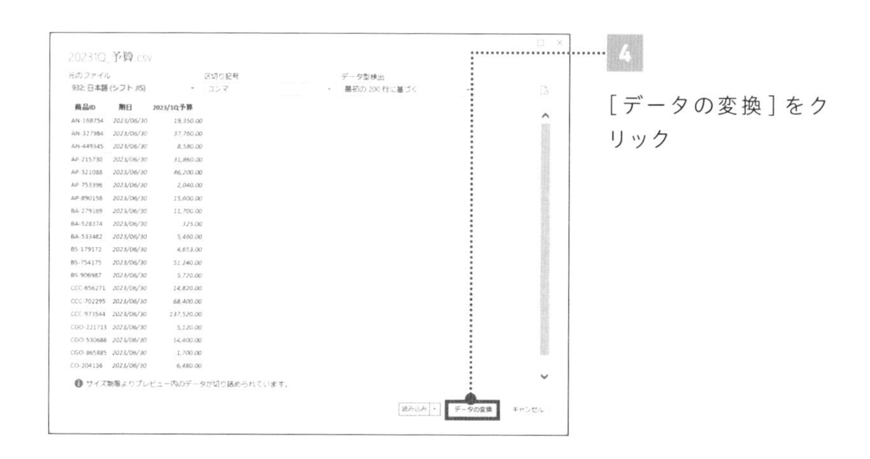

4

[データの変換]をクリック

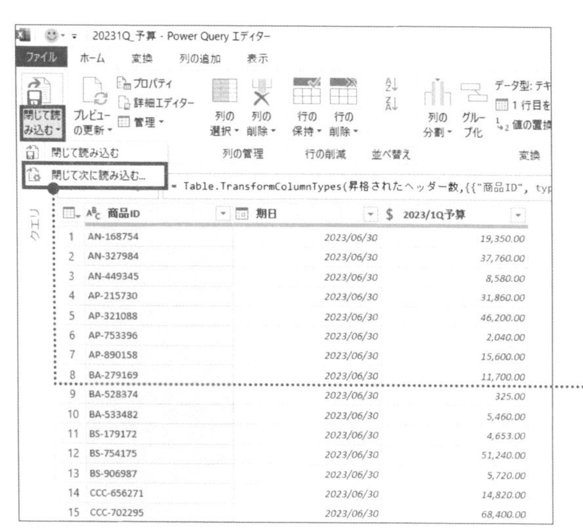

	商品ID	期日	2023/1Q予算
1	AN-168754	2023/06/30	19,350.00
2	AN-327984	2023/06/30	37,760.00
3	AN-449345	2023/06/30	8,580.00
4	AP-215730	2023/06/30	31,860.00
5	AP-321088	2023/06/30	46,200.00
6	AP-753396	2023/06/30	2,040.00
7	AP-890158	2023/06/30	15,600.00
8	BA-279169	2023/06/30	11,700.00
9	BA-528374	2023/06/30	325.00
10	BA-533482	2023/06/30	5,460.00
11	BS-179172	2023/06/30	4,653.00
12	BS-754175	2023/06/30	51,240.00
13	BS-906987	2023/06/30	5,720.00
14	CCC-656271	2023/06/30	14,820.00
15	CCC-702295	2023/06/30	68,400.00

Power Queryエディターが表示された。

CHECK!

正しいデータの型で読み込まれているかを確認しましょう。[期日]列の見出しにはカレンダーのアイコンが表示されています。

5

[閉じて読み込む]→[閉じて次に読み込む]をクリック

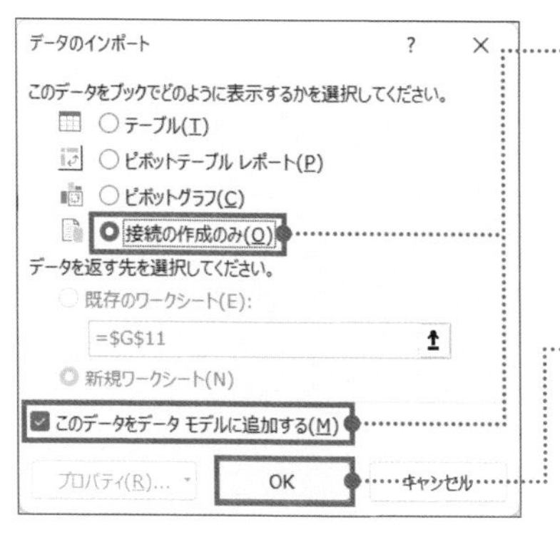

6

[接続の作成のみ]を選択し、[このデータをデータモデルに追加する]にチェックを入れる

7

[OK]ボタンをクリック

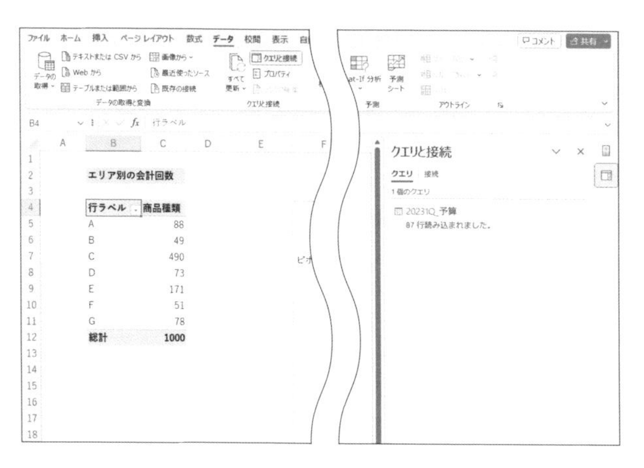

[クエリと接続]ウィンドウに「20231Q_予算」のデータが表示された。

リレーションシップを組む

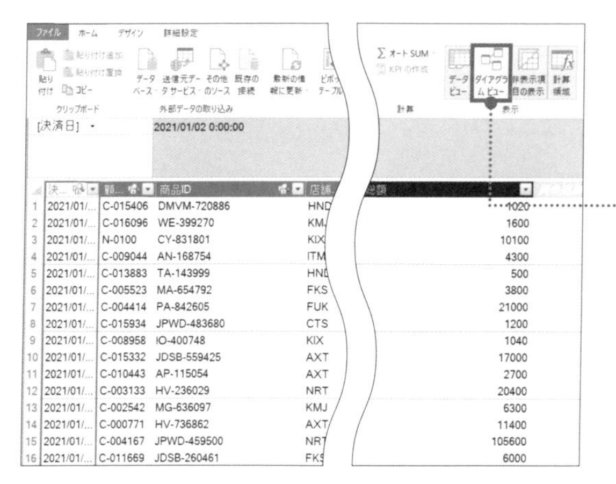

[Power Pivot]タブ→[管理]をクリックして、Power Pivotウィンドウを表示しておく。

1

[ダイアグラムビュー]をクリック

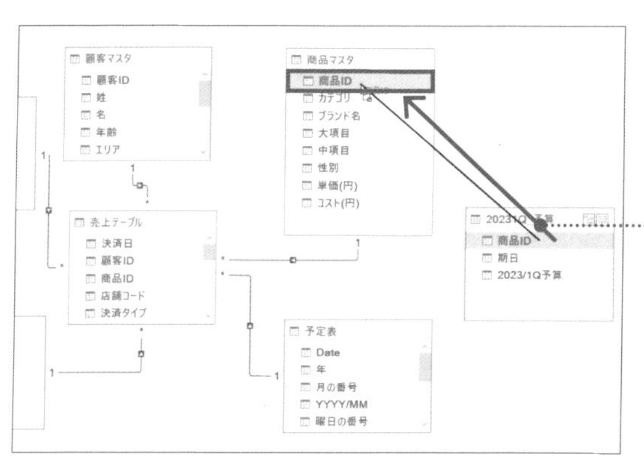

データモデルが表示された。[20231Q_予算]が追加されたことを確認しておく。

2

[20231Q_予算]の[商品ID]を[商品マスタ]の[商品ID]までドラッグ

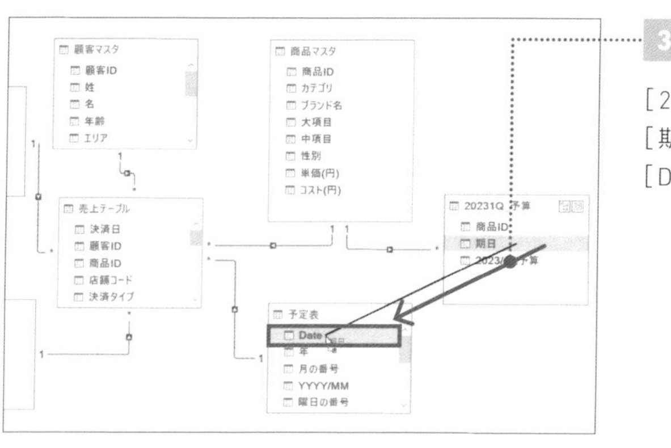

3

[20231Q_予算]の[期日]を[予定表]の[Date]までドラッグ

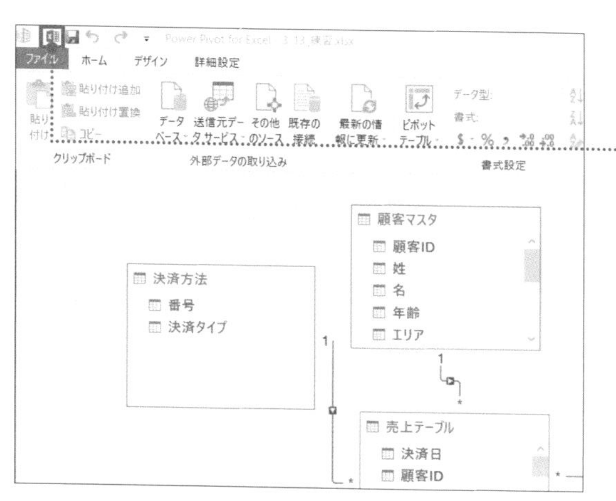

リレーションシップを作成できた。

4

[ブックに切り替え]をクリック

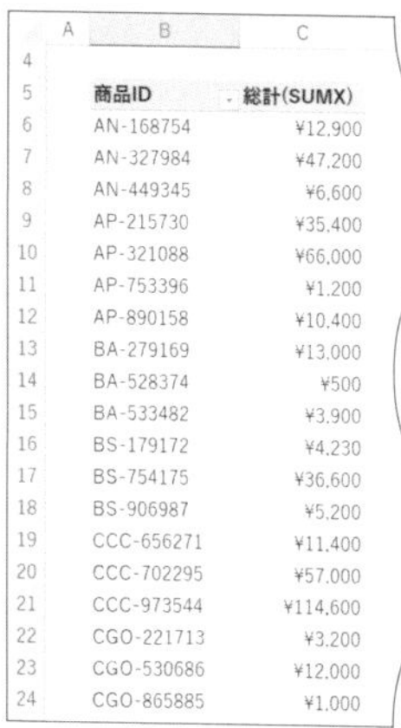

	A	B	C
4			
5		商品ID	総計(SUMX)
6		AN-168754	¥12,900
7		AN-327984	¥47,200
8		AN-449345	¥6,600
9		AP-215730	¥35,400
10		AP-321088	¥66,000
11		AP-753396	¥1,200
12		AP-890158	¥10,400
13		BA-279169	¥13,000
14		BA-528374	¥500
15		BA-533482	¥3,900
16		BS-179172	¥4,230
17		BS-754175	¥36,600
18		BS-906987	¥5,200
19		CCC-656271	¥11,400
20		CCC-702295	¥57,000
21		CCC-973544	¥114,600
22		CGO-221713	¥3,200
23		CGO-530686	¥12,000
24		CGO-865885	¥1,000

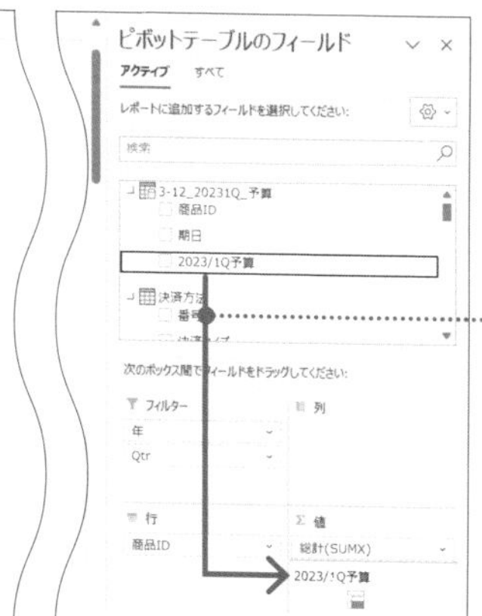

[ピボットテーブルのフィールド]ウィンドウでテーブルが反映されたことを確認しておく。

5

[2023/1Q予算]を[値]エリアまでドラッグ

> **CHECK!**
> [2023/1Q予算]がないときは[すべて]→[20231Q予算]を開いてください。

	A	B	C	D	E
4					
5		商品ID	総計	合計 / 2023/1Q予算	
6		AN-168754	¥12,900	¥19,350	
7		AN-327984	¥47,200	¥37,760	
8		AN-449345	¥6,600	¥8,580	
9		AP-215730	¥35,400	¥31,860	
10		AP-321088	¥66,000	¥46,200	
11		AP-753396	¥1,200	¥2,040	
12		AP-890158	¥10,400	¥15,600	
13		BA-279169	¥13,000	¥11,700	
14		BA-528374	¥500	¥325	
15		BA-533482	¥3,900	¥5,460	
16		BS-179172	¥4,230	¥4,653	
17		BS-754175	¥36,600	¥51,240	
18		BS-906987	¥5,200	¥5,720	
19		CCC-656271	¥11,400	¥14,820	

各商品の売上高に予算が表示された。

> **CHECK!**
> 予算と実績の両方を含むデータモデルが用意できたら、次のレッスンで予実分析する方法を解説します。

07

FILE：Chap5-07.xlsx

DIVIDE

予算の達成率をDIVIDE関数を使って計算する

DIVIDE（ディバイド）関数を使って予実分析しよう

	A	B	C	D	E	F	G
4							
5		商品ID	総計	合計 / 2023/1Q予算	予実分析	予実分析2	
6		AN-168754	¥12,900	¥19,350	67%	-33%	
7		AN-327984	¥47,200	¥37,760	125%	25%	
8		AN-449345	¥6,600	¥8,580	77%	-23%	
9		AP-215730	¥35,400	¥31,860	111%	11%	
10		AP-321088	¥66,000	¥46,200	143%	43%	
11		AP-753396	¥1,200	¥2,040	59%	-41%	
12		AP-890158	¥10,400	¥15,600	67%	-33%	
13		BA-279169	¥13,000	¥11,700	111%	11%	
14		BA-528374	¥500	¥325	154%	54%	
15		BA-533482	¥3,900	¥5,460	71%	-29%	
16		BS-179172	¥4,230	¥4,653	91%	-9%	
17		BS-754175	¥36,600	¥51,240	71%	-29%	

「実績÷予算」で達成割合を求める

「(実績－予算)÷予算」で達成割合を求める

▶ 実績を予算で割って、現状を把握する

Chapter5-06で取り込んだ予算を使って、予実分析を行いましょう。予算の達成率は、実績の金額（[総計]列）を予算の金額（[合計/2023/1Q予算]列）で割って求めます。

テーブルの行ごとに割り算するときはDIVIDE関数を使いましょう。DIVIDE関数は「DIVIDE(割られる数,割る数)」という数式で入力します。DIVIDE関数を使えば、予算が「0」でもエラーにならずに計算できます。

POINT :

1 予実分析するときはDIVIDE関数

2 DIVIDE関数はテーブルの行ごとに割り算できる

3 DIVIDE関数はエラーの値を指定できる

MOVIE :

https://dekiru.net/ytpp507

DIVIDE関数を理解する

テーブルの行ごとに割り算する

DIVIDE（ディバイド）(numerator, denominator, alternateresult)

❶ numerator＝分子（割られる数）
❷ denominator＝分母（割る数）
❸ alternateresult＝エラーになったときに返される値。省略した場合は空白を返す

〈 数式の入力例 〉

＝DIVIDE([総計(SUMX)],[合計/2023/1Q予算])

❶ numerator　❷ denominator

	A	B	C ❶	D ❷	E	F
4						
5		商品ID	総計	合計 / 2023/1Q予算	予実分析	
6		AN-168754	¥12,900	¥19,350	67%	
7		AN-327984	¥47,200	¥37,760	125%	
8		AN-449345	¥6,600	¥8,580	77%	
9		AP-215730	¥35,400	¥31,860	111%	
10		AP-321088	¥66,000	¥46,200	143%	
11		AP-753396	¥1,200	¥2,040	59%	
12		AP-890158	¥10,400	¥15,600	67%	
13		BA-279169	¥13,000	¥11,700	111%	
14		BA-528374	¥500	¥325	154%	
15		BA-533482	¥3,900	¥5,460	71%	
16		BS-179172	¥4,230	¥4,653	91%	
17		BS-754175	¥36,600	¥51,240	71%	
18		BS-906987	¥5,200	¥5,720	91%	

❶ numerator
[総計]

❷ denominator
[合計/2023/1Q予算]

予算の達成率を求める

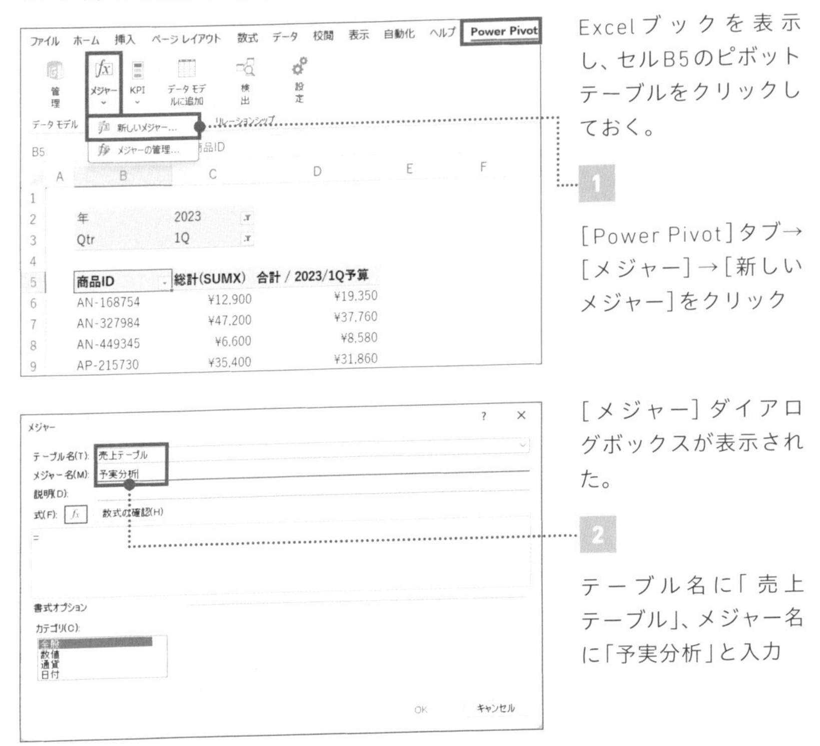

Excelブックを表示し、セルB5のピボットテーブルをクリックしておく。

1

[Power Pivot]タブ→[メジャー]→[新しいメジャー]をクリック

[メジャー]ダイアログボックスが表示された。

2

テーブル名に「売上テーブル」、メジャー名に「予実分析」と入力

=DIVIDE([総計(SUMX)],[合計/2023/1Q予算])

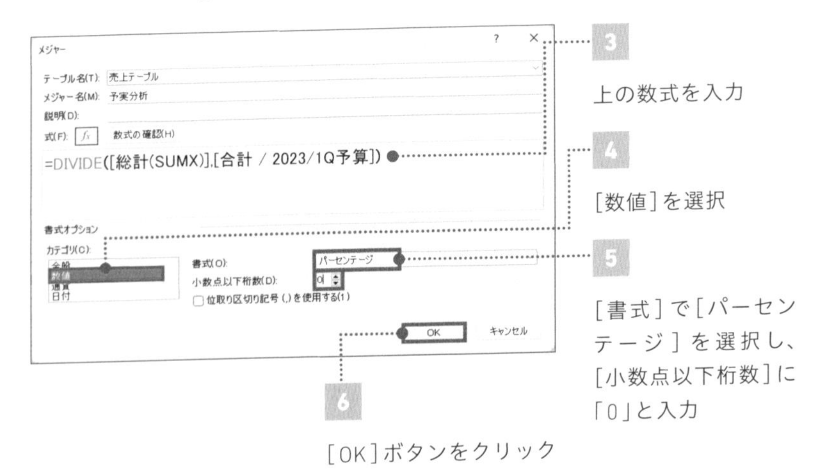

3

上の数式を入力

4

[数値]を選択

5

[書式]で[パーセンテージ]を選択し、[小数点以下桁数]に「0」と入力

6

[OK]ボタンをクリック

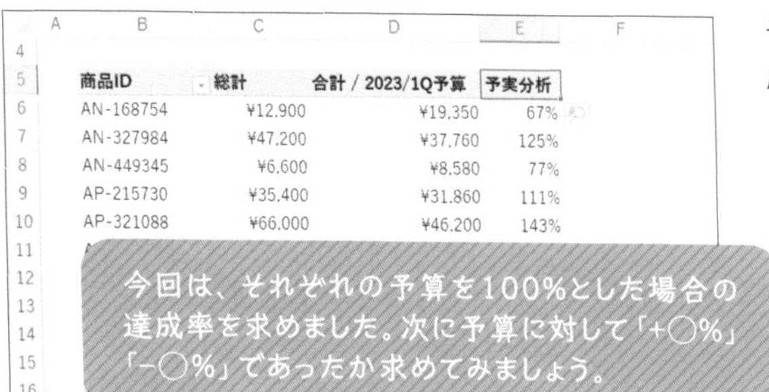

商品ID	総計	合計 / 2023/1Q予算	予実分析
AN-168754	¥12,900	¥19,350	67%
AN-327984	¥47,200	¥37,760	125%
AN-449345	¥6,600	¥8,580	77%
AP-215730	¥35,400	¥31,860	111%
AP-321088	¥66,000	¥46,200	143%

予算に対する実績の達成率が求められた。

予算の達成率の差分を求める

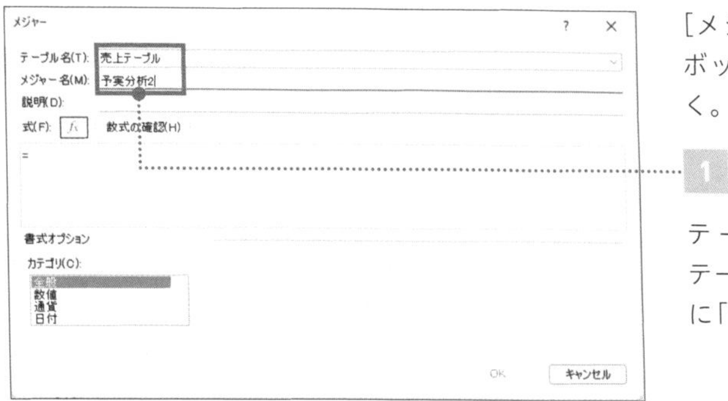

[メジャー]ダイアログボックスを表示しておく。

1 テーブル名に「売上テーブル」、メジャー名に「予実分析2」と入力

=DIVIDE([総計(SUMX)]-[合計/2023/1Q予算],[合計/2023/1Q予算])

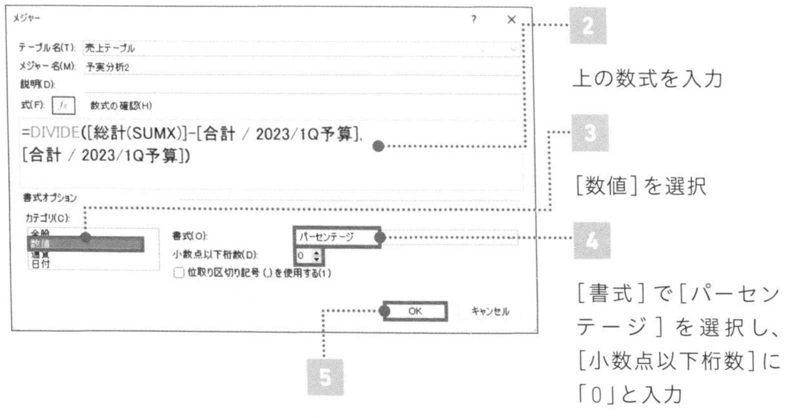

2 上の数式を入力

3 [数値]を選択

4 [書式]で[パーセンテージ]を選択し、[小数点以下桁数]に「0」と入力

5 [OK]ボタンをクリック

	A	B	C	D	E	F	G
4							
5		商品ID	総計	合計 / 2023/1Q予算	予実分析	予実分析2	
6		AN-168754	¥12,900	¥19,350	67%	-33%	
7		AN-327984	¥47,200	¥37,760	125%	25%	
8		AN-449345	¥6,600	¥8,580	77%	-23%	
9		AP-215730	¥35,400	¥31,860	111%	11%	
10		AP-321088	¥66,000	¥46,200	143%	43%	
11		AP-753396	¥1,200	¥2,040	59%	-41%	
12		AP-890158	¥10,400	¥15,600	67%	-33%	
13		BA-279169	¥13,000	¥11,700	111%	11%	
14		BA-528374	¥500	¥325	154%	54%	

予算達成率の差分が求められた。

予算に対しての+−の差分（%）が求められました。どちらの式で表現するかは、チームの方針に合わせるといいでしょう！

理解を深めるHINT

通常の割り算ではなく、DIVIDE関数を使う理由

DIVIDE関数はシンプルな割り算を行うためのDAX式なので、「普通に割り算すればよくない？」と思われるかもしれません。ただDIVIDE関数にしかない固有のメリットもあります。それはエラーが出たときに表示する値をユーザー自身でコントロールできることです。ExcelでいうところのlFERROR関数のような役割を兼ねているイメージです。

商品ID	総計(SUMX)	2023/1Q予算	予実分析	予実分析(DIVIDEなし)
AN-168754	¥12,900			#NUM!
AN-327984	¥47,200	¥37,760	125%	125%
AN-449345	¥6,600	¥8,580	77%	77%
AP-215730	¥35,400	¥31,860	111%	111%
AP-321088	¥66,000	¥46,200	143%	143%

DIVIDE関数が入っているセルは空欄で、そうでないセルは「#null」とエラーが表示された。

理解を深めるHINT

エラーのセルに任意の文字列を表示させる

エラーが出た際に任意の文字列を表示させるには、第3引数に出力したい文言を記載します。このとき、文字列でエラーを表現したい場合には「"」(ダブルクォーテーション)で囲むことをお忘れなく！
なお、先ほど作ったDIVIDE関数を編集するには、[Power Pivot]タブ→[メジャー]→[メジャーの管理]をクリックしましょう。

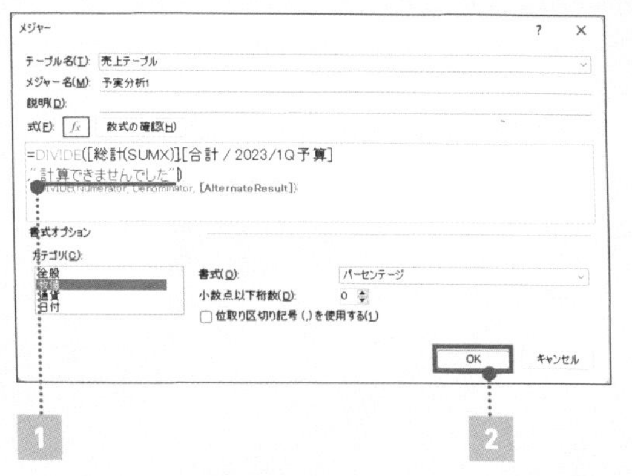

「予実分析」の[メジャー]ダイアログボックスを表示しておく。

1 「,」を入力し、第3引数に「"計算ができませんでした"」と入力

2 [OK]ボタンをクリック

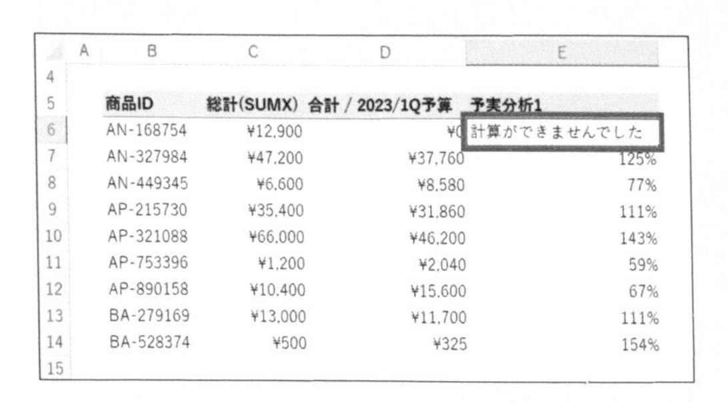

	A	B	C	D	E
4					
5		商品ID	総計(SUMX)	合計 / 2023/1Q予算	予実分析1
6		AN-168754	¥12,900	¥0	計算ができませんでした
7		AN-327984	¥47,200	¥37,760	125%
8		AN-449345	¥6,600	¥8,580	77%
9		AP-215730	¥35,400	¥31,860	111%
10		AP-321088	¥66,000	¥46,200	143%
11		AP-753396	¥1,200	¥2,040	59%
12		AP-890158	¥10,400	¥15,600	67%
13		BA-279169	¥13,000	¥11,700	111%
14		BA-528374	¥500	¥325	154%
15					

エラーのセルに「計算ができませんでした」と任意の文字が表示された。

08

FILE：Chap5-08.xlsx

スライサー

年ごとに切り替えられるスライサーを挿入する

ピボットテーブルを直感的に絞り込む！

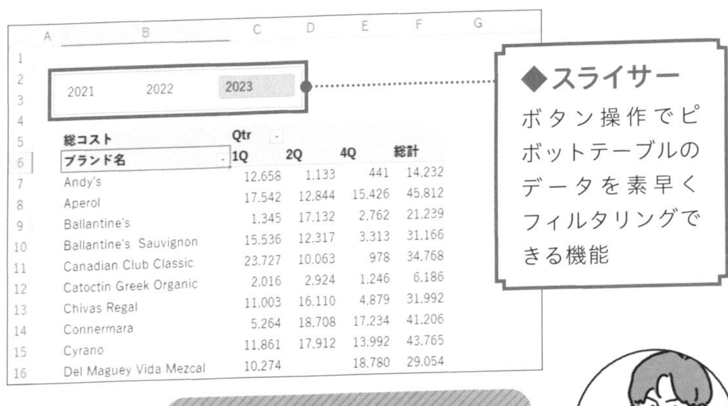

総コスト	Qtr			
ブランド名	1Q	2Q	4Q	総計
Andy's	12,658	1,133	441	14,232
Aperol	17,542	12,844	15,426	45,812
Ballantine's	1,345	17,132	2,762	21,239
Ballantine's Sauvignon	15,536	12,317	3,313	31,166
Canadian Club Classic	23,727	10,063	978	34,768
Catoctin Greek Organic	2,016	2,924	1,246	6,186
Chivas Regal	11,003	16,110	4,879	31,992
Connermara	5,264	18,708	17,234	41,206
Cyrano	11,861	17,912	13,992	43,765
Del Maguey Vida Mezcal	10,274		18,780	29,054

年ごとにデータを切り替えられるスライサーを作成しましょう。

年ごとに抽出できるスライサーを挿入しよう

ピボットテーブルのスライサーとは、ピボットテーブルのデータを素早くフィルタリングできる機能です。スライサーには、クリックできるボタンが用意されており、スライサーの操作に合わせて、ピボットテーブルのデータが絞り込まれます。絞り込み状況も一目で確認でき、直感的に操作ができるため、覚えておくと重宝する機能です。

このレッスンでは「2021」「2022」「2023」の年ごとにデータをフィルタリングできるようにスライサーを作っていきましょう。

POINT：

1 スライサーは、ピボットテーブルを素早くフィルタリングできる機能

2 フィールドをスライサーに設定できる

3 スライサーのヘッダーは非表示にしておく

MOVIE：

https://dekiru.net/ytpp508

スライサーを挿入する

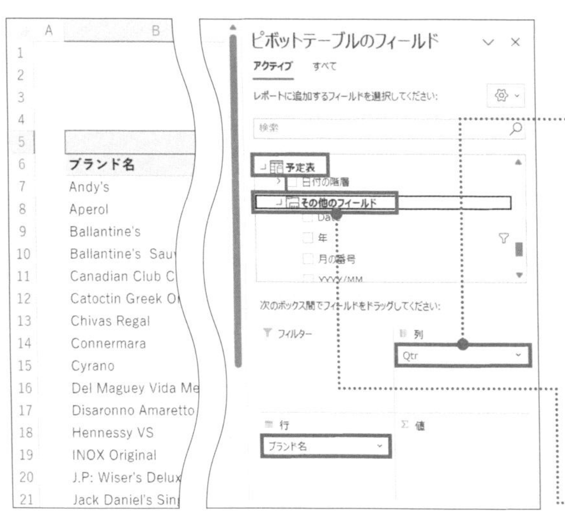

Excelブックを表示しておく。

1

［列］エリアに［Qtr］フィールド、［行］エリアに［ブランド名］フィールドをドラッグ

CHECK!

［Qtr］は［その他のフィールド］にあります。

2

［予定表］→［その他のフィールド］をクリック

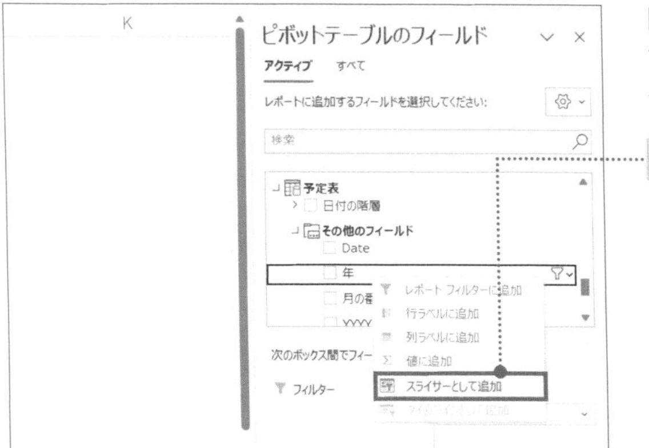

3

［年］を右クリックして［スライサーとして追加］を選択

スライサーを1行で表示する

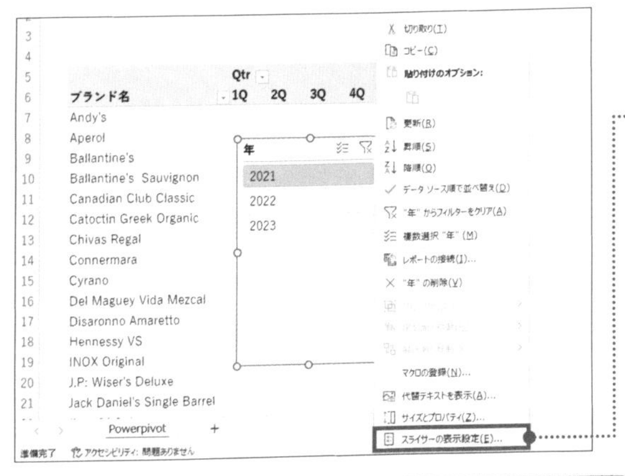

スライサーが追加された。

1 スライサーを右クリックして［スライサーの表示設定］をクリック

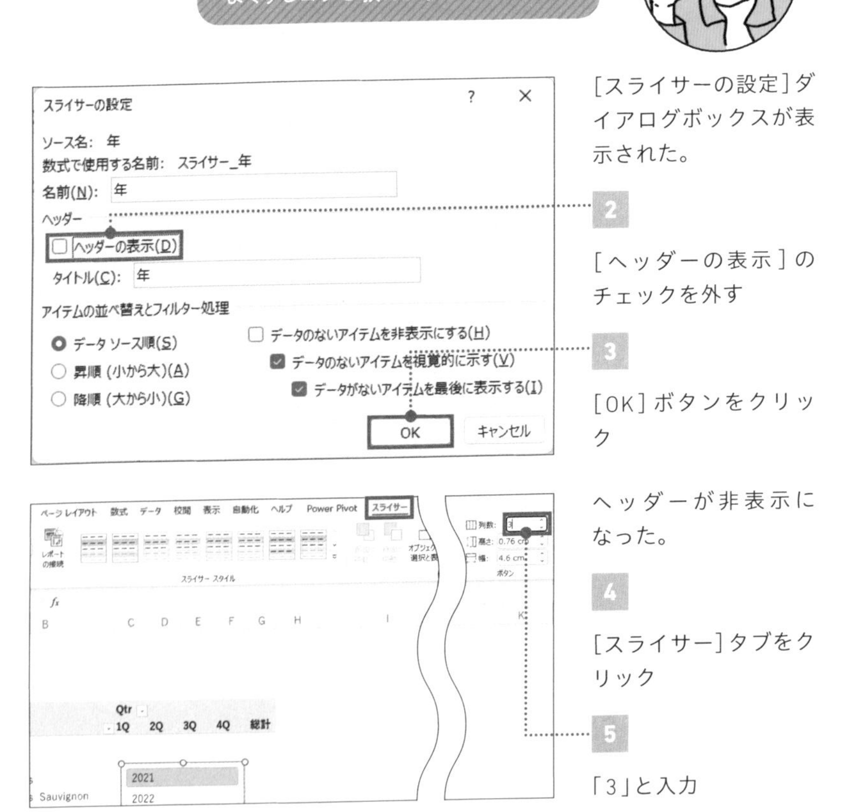

［スライサーの設定］ダイアログボックスが表示された。

2 ［ヘッダーの表示］のチェックを外す

3 ［OK］ボタンをクリック

ヘッダーが非表示になった。

4 ［スライサー］タブをクリック

5 「3」と入力

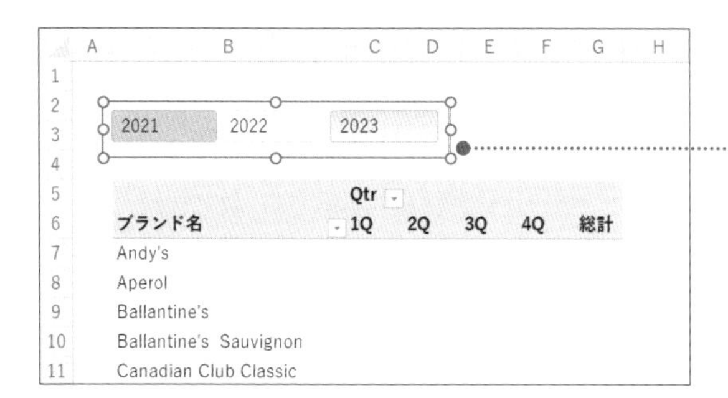

横1列にスライサーが変更された。

6

ピボットテーブルの上に移動して、枠をドラッグして大きさを整える

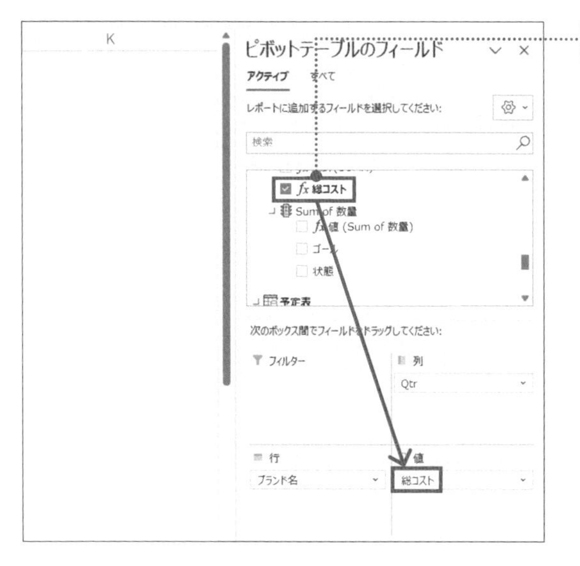

7

[値]エリアに[fx総コスト]をドラッグ

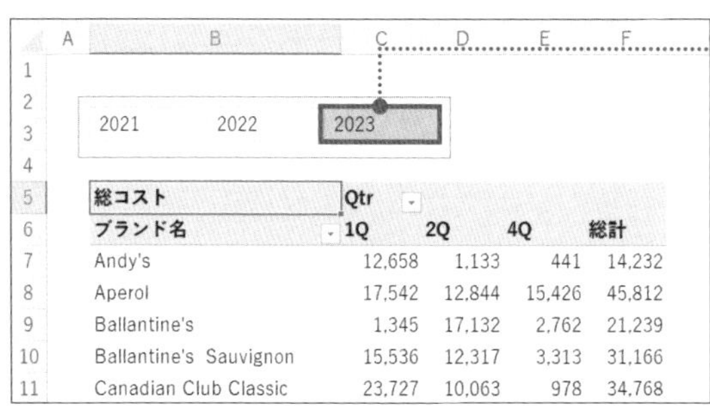

総コスト	Qtr			
ブランド名	1Q	2Q	4Q	総計
Andy's	12,658	1,133	441	14,232
Aperol	17,542	12,844	15,426	45,812
Ballantine's	1,345	17,132	2,762	21,239
Ballantine's Sauvignon	15,536	12,317	3,313	31,166
Canadian Club Classic	23,727	10,063	978	34,768

8

「2023」をクリック

「2023」のデータに切り替わった。

次のレッスンでは、これまでのレッスンで作った「総コスト」「総売上」「平均売上」のスライサーを作成していきます。

09

スライサー/
HASONEVALUE/
VALUES

FILE：Chap5-09.xlsx

3つの関数を組み合わせてKPIごとのスライサーを挿入する

総コスト・総売上・平均売上のスライサーを作る

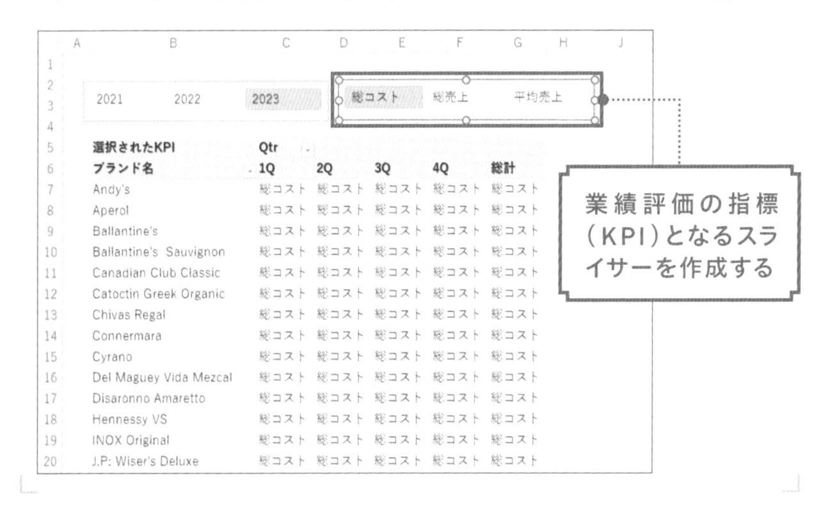

選択されたKPI	Qtr				
ブランド名	1Q	2Q	3Q	4Q	総計
Andy's	総コスト	総コスト	総コスト	総コスト	総コスト
Aperol	総コスト	総コスト	総コスト	総コスト	総コスト
Ballantine's	総コスト	総コスト	総コスト	総コスト	総コスト
Ballantine's Sauvignon	総コスト	総コスト	総コスト	総コスト	総コスト
Canadian Club Classic	総コスト	総コスト	総コスト	総コスト	総コスト
Catoctin Greek Organic	総コスト	総コスト	総コスト	総コスト	総コスト
Chivas Regal	総コスト	総コスト	総コスト	総コスト	総コスト
Connermara	総コスト	総コスト	総コスト	総コスト	総コスト
Cyrano	総コスト	総コスト	総コスト	総コスト	総コスト
Del Maguey Vida Mezcal	総コスト	総コスト	総コスト	総コスト	総コスト
Disaronno Amaretto	総コスト	総コスト	総コスト	総コスト	総コスト
Hennessy VS	総コスト	総コスト	総コスト	総コスト	総コスト
INOX Original	総コスト	総コスト	総コスト	総コスト	総コスト
J.P. Wiser's Deluxe	総コスト	総コスト	総コスト	総コスト	総コスト

3つの関数を組み合わせてKPIごとのスライサーを挿入する

前のレッスンと同様に、スライサーを作成します。ただ前回と異なるのはメジャーからスライサーをつくるという点にあります。Chapter 4 - 07で紹介したように、メジャーは基本的にピボットテーブルの値フィールドでのみ使えるデータですが、今回紹介する工夫を施すことでスライサーとして扱えるようになります。

売り上げやコストなどのKPIを、スライサーで視覚的に管理したい方へおすすめの手法です。少し複雑なDAXも登場するので、ぜひじっくり取り組んでください。

POINT：

1 メジャーをもとにスライサーを作成できる

2 IF・HASONEVALUE・VALUESを使ってスライサーとテーブルを紐づける

3 HASONEVALUEは、指定した列がフィルターされているかを判定

MOVIE：

https://dekiru.net/ytpp509

作業テーブルを作成し、データモデルに追加する

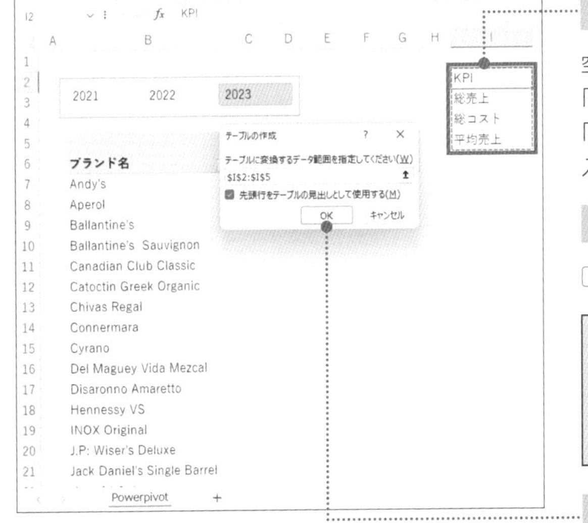

1

空いているセルに「KPI」「総売上」「総コスト」「平均売上」と入力し、入力したセルを選択

2

Ctrl + T キーを押す

CHECK!

Ctrl + Tはテーブルを作成するショートカットキーです。

3

[OK]ボタンをクリック

テーブルが挿入された。

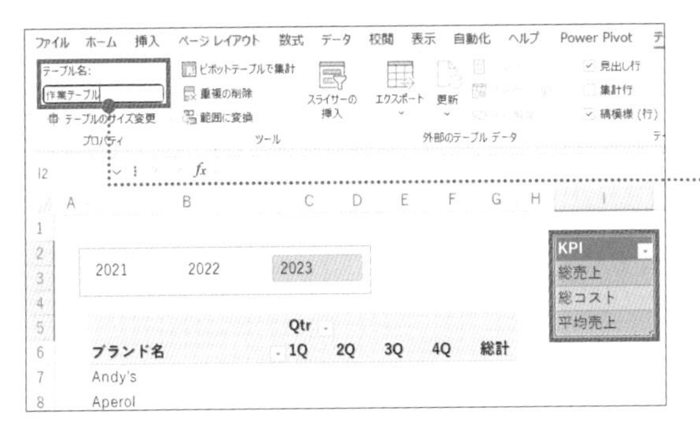

4

[テーブルデザイン]タブをクリックしてテーブル名に「作業テーブル」と入力

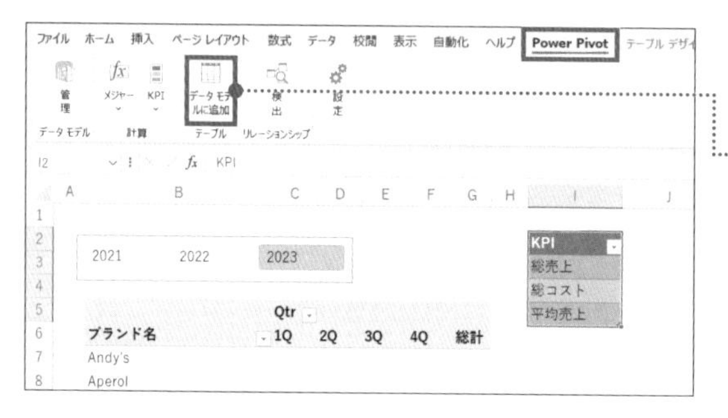

作業テーブルをデータモデルに追加する。

5

[Power Pivot]タブ→[データモデルに追加]をクリック

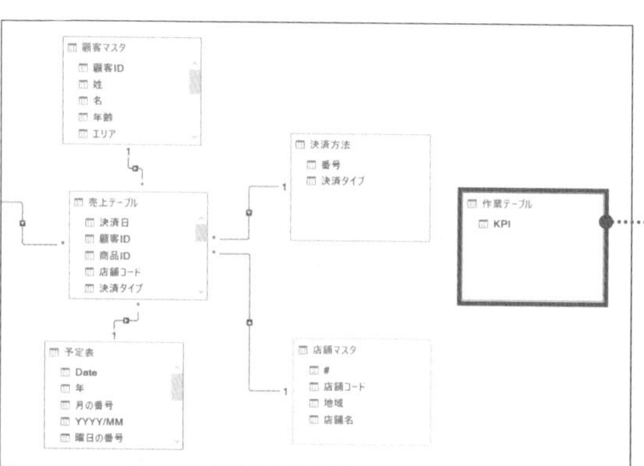

Power Pivot ウィンドウの[ダイアグラムビュー]を表示しておく。

作業テーブルが追加されていることを確認できたら、Excelブックに切り替えておく。

今回はとくにリレーションシップを組む必要はないので、そのままExcelブックに戻りましょう！

作業テーブルをスライサーにする

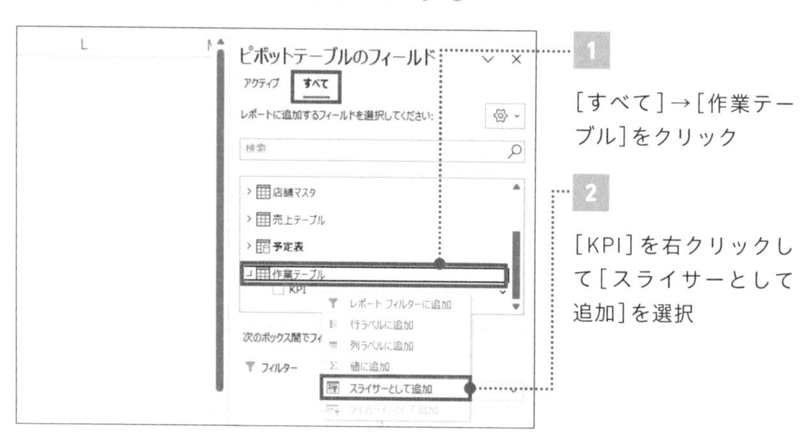

1

[すべて]→[作業テーブル]をクリック

2

[KPI]を右クリックして[スライサーとして追加]を選択

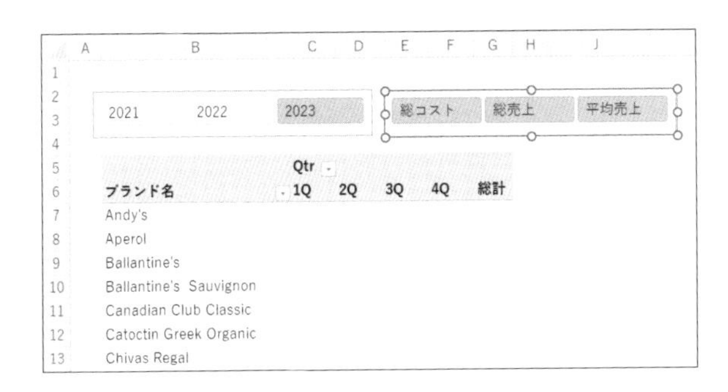

Chapter 5-08を参考に、ヘッダーを非表示にして、列数を「3」にして、見た目をそろえておく。

作業テーブルの列も非表示にしておく。

この状態でスライサーをクリックしても、まだ何も変化が起こりません。スライサーとピボットテーブルが紐づけられていないからです。

スライサーとピボットテーブルを紐づけるDAX

スライサーを挿入したら、以下のDAX関数を使って、スライサーの選択に応じてピボットテーブルを切り替えるように設定します。

HASONEVALUE(ColumnName)

HASONEVALUE関数は、指定した列が1つの値だけでフィルターされているかどうかを判定する関数です。引数には、列名を指定します。

たとえば、いずれかのスライサーを選択した場合、その列は1つの値だけでフィルターされているので、「TRUE」を返します。何も選択しなかった場合、その列は複数の値を含んでいるので、「FALSE」を返します。この関数はIF関数と組み合わせて使うことが多いです。

VALUES(TableNameOrColumnName)

VALUES関数は、指定したテーブルや列の値の一覧を返す関数です。引数には、テーブル名または列名を指定します。

たとえば、スライサーで「総売上」を選択した場合、VALUES関数はその値だけを返します。何も選択しなかった場合は、その列に含まれるすべての値を返します。では、具体的な数式を見てみましょう。

IF関数で条件分岐して数式を組む

前ページで解説したHASONEVALUE関数とVALUES関数を組み合わせて、IF関数を使った条件分岐の数式を考えてみましょう。少し複雑ですが、以下のような条件分岐の図を書くと、整理しやすいです。なお、IF関数についてはChapter3-07で詳しく紹介しています。

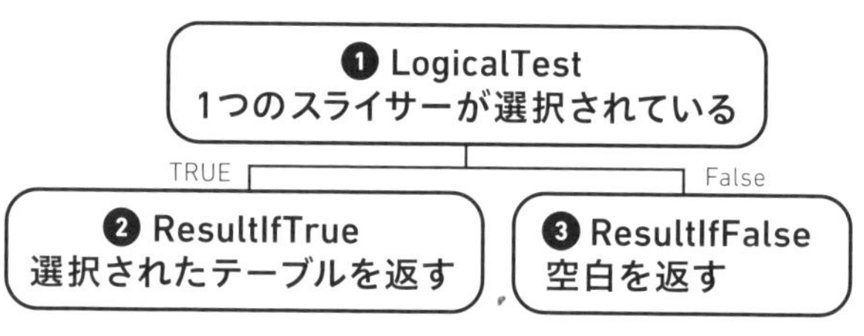

数式で書くと以下になります。Falseの場合の引数❸は空白を返すため省略しています。

=IF (HASONEVALUE ('作業テーブル'[KPI]),

❶ LogicalTest

VALUES ('作業テーブル'[KPI]))

❷ ResultIfTrue

スライサーとピボットテーブルを紐づける

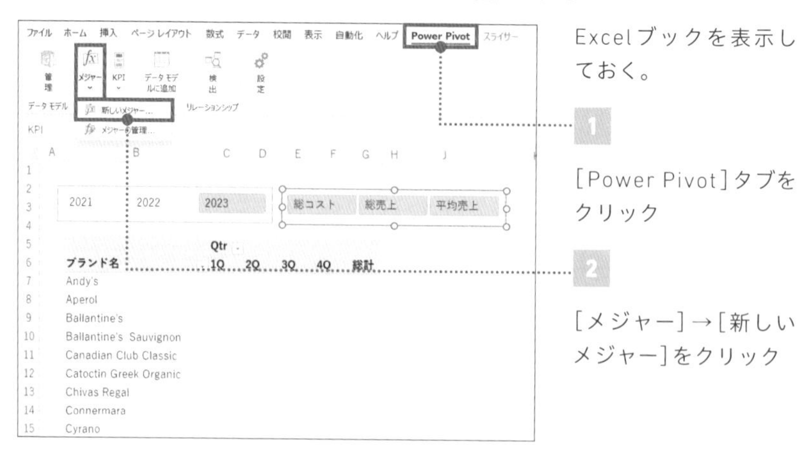

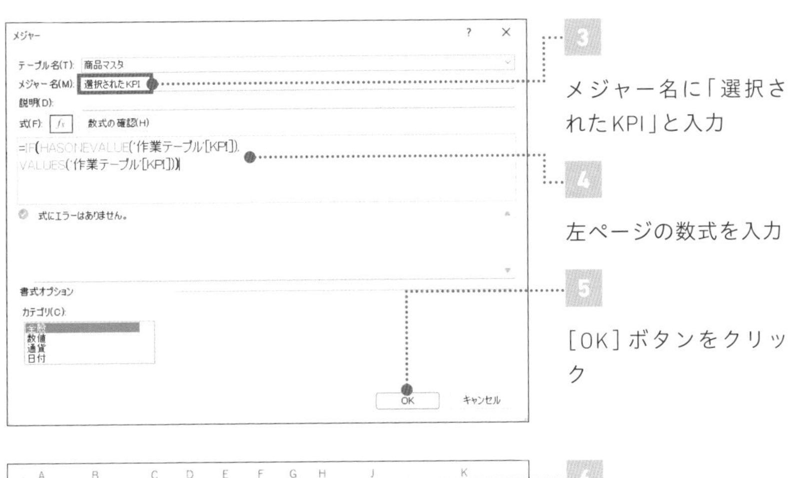

3

メジャー名に「選択されたKPI」と入力

4

左ページの数式を入力

5

[OK]ボタンをクリック

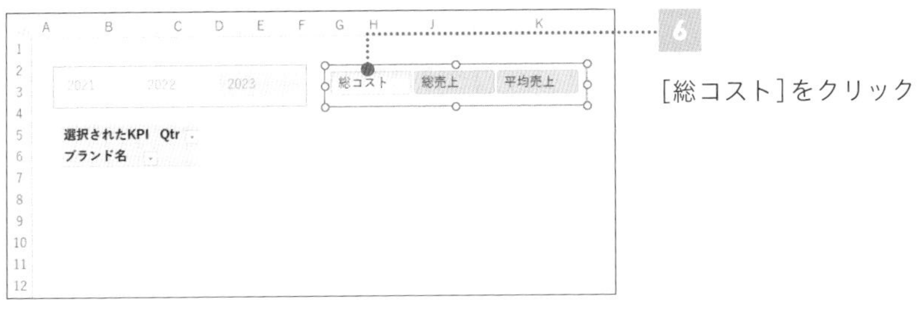

6

[総コスト]をクリック

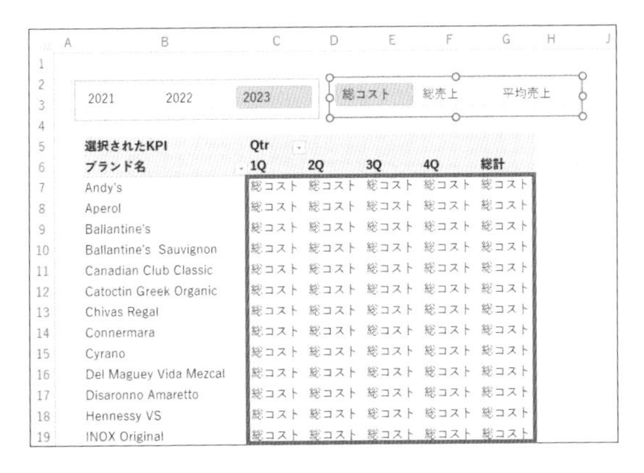

C～G列に「総コスト」という文字列が表示された。

ここまでお疲れさまでした。あれ？ 数値データではなくて文字列が表示されたと思ったと思いますが、今回はこれで正解です！
次のレッスンで、SWITCH関数を使って実際の数値データを表示させる方法を紹介していきます。

10

スライサー/
SWITCH

FILE：Chap5-10.xlsx

SWITCH関数を使って スライサーを機能させる

スライサーを選択して、KPIの値を表示させる

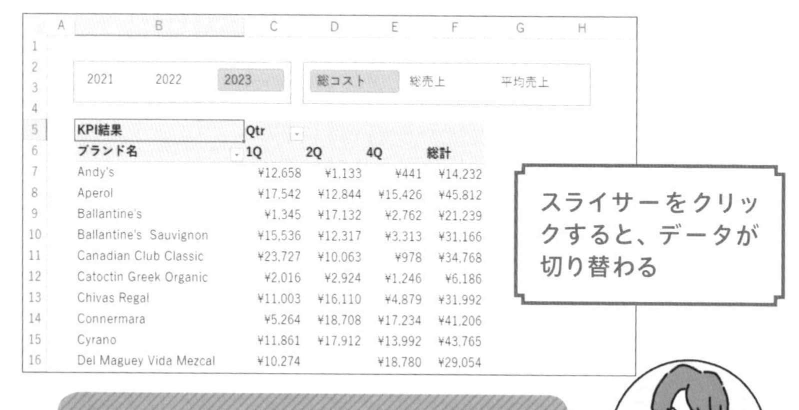

2021 2022 2023　　総コスト 総売上 平均売上

KPI結果	Qtr			
ブランド名	1Q	2Q	4Q	総計
Andy's	¥12,658	¥1,133	¥441	¥14,232
Aperol	¥17,542	¥12,844	¥15,426	¥45,812
Ballantine's	¥1,345	¥17,132	¥2,762	¥21,239
Ballantine's Sauvignon	¥15,536	¥12,317	¥3,313	¥31,166
Canadian Club Classic	¥23,727	¥10,063	¥978	¥34,768
Catoctin Greek Organic	¥2,016	¥2,924	¥1,246	¥6,186
Chivas Regal	¥11,003	¥16,110	¥4,879	¥31,992
Connermara	¥5,264	¥18,708	¥17,234	¥41,206
Cyrano	¥11,861	¥17,912	¥13,992	¥43,765
Del Maguey Vida Mezcal	¥10,274		¥18,780	¥29,054

SWITCH関数を使って、前のレッスンで作成したスライサーを完成させましょう！

IF関数よりシンプルで読みやすいSWITCH関数

スライサーづくりの最後の仕上げとして、よりDAXの見た目にこだわってみましょう！ 前のレッスンでは条件分岐を行うためにIF関数を用いましたが、今回のように3つ以上の分岐が存在する場合、どうしてもIF関数では式が冗長になってしまいます。

そこでおすすめしたいのがSWITCH関数です。この関数を使用することにより、「AだったらB、CだったらD……」のように複雑な条件分岐もシンプルに式を立てることができます。

POINT：

1 スライサーに連動した値を表示したいときはSWITCH関数を使う

2 SWITCH関数は、式の結果に応じて値を返す関数

3 IF関数よりもシンプルな式で組める

MOVIE：

https://dekiru.net/ytpp510

SWITCH関数を理解する

式の結果が一致する値に対応する結果を返す

SWITCH（スウィッチ）(Expression, 値, Result[, 値, Result]…[, Else])

❶ Expression＝基準となるリスト

❷ 値＝Expressionの結果と照合されるスライサー

❸ Result＝Expressionの結果が対応する結果

❹ Else＝Expressionの結果が一致しない場合に評価されるスライサー（省略可）

〈 数式の入力例 〉

＝SWITCH([選択されたKPI],"総コスト",[総コスト],"総売上",[総計],"平均売上",[平均売上])

[選択されたKPI]：❶ Expression
"総コスト"：❷ 値
[総コスト]：❸ Result
"総売上"：❷ 値
[総計]：❸ Result
"平均売上"：❷ 値
[平均売上]：❸ Result

基準となるリスト（ Expression ）から、これ（ 値 ）が選ばれたらこれ（ Result ）を返してね、というような3段構えの構成になっていますよ！

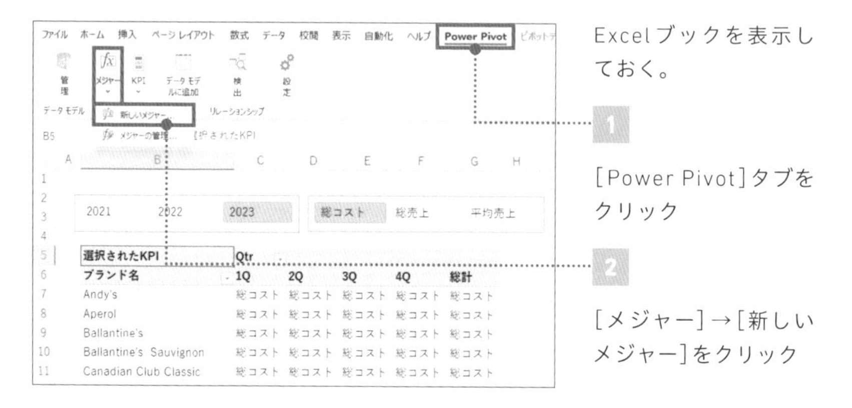

Excelブックを表示しておく。

1 [Power Pivot]タブをクリック

2 [メジャー]→[新しいメジャー]をクリック

=SWITCH([選択されたKPI],
"総コスト",[総コスト],
"総売上",[総計(SUMX)],
"平均売上",[平均売上])

CHECK!

数式がわかりやすいように改行して書いています。改行しないで書いても結果は同じです。

テーブル名(T): 売上テーブル
メジャー名(M): KPI結果
説明(D):
式(F): 数式の確認(H)
=SWITCH([選択されたKPI],
"総コスト",[総コスト],
"総売上",[総計(SUMX)],
"平均売上",[平均売上])
書式オプション
カテゴリ(C):
全般
数値
通貨
日付
OK キャンセル

3 テーブル名に「売上テーブル」、メジャー名に「KPI結果」と入力

4 上の数式を入力

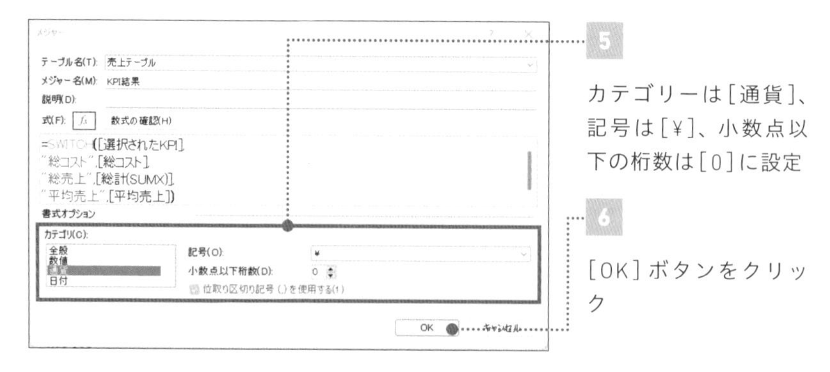

5 カテゴリーは[通貨]、記号は[¥]、小数点以下の桁数は[0]に設定

6 [OK]ボタンをクリック

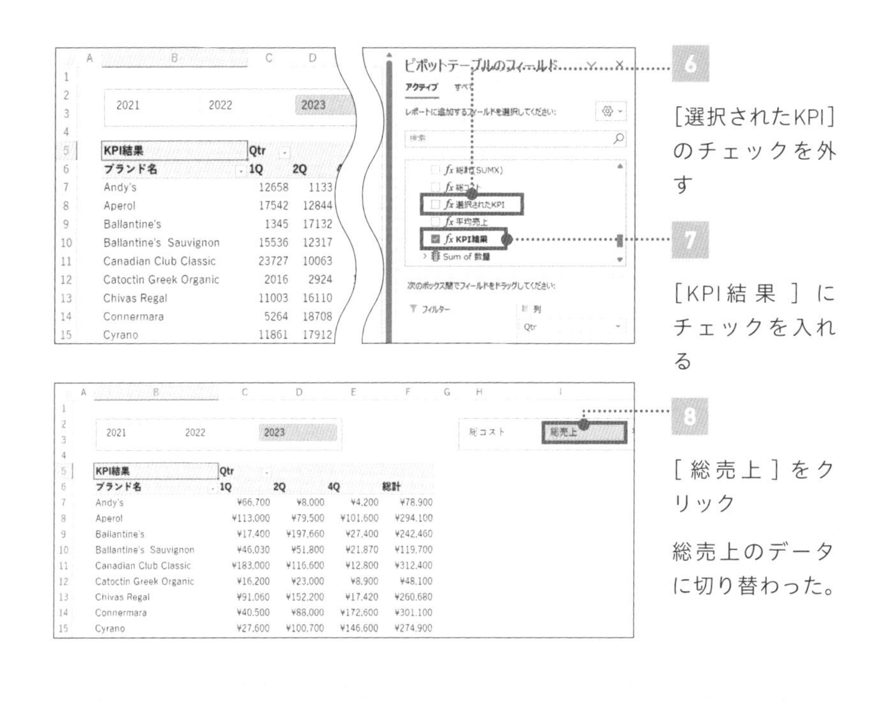

6

[選択されたKPI]のチェックを外す

7

[KPI結果]にチェックを入れる

8

[総売上]をクリック

総売上のデータに切り替わった。

理解を深めるHINT

スライサーを変えるたびに、列幅が動くのが気になる

デフォルトの設定ではデータの内容によって列幅が変わります。気になる方は、スライサーを切り替えるたびに列幅が変わらないように自動調整の設定を外しましょう。

ピボットテーブルを右クリックして[ピボットテーブルオプション]を選択。ダイアログボックスが表示されるので、[更新時に列幅を自動調整する]のチェックを外しましょう。自動で列幅が変わらない設定にできました。

ピボットテーブル オプション
ピボットテーブル名(N): ピボットテーブル
レイアウトと書式　集計とフィルター　表示　印刷　データ
レイアウト
☐ セルとラベルを結合して中央揃えにする(M)
コンパクト形式での行ラベルのインデント(C): 1 文字
レポート フィルター エリアでのフィールドの表示(D): 上から下
レポート フィルターの列ごとのフィールド数(F): 0
書式
☐ エラー値に表示する値(E):
☑ 空白セルに表示する値(S):
☐ 更新時に列幅を自動調整する(A)
☑ 更新時にセル書式を保持する(P)

11

CALCULATE

FILE：Chap5-11.xlsx

条件に応じた計算を可能にするCALCULATE関数

羽田店だけの総売上を求めたい

	A	B	C	D
1		店舗コード	地域	店舗名
2	1	CTS	北海道	新千歳
3	2	AXT	東北	秋田
4	3	FKS	東北	福島
5	4	NRT	関東	成田
6	5	HND	関東	羽田
7	6	ITM	関西	伊丹
8	7	KIX	関西	梅田
9	8	FUK	九州	福岡
10	9	NGS	九州	長崎
11	10	KMJ	九州	熊本

総計(SUMX)	羽田店の総売上
¥13,284,500	¥1,198,500
¥80,000	¥12,200
¥601,000	¥57,500
¥1,057,800	¥67,600
¥1,626,500	¥124,600
¥2,308,000	¥140,600
¥195,210	¥31,590
¥759,600	¥30,600
¥78,600	¥9,600

条件に一致する値だけを抽出して、総売上を求めたい

CALCULATE関数とSUMX関数を組み合わせれば、羽田店に絞って集計できます！

SUMIFS関数と似た挙動をするCALCULATE関数

通常のExcelで、SUMIFS関数を使用するケースは非常に多いです。SUMIFS関数には「特定の条件と合致するデータに限定して計算する」役割があります。同様の作業をDAXで実現するには、このCALCULATE関数を活用します。

引数の指定がシンプルで理解しやすく、使えば使うほど単純なフィルター機能だけでは得られない、実務で役立つメリットを感じられる味のある関数です。DAX初心者を卒業したら、次はこの関数からリスタートしましょう。

POINT：

1 特定の条件を抽出して計算したいときはCALCULATE関数

2 総計を求めるときはCALCULATEとSUMX関数を組み合わせる

3 「または」「かつ」など複雑な条件を抽出することが可能

MOVIE：

https://dekiru.net/ytpp511

CALCULATE関数を理解する

フィルター条件に沿った指定の計算を実施

CALCULATE（カルキュレート）(Expression, Filter)

❶ Expression＝基準となるリスト

❷ Filter＝フィルターを定義する

〈 数式の入力例 〉

＝CALCULATE（[総計（SUMX）],
'店舗マスタ'[店舗コード]="HND"）

❶ Expression　❷ Filter

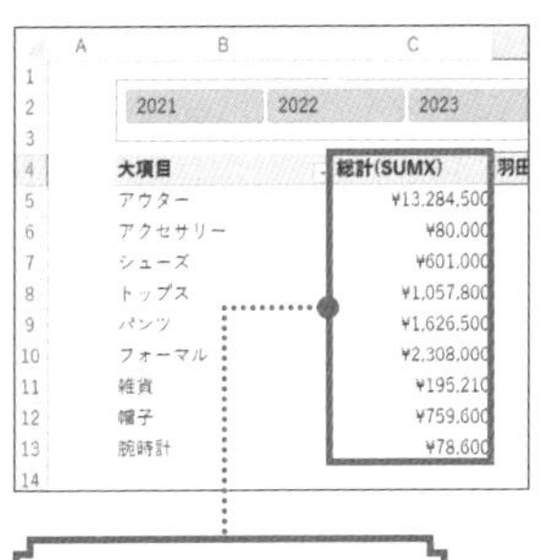

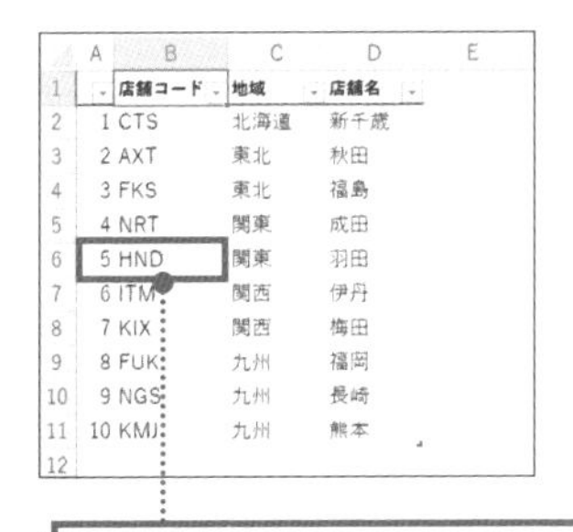

❶ Expression
[総計(SUMX)]

❷ Filter
'店舗マスタ'[店舗コード]="HND"

羽田店の総計を求める

=CALCULATE([総計(SUMX)], '店舗マスタ'[店舗コード]="HND")

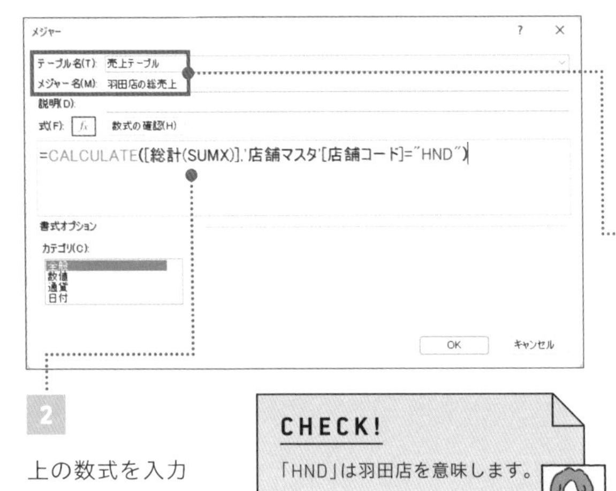

[PowerPivot]シートを表示して、Chapter5-07を参考に[メジャー]ダイアログボックスを表示しておく。

1

テーブル名に「売上テーブル」、メジャー名に「羽田店の総売上」と入力

2

上の数式を入力

CHECK!

「HND」は羽田店を意味します。

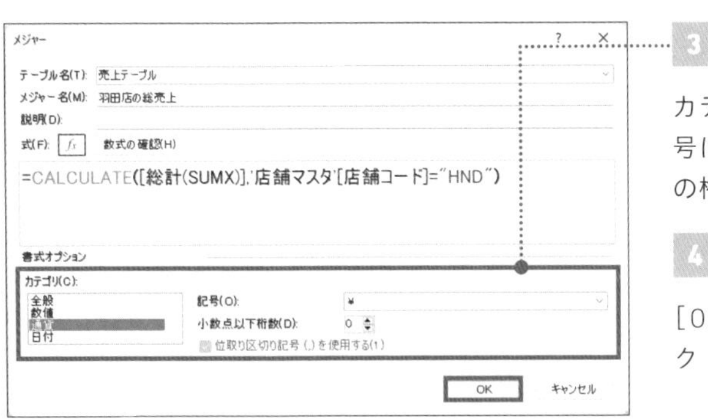

3

カテゴリは[通貨]、記号は[¥]、小数点以下の桁数は[0]と指定

4

[OK]ボタンをクリック

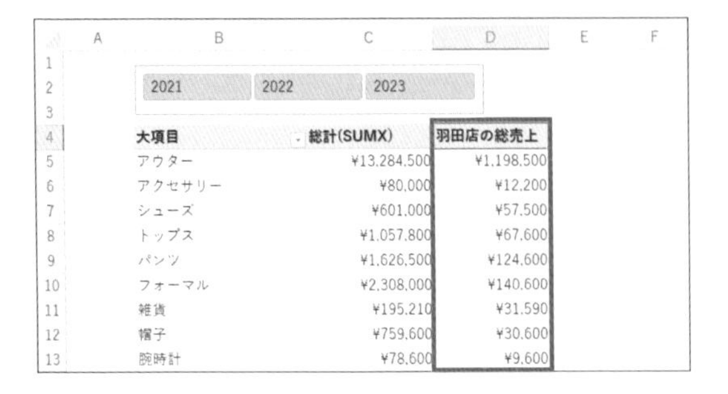

大項目	総計(SUMX)	羽田店の総売上
アウター	¥13,284,500	¥1,198,500
アクセサリー	¥80,000	¥12,200
シューズ	¥601,000	¥57,500
トップス	¥1,057,800	¥67,600
パンツ	¥1,626,500	¥124,600
フォーマル	¥2,308,000	¥140,600
雑貨	¥195,210	¥31,590
帽子	¥759,600	¥30,600
腕時計	¥78,600	¥9,600

羽田店の総売上がD列に表示された。

関数を使わなくても、フィルターを使えばいいのでは？

実現したいことはデータの絞り込みなので、日頃から使い慣れているフィルターでやったほうがよいと感じた方もいるでしょう。

しかし、CALCULATE関数の特徴である「AND、OR条件の設定が簡単」なこと、DAXの特徴である「一度作ればいつでも、どこでも使える」ことから、今後使えば使うほどこの関数のメリットを実感できます。

羽田店かつQRコード決済の総売上

=CALCULATE([総計(SUMX)],
'店舗マスタ'[店舗コード]="HND",
'決済方法'[決済タイプ]="QRコード")

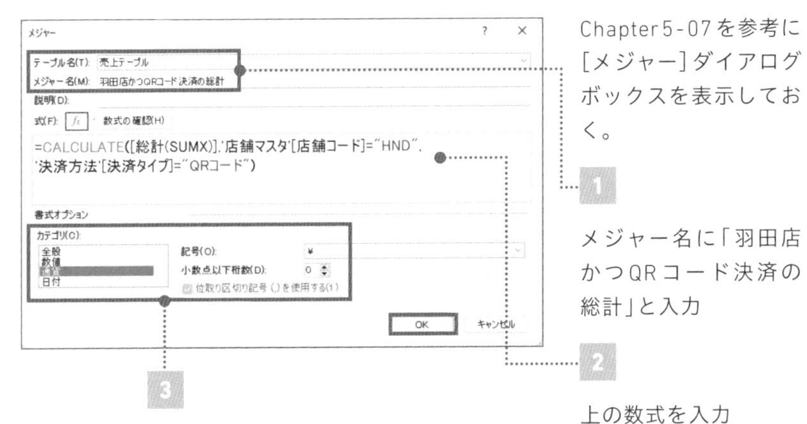

Chapter5-07を参考に［メジャー］ダイアログボックスを表示しておく。

1 メジャー名に「羽田店かつQRコード決済の総計」と入力

2 上の数式を入力

3 180ページを参考に書式を設定して［OK］ボタンをクリック

さらに「かつ条件」を追加したい場合は、「"QRコード"」のうしろに「,」を打って、条件を記述しましょう。

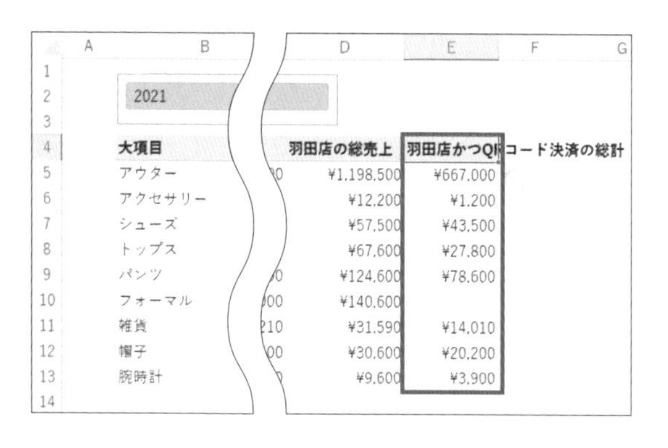

大項目	羽田店の総売上	羽田店かつQRコード決済の総計
アウター	¥1,198,500	¥667,000
アクセサリー	¥12,200	¥1,200
シューズ	¥57,500	¥43,500
トップス	¥67,600	¥27,800
パンツ	¥124,600	¥78,600
フォーマル	¥140,600	
雑貨	¥31,590	¥14,010
帽子	¥30,600	¥20,200
腕時計	¥9,600	¥3,900

羽田店かつQRコード決済の総売上が求められた。

CHECK!

条件に該当しない月は空白のデータになっています。

羽田店または成田店の総計を求める

=CALCULATE([総計(SUMX)],
'店舗マスタ'[店舗コード]="HND"||
'店舗マスタ'[店舗コード]="NRT")

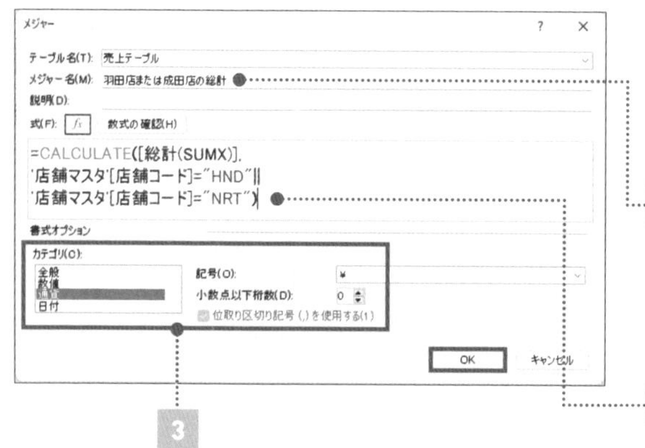

Chapter5-07を参考に[メジャー]ダイアログボックスを表示しておく。

1

メジャー名に「羽田店または成田店の総計」と入力

2

上の数式を入力

3

180ページを参考に書式を設定して[OK]ボタンをクリック

CHECK!

「"HND"」の後に「||」を入力しています。「||」は「または」を意味します。

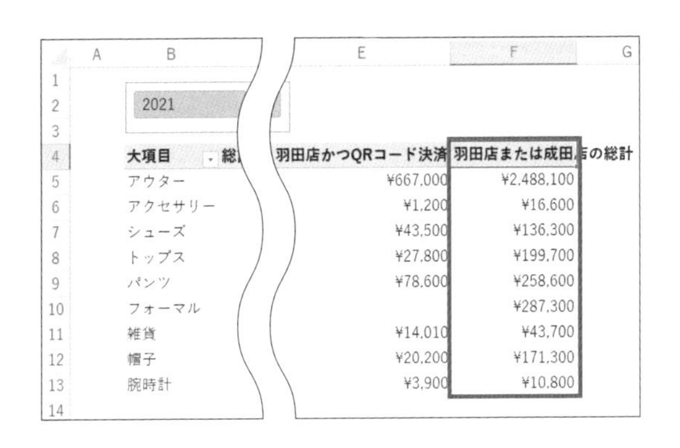

大項目	羽田店かつQRコード決済	羽田店または成田店の総計
アウター	¥667,000	¥2,488,100
アクセサリー	¥1,200	¥16,600
シューズ	¥43,500	¥136,300
トップス	¥27,800	¥199,700
パンツ	¥78,600	¥258,600
フォーマル		¥287,300
雑貨	¥14,010	¥43,700
帽子	¥20,200	¥171,300
腕時計	¥3,900	¥10,800

羽田店または成田店の総計を求められた。

OR関数を組み込まずに、求められました！次のレッスンでもCALCULATE関数を組み合わせた便利技を紹介します。

理解を深めるHINT

条件付きで平均値や数を数えるには

ExcelにはSUMIFS関数以外にも、AVERAGEIFSやCOUNTIFSといった「特定の条件で絞り込み、該当するデータだけを計算する」ための関数が複数あります。CALCULATE関数はそれらすべてをカバーする、つまり一人何役もできるので、覚えるべき内容がグッと減ります。
キーとなるのは、第1引数の[Expression]に何を入れるのかということ。今回は総計を求めるためのSUMX関数、つまり合計を算出するメジャーを例に取り上げましたが、この部分を適宜ニーズに応じて変更しましょう。AVELAGEX関数を指定すると、条件に合ったデータの平均値が求められます。COUNTX関数を入れると、条件に合ったデータの数を数えます。

12

FILE：Chap5-12.xlsx

ALL/
CALCULATE

ALL関数を使って総額を求めて各月の構成比を把握する

総額がわかれば構成比を計算できる

2021 | 2022 | 2023

月の番号	総計(SUMX)	総額(ALL関数)	構成比
1	¥1,306,570	¥19,991,210	6.5%
2	¥2,013,020	¥19,991,210	10.1%
3	¥1,491,000	¥19,991,210	7.5%
4	¥1,881,630	¥19,991,210	9.4%
5	¥2,390,820	¥19,991,210	12.0%
6	¥1,738,090	¥19,991,210	8.7%
7	¥1,652,810	¥19,991,210	8.3%
8	¥2,288,560	¥19,991,210	11.4%
9	¥1,442,220	¥19,991,210	7.2%
10	¥1,202,310	¥19,991,210	6.0%
11	¥1,236,970	¥19,991,210	6.2%
12	¥1,347,210	¥19,991,210	6.7%

CALCULATE関数とALL関数を組み合わせて、総額を求める

RELATED関数を使って構成比を求める

各月の構成比を求めて、データの全体像を把握する

前のレッスンの目的は、情報を絞り込んで計算することでした。ここで紹介するALL関数は真逆です。つまり、データにかかるフィルターをすべて取り払うことに意義があります。「そんな関数に意味があるの？」と考えがちですが、使うシーンは意外にあります。

最もイメージしやすい事例は、月別売上の全体構成比を算出することです。1月の総計は、1月というフィルターがかかって合計されています。それを取り払ってすべての総計が算出できるのがALL関数です。CALCULATE関数と組み合わせて使っていきます。

POINT :

1. ALL関数は指定したテーブルのフィルターを除去できる
2. 総額の計算はCALCULATE関数とALL関数を組み合わせる
3. 各月の売り上げを総額で割って、構成比を求める

MOVIE :

https://dekiru.net/ytpp512

ALL関数を理解する

テーブルのすべての行、または列のすべての値を返す

ALL（Table Column）（オール）

❶ Table＝フィルターをクリアするテーブル
❷ Column＝フィルターをクリアする列

〈 数式の入力例 〉

＝ALL（'予定表'[月の番号]）

❶ Table　❷ Column

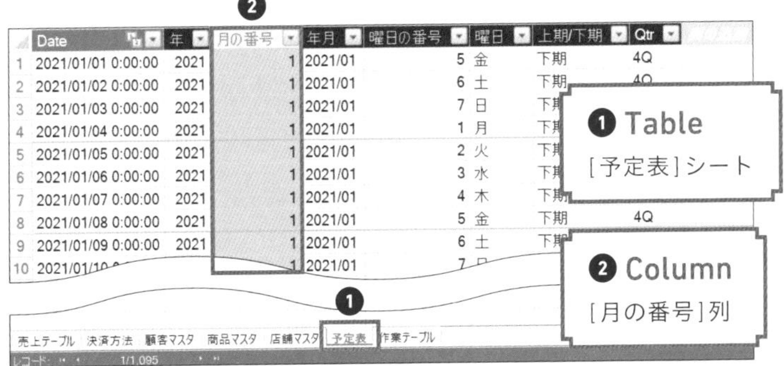

	Date	年	月の番号	年月	曜日の番号	曜日	上期/下期	Qtr
1	2021/01/01 0:00:00	2021	1	2021/01	5	金	下期	4Q
2	2021/01/02 0:00:00	2021	1	2021/01	6	土	下期	4Q
3	2021/01/03 0:00:00	2021	1	2021/01	7	日		
4	2021/01/04 0:00:00	2021	1	2021/01	1	月		
5	2021/01/05 0:00:00	2021	1	2021/01	2	火		
6	2021/01/06 0:00:00	2021	1	2021/01	3	水		
7	2021/01/07 0:00:00	2021	1	2021/01	4	木		
8	2021/01/08 0:00:00	2021	1	2021/01	5	金	下期	4Q
9	2021/01/09 0:00:00	2021	1	2021/01	6	土		
10			1	2021/01	7			

売上テーブル　決済方法　顧客マスタ　商品マスタ　店舗マスタ　予定表　作業テーブル

レコード: 1/1,095

❶ Table ［予定表］シート

❷ Column ［月の番号］列

ALL関数の第1引数には、フィルタリングの影響を受けたくない列を指定します。

3年間の総額を求める

=CALCULATE([総計(SUMX)], ALL('予定表'[月の番号]))

[PowerPivot]シートを表示して、Chapter5-07を参考に[メジャー]ダイアログボックスを表示しておく。

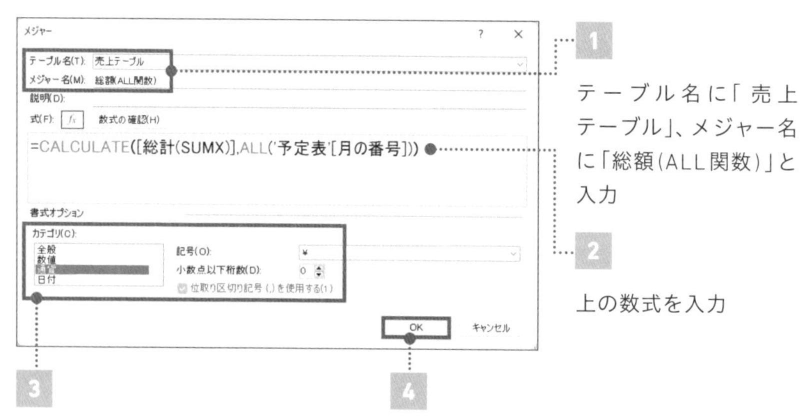

1 テーブル名に「売上テーブル」、メジャー名に「総額(ALL関数)」と入力

2 上の数式を入力

3 カテゴリは[通貨]、記号は[¥]、小数点以下の桁数は[0]と指定

4 [OK]ボタンをクリック

第2引数で指定した「ALL('予定表'[月の番号])」は、月の番号のすべてのフィルターを外すという意味になります。

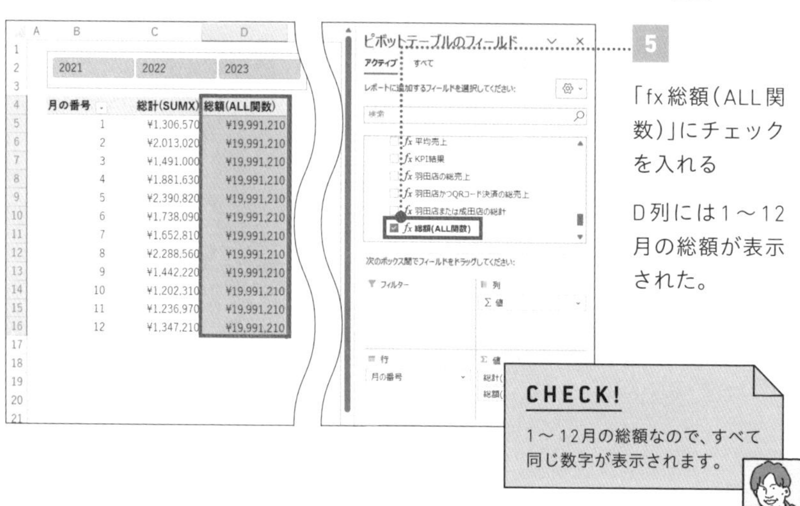

月の番号	総計(SUMX)	総額(ALL関数)
1	¥1,306,570	¥19,991,210
2	¥2,013,020	¥19,991,210
3	¥1,491,000	¥19,991,210
4	¥1,881,630	¥19,991,210
5	¥2,390,820	¥19,991,210
6	¥1,738,090	¥19,991,210
7	¥1,652,810	¥19,991,210
8	¥2,288,560	¥19,991,210
9	¥1,442,220	¥19,991,210
10	¥1,202,310	¥19,991,210
11	¥1,236,970	¥19,991,210
12	¥1,347,210	¥19,991,210

5 「fx総額(ALL関数)」にチェックを入れる

D列には1～12月の総額が表示された。

CHECK!

1～12月の総額なので、すべて同じ数字が表示されます。

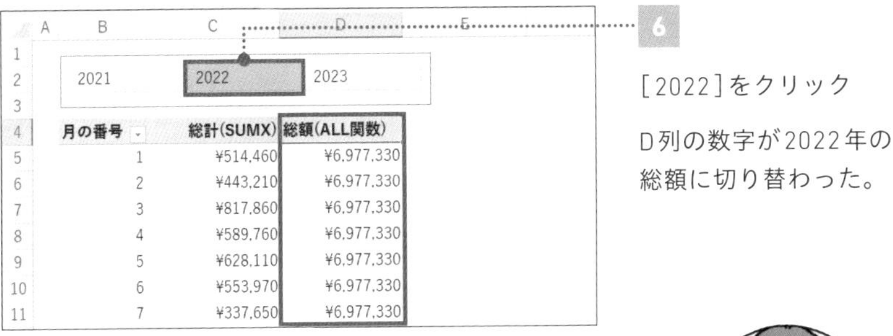

	A	B	C	D	E
1					
2		2021	2022	2023	
3					
4		月の番号	総計(SUMX)	総額(ALL関数)	
5		1	¥514,460	¥6,977,330	
6		2	¥443,210	¥6,977,330	
7		3	¥817,860	¥6,977,330	
8		4	¥589,760	¥6,977,330	
9		5	¥628,110	¥6,977,330	
10		6	¥553,970	¥6,977,330	
11		7	¥337,650	¥6,977,330	

6

［2022］をクリック

D列の数字が2022年の総額に切り替わった。

3年間の総額ではなく、各月の3年間の総額を表示したいときはどうしたらいいでしょうか？ ALL関数を使って［月の番号］ではなく［年］を指定します。

各月の3年間の総額を求める

=CALCULATE([総計(SUMX)],ALL('予定表'[年]))

［メジャー］ダイアログボックスを表示しておく。

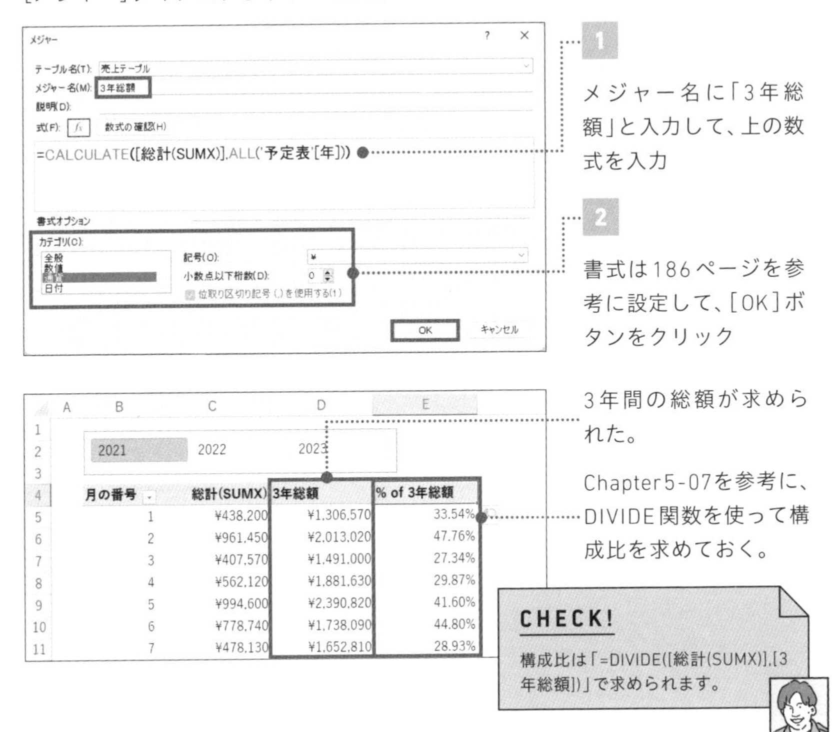

1

メジャー名に「3年総額」と入力して、上の数式を入力

2

書式は186ページを参考に設定して、［OK］ボタンをクリック

	A	B	C	D	E
1					
2		2021	2022	2023	
3					
4		月の番号	総計(SUMX)	3年総額	% of 3年総額
5		1	¥438,200	¥1,306,570	33.54%
6		2	¥961,450	¥2,013,020	47.76%
7		3	¥407,570	¥1,491,000	27.34%
8		4	¥562,120	¥1,881,630	29.87%
9		5	¥994,600	¥2,390,820	41.60%
10		6	¥778,740	¥1,738,090	44.80%
11		7	¥478,130	¥1,652,810	28.93%

3年間の総額が求められた。

Chapter5-07を参考に、DIVIDE関数を使って構成比を求めておく。

CHECK!

構成比は「=DIVIDE([総計(SUMX)],[3年総額])」で求められます。

13

DATEADD/
CALCULATE

FILE：Chap5-13.xlsx

DATEADD関数で前月の売り上げを求めて前月比を計算する

前月売上を抽出して前月比を求めよう

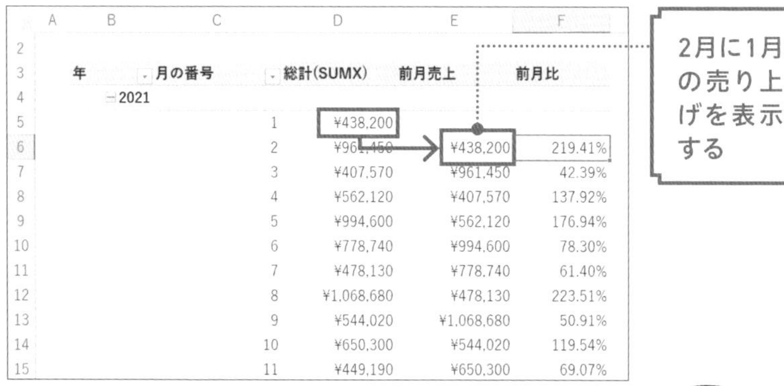

	A	B	C	D	E	F
2						
3		年	月の番号	総計(SUMX)	前月売上	前月比
4		2021				
5			1	¥438,200		
6			2	¥961,450	¥438,200	219.41%
7			3	¥407,570	¥961,450	42.39%
8			4	¥562,120	¥407,570	137.92%
9			5	¥994,600	¥562,120	176.94%
10			6	¥778,740	¥994,600	78.30%
11			7	¥478,130	¥778,740	61.40%
12			8	¥1,068,680	¥478,130	223.51%
13			9	¥544,020	¥1,068,680	50.91%
14			10	¥650,300	¥544,020	119.54%
15			11	¥449,190	¥650,300	69.07%

2月に1月の売り上げを表示する

DATEADD関数は、Chapter4で紹介したインテリジェンス関数の1つです。前月売上を抽出することで、前月比を求められます。

▶ 前月・1四半期・1年前の売り上げも抽出できる！

パワーピボットを使う大きなメリットの1つに、日時データの扱いが楽になることが挙げられます。今回は最もシンプルな「前月の売り上げを出力し、売上比（%）を算出する」タスクを例に、代表的なDATEADD関数を使いこなします。

従来のExcelにおける悩みのタネである「関数を組み合わせて複雑な数式をつくる」「月が変わったら手作業でデータを更新」などの面倒なタスクを抱えている方は、ぜひ自身の実務を頭に浮かべながら読み進めてください。

POINT：

1 日付を比較したいときは DATEADD関数が便利！

2 前月売上を求めるときは CALCULATE関数と組み合わせる

3 前年売上を求めるときは SAMEPERIODLASTYEAR関数

MOVIE：

https://dekiru.net/ytpp513

DATEADDについて理解する

指定した時間間隔を加算した日付データを返す

DATEADD（デートアド）（Date,NumberOfIntervals,Interval）

❶ Date=日付を含む列

❷ NumberOfIntervals=日付に対して加算または減算する間隔の数

❸ Interval=日付をシフトする間隔。 year、quarter、month、dayのいずれかを指定できる

〈 数式の入力例 〉

= DATEADD('予定表'[Date],-1,Month)

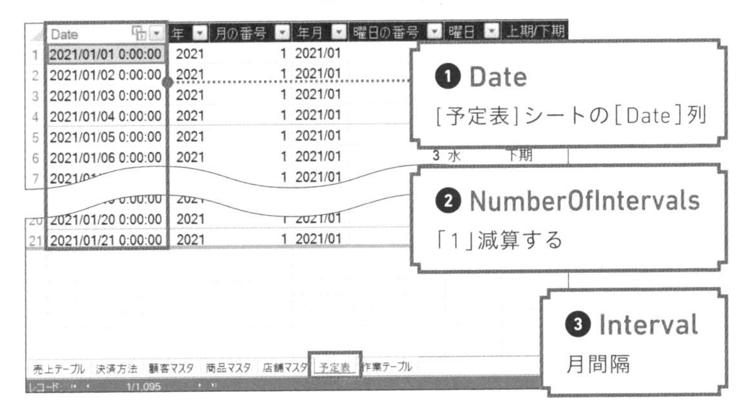

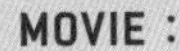

前月売上を求める

=CALCULATE([総計(SUMX)], DATEADD('予定表'[Date],-1,Month))

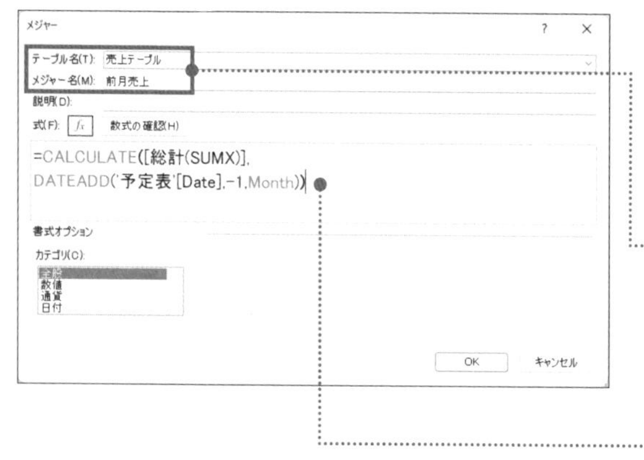

［PowerPivot］シートを表示して、Chapter5-07を参考に［メジャー］ダイアログボックスを表示しておく。

1 テーブル名に「売上テーブル」、メジャー名に「前月売上」と入力

2 上の数式を入力

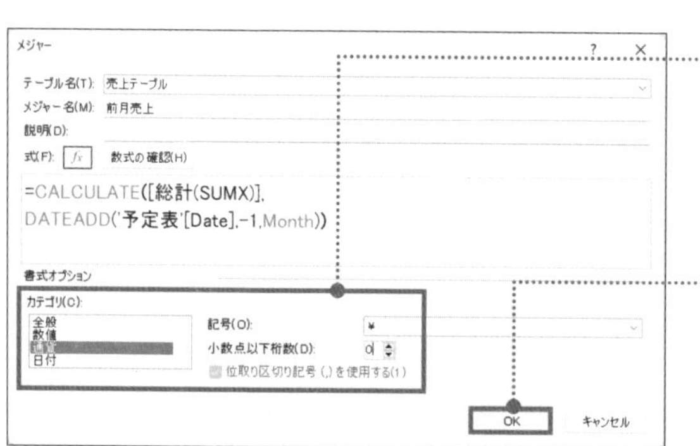

3 カテゴリは［通貨］、記号は［¥］、小数点以下の桁数は［0］と指定

4 ［OK］ボタンをクリック

年	月の番号	総計(SUMX)	前月売上
2021			
	1	¥438,200	
	2	¥961,450	¥438,200
	3	¥407,570	¥961,450
	4	¥562,120	¥407,570
	5	¥994,600	¥562,120
	6	¥778,740	¥994,600
	7	¥478,130	¥778,740
	8	¥1,068,680	¥478,130
	9	¥544,020	¥1,068,680
	10	¥650,300	¥544,020
	11	¥449,190	¥650,300
	12	¥677,950	¥449,190

E列に前月売上が表示された。

CHECK!

前月売上を求められたら、F列に前月比を集計していきましょう。前月比は「前月売上÷総計」で求められるのでDIVIDE関数を使います。

前月比を求める

=DIVIDE([総計(SUMX)],[前月売上])

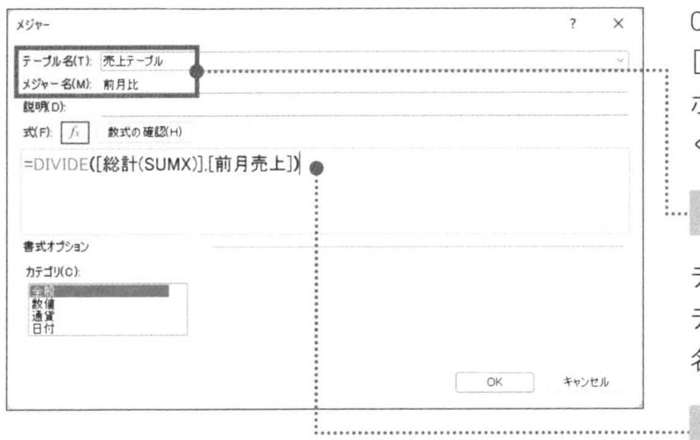

Chapter5-07を参考に[メジャー]ダイアログボックスを表示しておく。

1

テーブル名に「売上テーブル」、メジャー名に「前月比」と入力

2

上の数式を入力

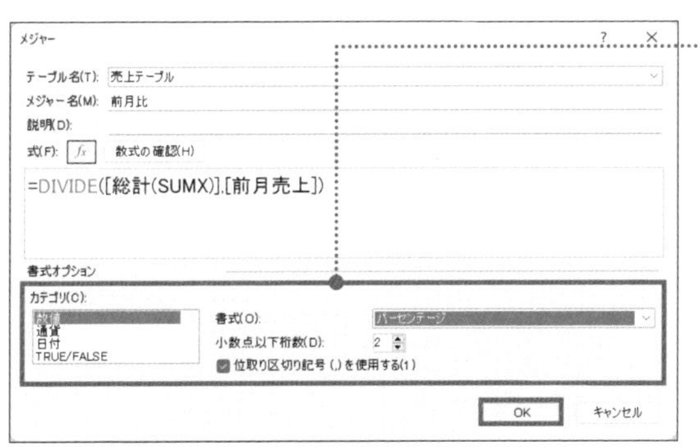

3

カテゴリは[数値]、書式は[パーセンテージ]を選択

4

[OK]ボタンをクリック

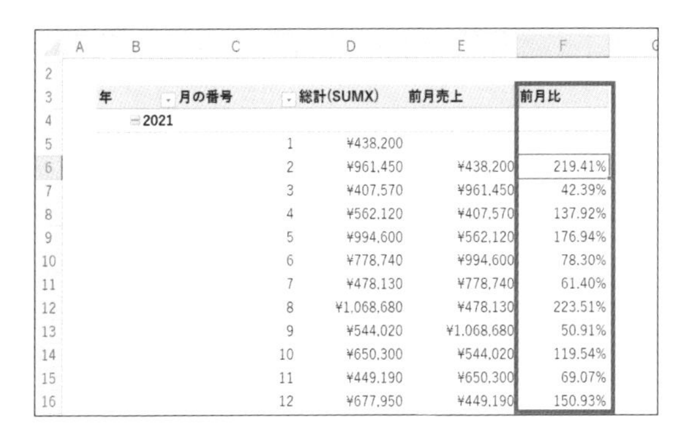

	A	B	C	D	E	F
2						
3		年	月の番号	総計(SUMX)	前月売上	前月比
4		2021				
5			1	¥438,200		
6			2	¥961,450	¥438,200	219.41%
7			3	¥407,570	¥961,450	42.39%
8			4	¥562,120	¥407,570	137.92%
9			5	¥994,600	¥562,120	176.94%
10			6	¥778,740	¥994,600	78.30%
11			7	¥478,130	¥778,740	61.40%
12			8	¥1,068,680	¥478,130	223.51%
13			9	¥544,020	¥1,068,680	50.91%
14			10	¥650,300	¥544,020	119.54%
15			11	¥449,190	¥650,300	69.07%
16			12	¥677,950	¥449,190	150.93%

F列に前月比が表示された。

CHECK!

+－の差分で構成比を表現したいときは、「=DIVIDE([総計(SUMX)]－[前月売上],[前月売上])」と入力してみてください。

理解を深めるHINT

1四半期や1年前の売り上げを表示させるには

ここまで前月売上を求めてきましたが、1四半期前や1年前のデータを持ってくることも簡単です。第3引数に、四半期の場合は「Quarter」、1年前の場合は「Year」を指定しましょう。

1四半期前の売り上げ

DATEADD('予定表'[Date],-1,Quarter)

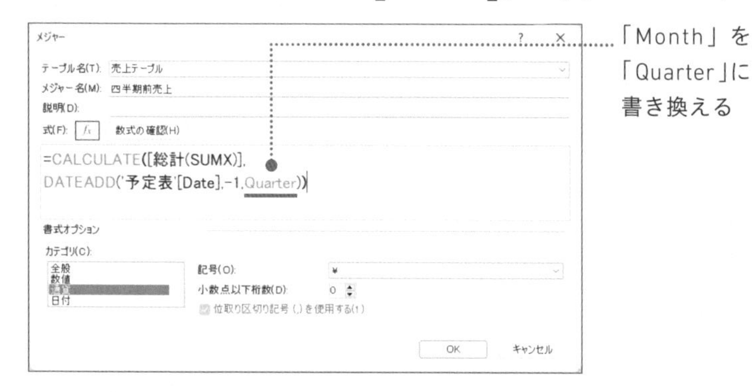

1年前の売り上げ

DATEADD('予定表'[Date],-1,Year)

また2か月前の売り上げを指定したい場合は、第2引数に「2」を指定しましょう。

2か月前の売り上げ

DATEADD('予定表'[Date],-2,Month)

1年前のデータを求めるときは、もっとシンプルな関数で求められます。次のページで紹介しましょう！

理解を深めるHINT

1年前の売り上げを表示するSAMEPERIODLASTYEAR関数

DATEADD関数は○か月前や□年前など、時系列を柔軟に指定できることも特徴の1つですが、そのため関数を複雑に感じた方もいるでしょう。「1か月前や1年前など、シンプルな比較さえできればいいんだ！」という方には、SAMEPERIODLASTYEAR関数がよりおすすめです。

指定した列の日付から1年前の日付列を返す

SAMEPERIODLASTYEAR（セイムピリオドラストイヤー）(Dates)

Dates＝日付を含む列

1年前のデータを求める

**=CALCULATE([総計(SUMX)],
SAMEPERIODLASTYEAR('予定表'[Date]))**

[メジャー]ダイアログボックスを表示しておく。

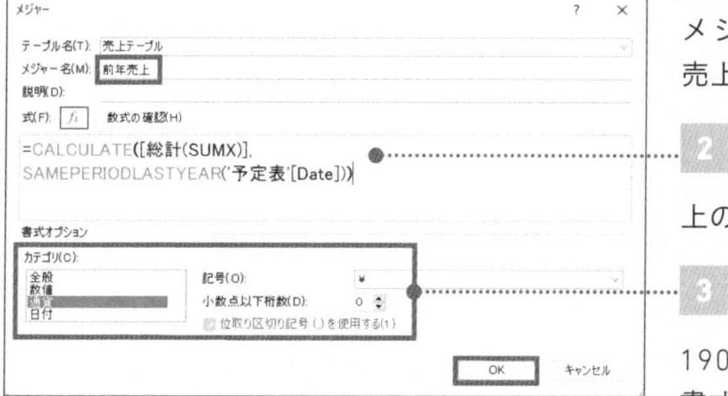

1 メジャー名に「前年売上」と入力

2 上の数式を入力

3 190ページを参考に書式を設定して[OK]ボタンをクリック

年	月の番号	総計(SUMX)	前年売上
2021			
	1	¥438,200	
	2	¥961,450	
	3	¥407,570	
	4	¥562,120	
	5	¥994,600	
	6	¥778,740	
	7	¥478,130	
	8	¥1,068,680	
	9	¥544,020	
	10	¥650,300	
	11	¥449,190	
	12	¥677,950	
2022			
	1	¥514,460	¥438,200
	2	¥443,210	¥961,450
	3	¥817,860	¥407,570
	4	¥589,760	¥562,120
	5	¥628,110	¥994,600

ピボットテーブルのフィールド
アクティブ すべて
fx 前年売上

4 [fx前年売上]にチェックを入れる

2021年1月の売り上げが表示されている。

COLUMN

AI時代の「やりたいことを調べる技術」

ここまで学びきったみなさん、本当にお疲れ様です！ 慣れない知識を学ぶのは心身共にタフなことだと思いますが、ぜひ実務へ生かすイメージを働かせながら、引き続き読み進めていただけるとうれしいです。

改めて本書の目的は、難解なイメージのあるパワーピボットを初学者向けにかみ砕いて説明することです。つまり入門書という位置づけなので、よりステップアップした使いこなし術を学びたい場合は自ら情報を入手する必要があるでしょう。このようなときに大切なのが、「やりたいことを調べる技術」です。

現代を生きる私たちは、Googleなどの検索ツールを使って瞬時に物事を調べられます。誰もが簡単に同じ情報にアクセスできる状況で、検索スキルを磨くことは非常に重要です。そしていま、検索スキルをより強化するために身につけておくべきなのが「生成AIを使いこなす技術」です。

生成AIにはいろいろなものがありますが、検索スキルという観点で使いこなせるようになっておきたいAIを紹介します。まずはChatGPT。知りたいことを質問すればレベルに合わせて答えてくれるAIの代表格です。しかしChatGPTなどが生成する回答は、必ずしも正しいとは限りません。自分でファクトチェックをする前提であれば、生成した回答の情報ソースを併記してくれるBing AIやPerplexity AIといったサービスを利用するのもよいでしょう。

これらのAIはパワーピボットのスキルを磨きたい場合にも利用できます。たとえばやりたいことを入力して、そのためのDAX式を回答してもらうといったことも可能です。ここではAIの使いこなし方は解説できませんが、上に述べたようなことが今後重要になるということは知っておいてください。
余談ですが、ユースフルのYouTubeチャンネルではこれらAIの使い方のコツを紹介しているので興味があればぜひ見てみてください！

CHAPTER 6

ダッシュボードを作成してダイナミックに分析

01

ダッシュボード

ダッシュボードを作成して意思決定を迅速に

▶ データを視覚的に一覧で確認できるシートを作ろう

ダッシュボードとは、データをひと目でわかりやすく表示するための画面やツールのことです。この章では、右ページのようなダッシュボードを作成します。テーブルからピボットグラフを作成するほか、これまでに学んできたDAX関数やスライサーを使って、ダッシュボードを完成させていきましょう。

BEFORE（データモデル）

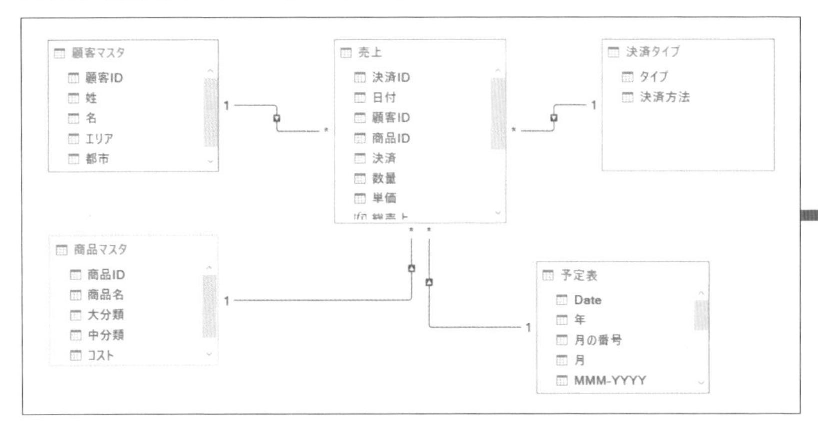

データがリアルタイムで更新されることで、常に最新の情報をもとに意思決定や施策の改善ができます。チームの生産性も上がりますよ！

POINT：

1. ダッシュボードは、グラフや集計表を1つの画面にまとめて表示したもの
2. ダッシュボードで視覚化すると、より情報が伝わりやすくなる
3. ダイナミックで魅力的なレポートが作れる

MOVIE：

https://dekiru.net/ytpp601

AFTER（ダッシュボード）

分類別の構成比（横棒グラフ）
→Chapter6-02/03

エリア別の構成比（円グラフ）
→Chapter6-06/07

トップテンの総売上
→Chapter6-04/05

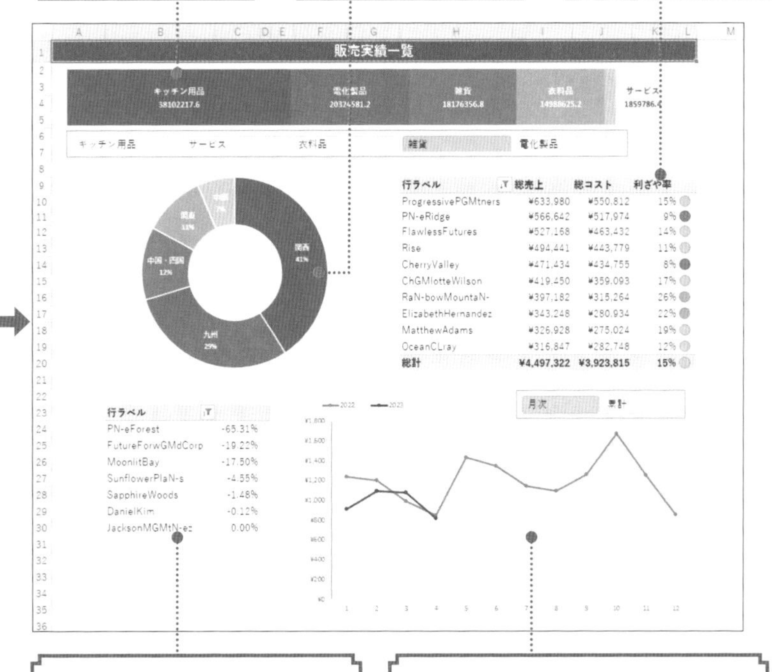

マイナスのデータのみ表示
→Chapter6-08/09

月次・累計売上（折れ線グラフ）
→Chapter6-10/11

02

FILE：Chap6-02.xlsx

グラフの作成

分類別の売り上げがわかる棒グラフを作成する

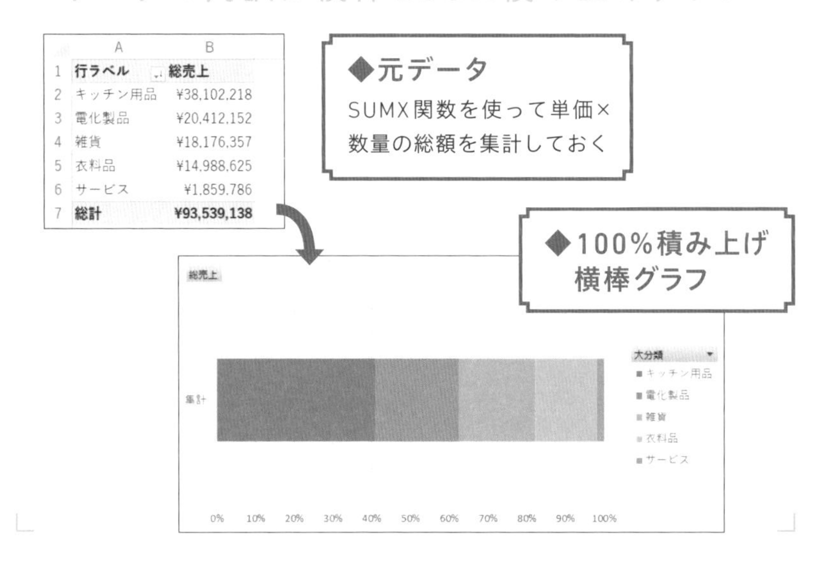

▶ まずはグラフのもととなるテーブルを作成しよう

このレッスンでは、カテゴリー別の売り上げの割合をグラフで見やすく表示してみます。グラフを作成する前に、SUMX関数を使ってカテゴリー別の売上（単価×数量）を計算してみましょう。SUMX関数については、Chapter 5-03で詳しく説明しています。

テーブルを完成させたら、グラフを作成します。データの内訳をわかりやすくするには、「100％積み上げ横棒グラフ」がおすすめです。伝えたいメッセージやデータの特徴に応じて、最適なグラフを選びましょう。

POINT :

1 SUMX関数を使って、
カテゴリー別の総売上を集計する

2 100%積み上げ横棒は、データの
内訳を表現するのに適している

3 グラフの元データは、
降順に並べ替えておく

MOVIE :

https://dekiru.net/ytpp602

ダッシュボード用の新規シートを作成する

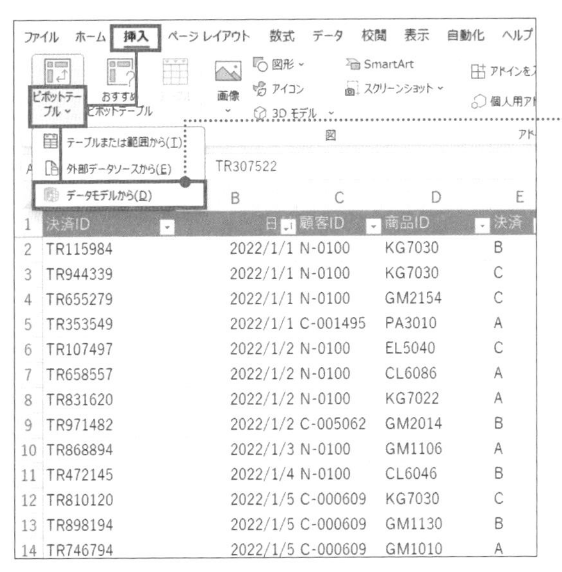

Excelブックを表示しておく。

1

[挿入]タブ→[ピボットテーブル]→[データモデルから]をクリック

2

[新規ワークシート]をクリック

3

[OK]ボタンをクリック

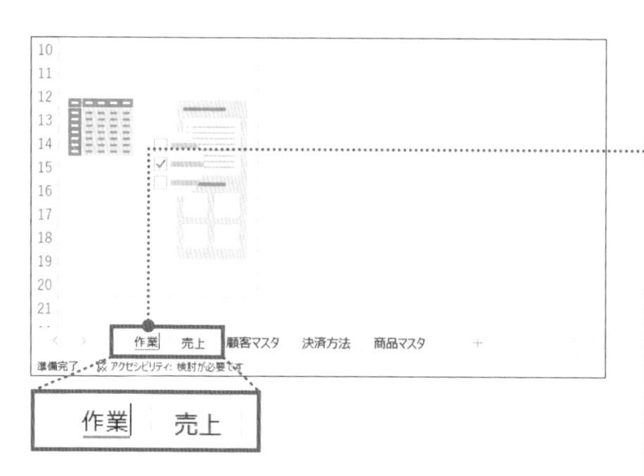

ワークシートが挿入された。

4

ここではシート名を「作業」に変更

CHECK!
[ピボットテーブルのフィールド]が表示されない場合は、[ピボットテーブル分析]タブの[フィールドリスト]をクリックします。

カテゴリー別の総売上を集計する

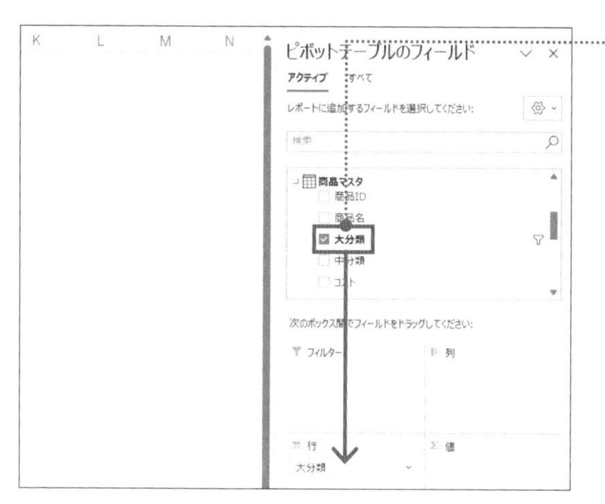

1

[商品マスタ]の[大分類]フィールド を[行]エリアまでドラッグ

CHECK!
[値]エリアには総売上を入れたいので、SUMX関数を使ったDAX式を作成していきます。

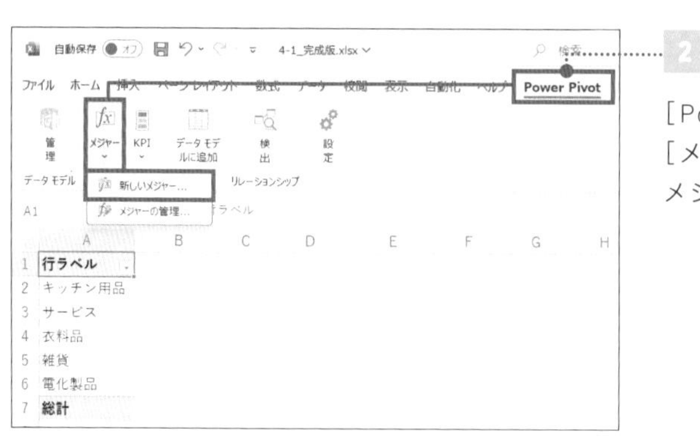

2

[Power Pivot]タブ→[メジャー]→[新しいメジャー]をクリック

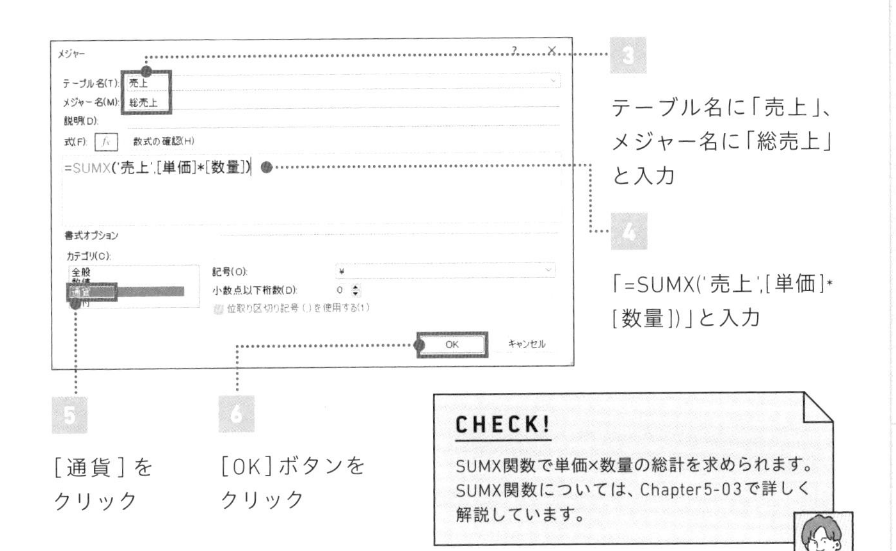

3

テーブル名に「売上」、メジャー名に「総売上」と入力

4

「=SUMX('売上',[単価]*[数量])」と入力

5

[通貨]をクリック

6

[OK]ボタンをクリック

CHECK!

SUMX関数で単価×数量の総計を求められます。SUMX関数については、Chapter5-03で詳しく解説しています。

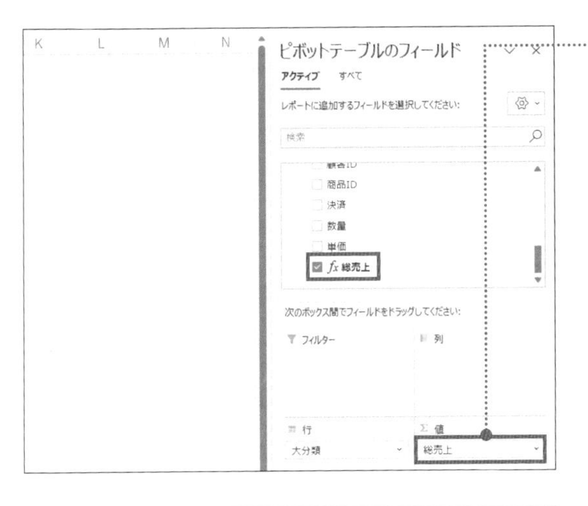

7

[売上]の[fx総売上]が[値]エリアに入っていることを確認

	A	B	C	D	E
1	行ラベル	総売上			
2	キッチン用品	¥38,102,218			
3	サービス	¥1,859,786			
4	衣料品	¥14,988,625			
5	雑貨	¥18,176,357			
6	電化製品	¥20,412,152			
7	**総計**	**¥93,539,138**			
8					

カテゴリー別の総売上が集計された。

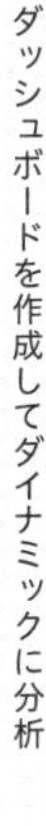

▶ ダッシュボードのグラフを作成する

1 ［ピボットテーブル分析］タブ→［ピボットグラフ］をクリック

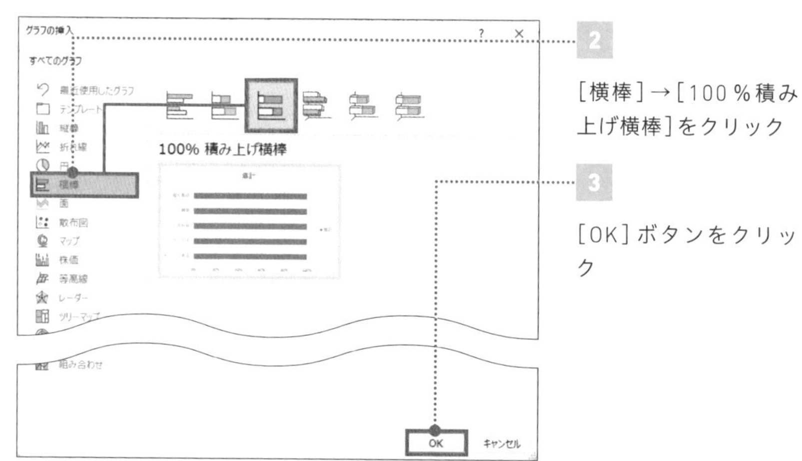

2 ［横棒］→［100％積み上げ横棒］をクリック

3 ［OK］ボタンをクリック

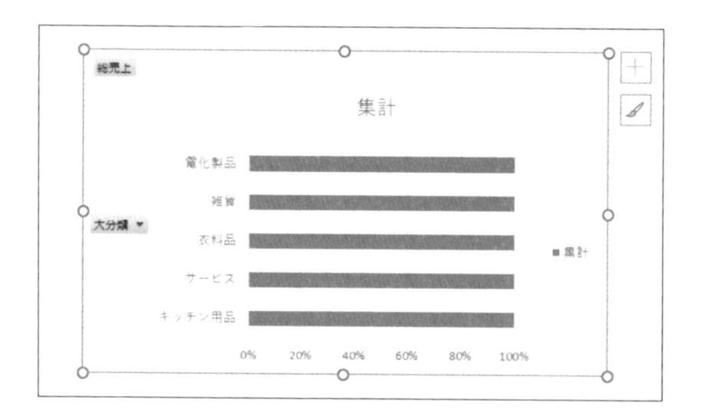

横棒グラフが表示された。

イメージしていたのと異なるグラフが表示されました。［大分類］が［行］エリアに入っていることが原因です。［大分類］を［列］エリアにドラッグしてみましょう。

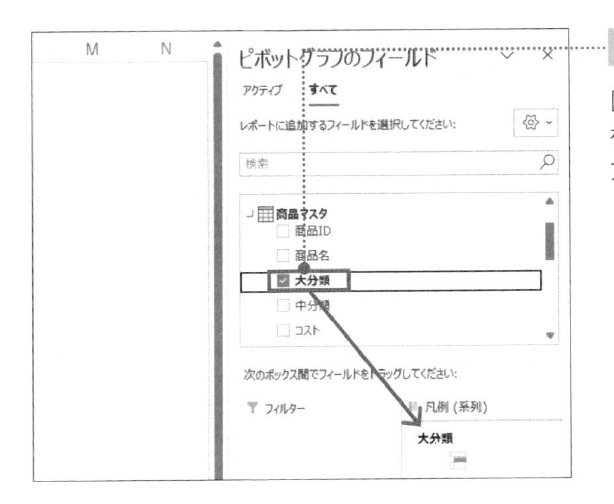

4

[大分類]フィールドを[凡例(系列)]エリアまでドラッグ

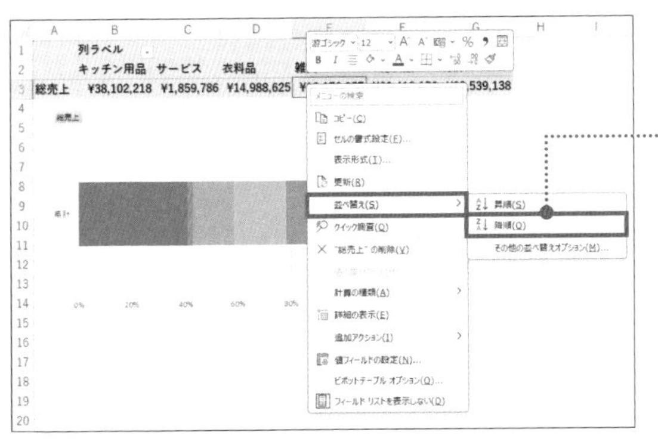

1つの横棒グラフを作成できました。

5

ピボットテーブルの[総売上]を右クリック→[並べ替え]→[降順]を選択

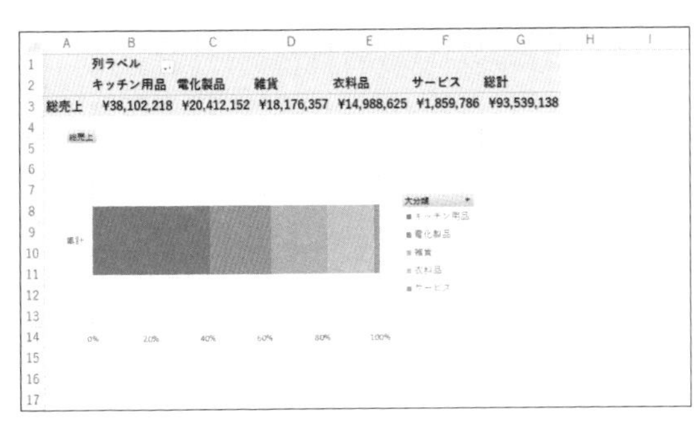

総額が降順に並び替わった。

CHECK!

内訳を表現するグラフは、大きい順(降順)に並べ替えると見やすくなります。

03

グラフの
書式設定

FILE：Chap6-03.xlsx

ダッシュボード仕様にグラフの書式を設定する

効果的なグラフはシンプルが鉄則！

BEFORE

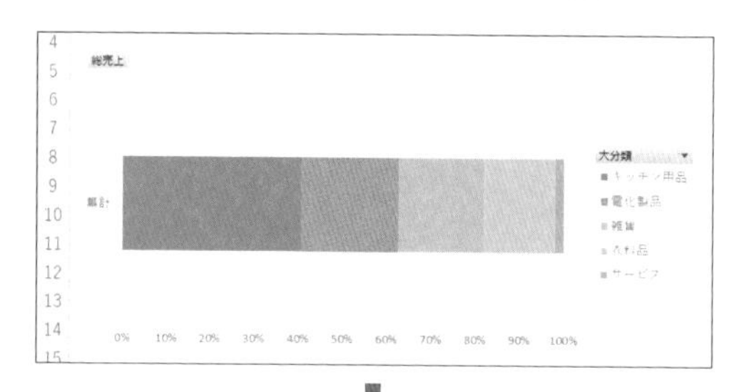

AFTER

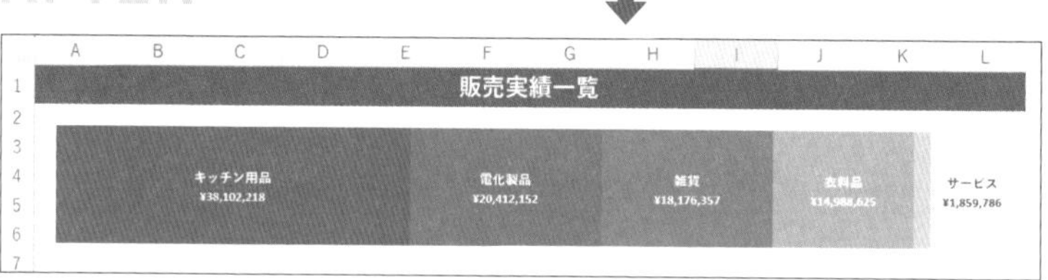

視覚的にシンプルなデザインを心掛ける

前のレッスンでは横棒グラフを作成しましたが、初期設定のままでは、見た目があまり魅力的ではありません。不要な要素を削除することで、より直感的で見やすいグラフが作成できます。また、データラベルの位置や書式を工夫して、データの理解しやすさを高めましょう。加えて、グラフの色も同系色に統一しておくと、スッキリした印象になります。

ダッシュボードは、頻繁に見るシートにもなるので、見た目（デザイン）にも気を配ることが大切です。

POINT：

1 グラフはなるべくシンプルにする

2 グラフの色は同系色でまとめる

3 Ctrl + 1 キーを押すと、書式設定ウィンドウが表示される

MOVIE：

https://dekiru.net/ytpp603

グラフの書式を設定する

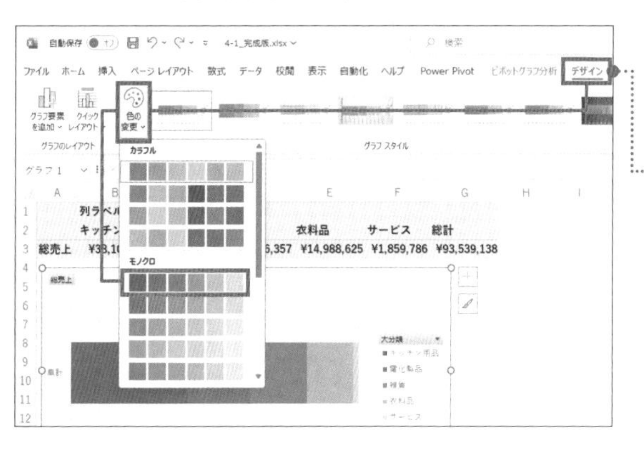

前レッスンで作成したグラフを選択しておく。

1

［デザイン］タブ→［色の変更］→［モノクロ パレット 1］をクリック

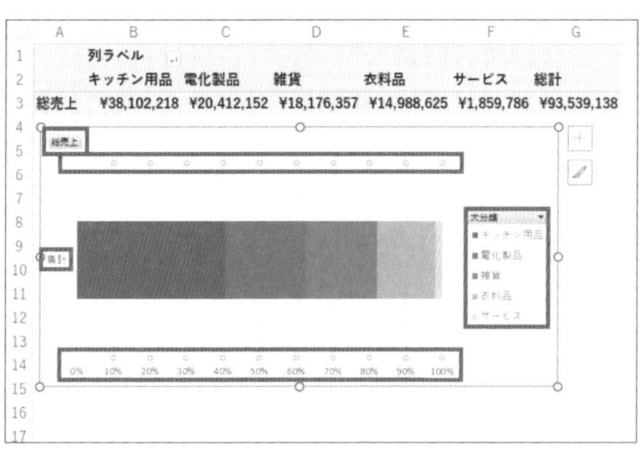

同系色でまとめたデザインに変更された。次に不要な要素を削除していく。

2

縦軸、横軸、目盛り線、凡例をクリックして、Delete キーを押す

カラフルな色でグラフをデザインすると、白黒印刷したときに濃淡がなく境目がわかりにくくなります。［モノクロ］から選ぶことをおすすめします。

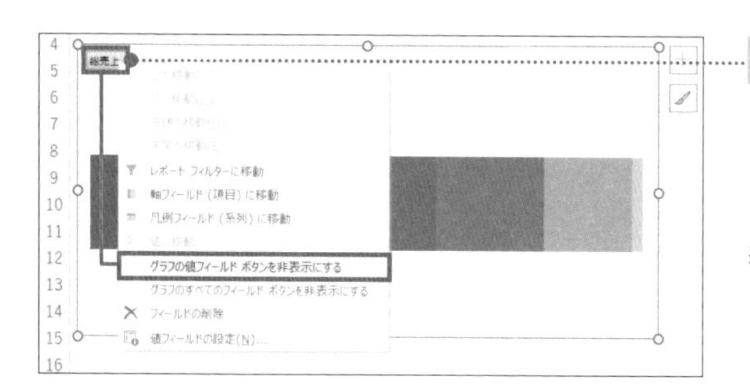

3

[値フィールド]を右クリック→[グラフの値フィールドボタンを非表示にする]を選択

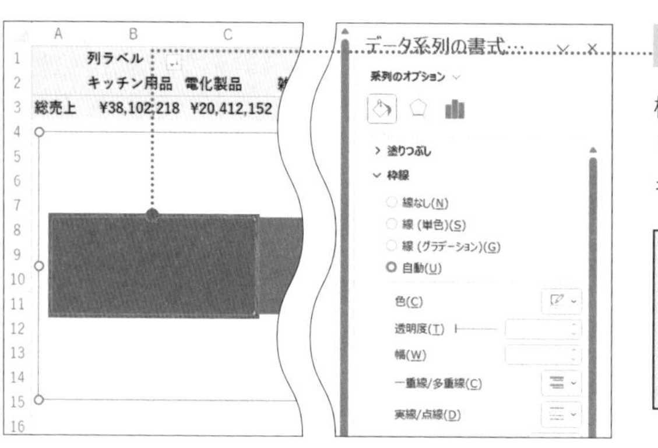

4

棒グラフの系列をクリックして、Ctrl + 1キーを押す

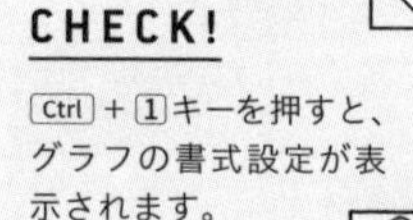

CHECK!

Ctrl + 1キーを押すと、グラフの書式設定が表示されます。

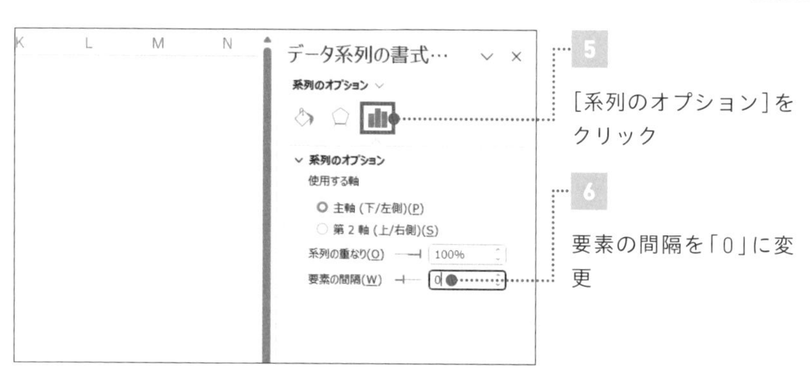

5

[系列のオプション]をクリック

6

要素の間隔を「0」に変更

7

ここをドラッグして高さを調整する

データラベルを表示する

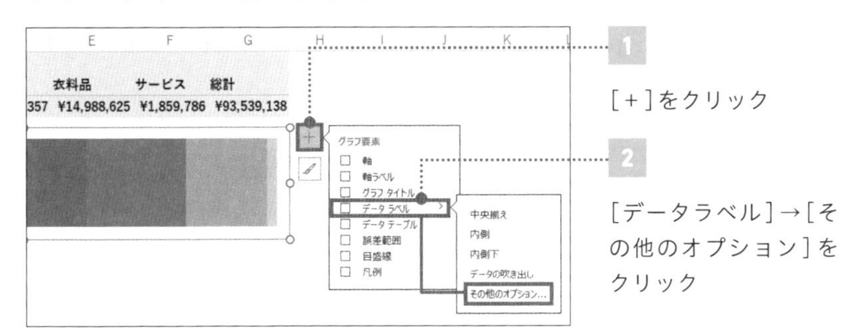

1 [+]をクリック

2 [データラベル]→[その他のオプション]をクリック

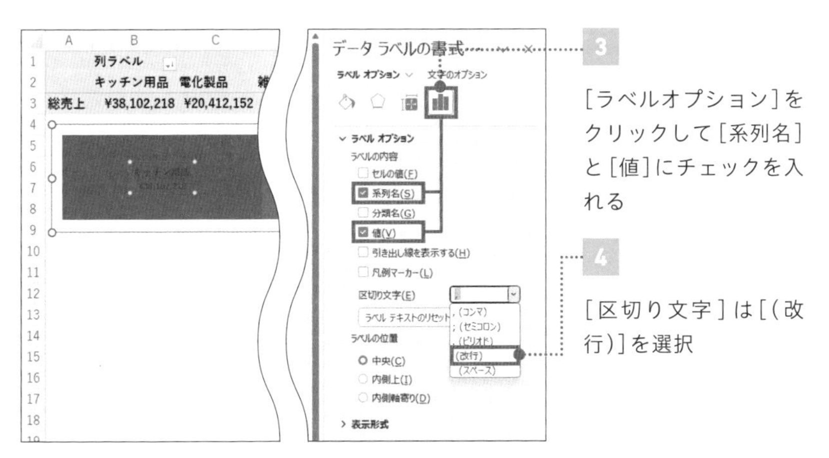

3 [ラベルオプション]をクリックして[系列名]と[値]にチェックを入れる

4 [区切り文字]は[(改行)]を選択

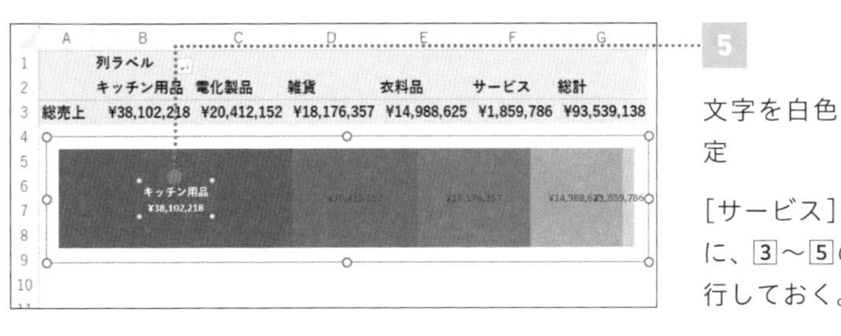

5 文字を白色・太字に設定

[サービス]の系列以外に、3～5の操作を実行しておく。

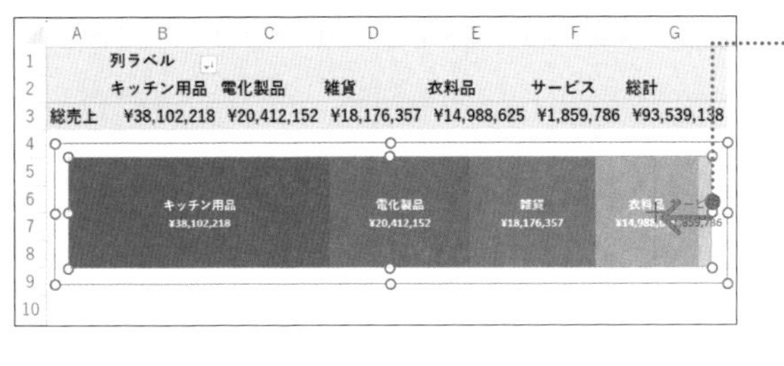

6 プロットエリアを左にドラッグ

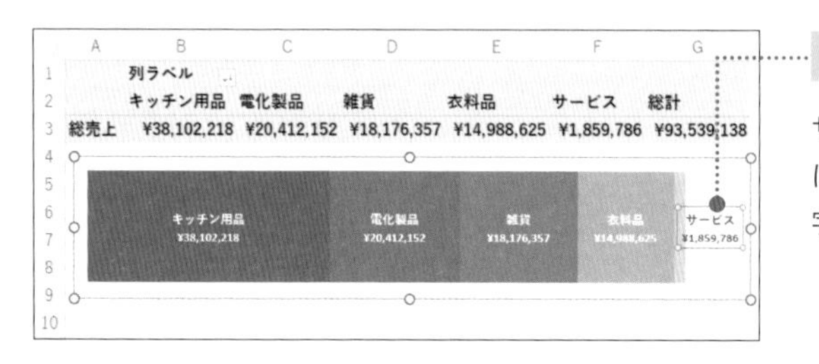

7

サービスのラベルを右に移動して、文字を太字に設定

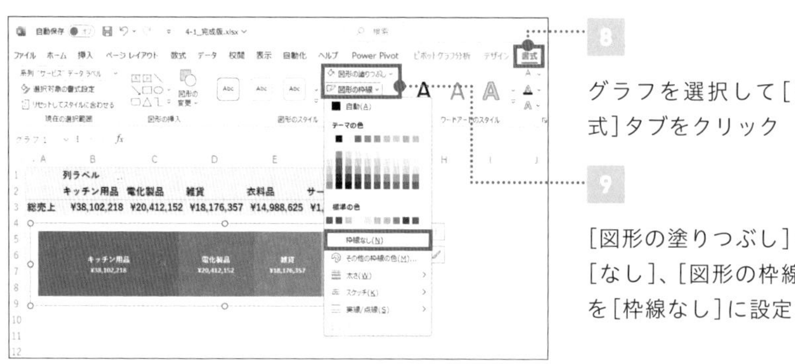

8

グラフを選択して[書式]タブをクリック

9

[図形の塗りつぶし]を[なし]、[図形の枠線]を[枠線なし]に設定

ダッシュボードにグラフを挿入

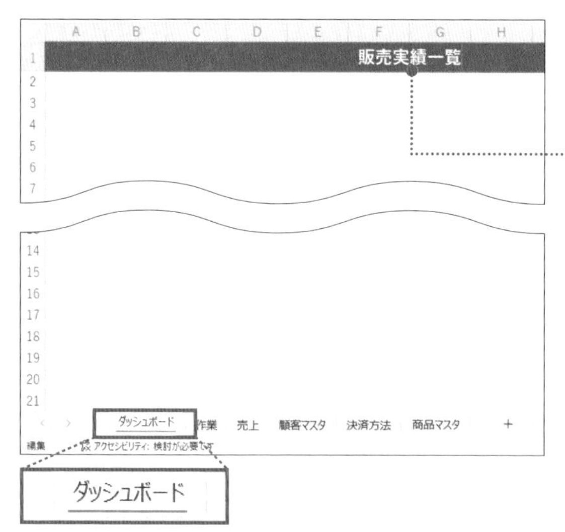

「ダッシュボード」という名前の新規シートを追加しておく。

1

A～L列に「販売実績一覧」と入力

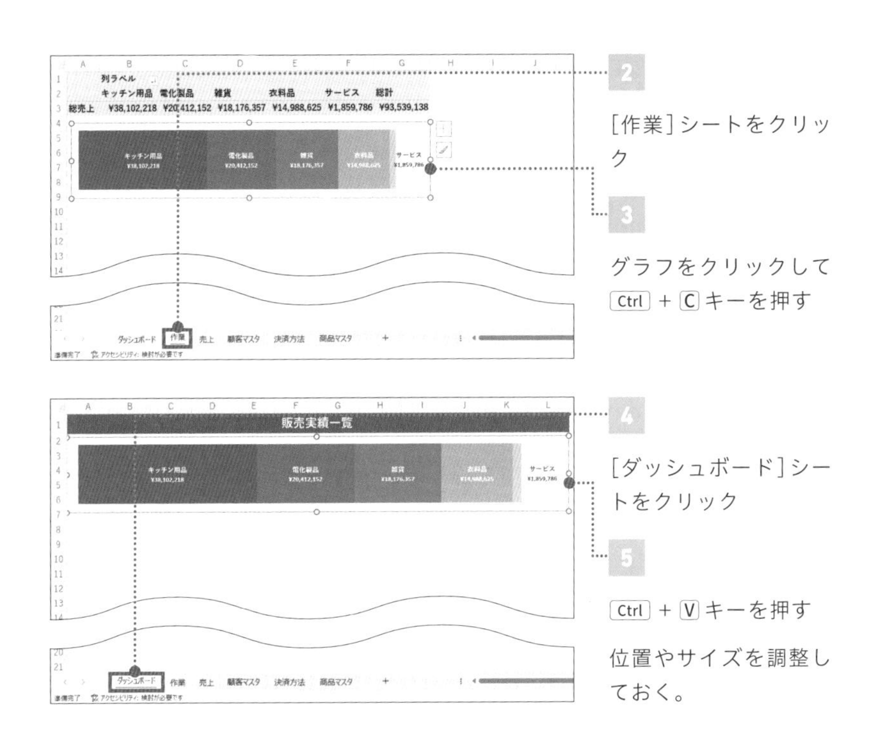

2

［作業］シートをクリック

3

グラフをクリックして Ctrl ＋ C キーを押す

4

［ダッシュボード］シートをクリック

5

Ctrl ＋ V キーを押す

位置やサイズを調整しておく。

理解を深めるHINT

セル幅が変わると、グラフのサイズも変わってしまう

せっかくグラフを整えましたが、初期設定のままだと、セルの幅に合わせてグラフのサイズも変更されてしまいます。回避するためには、グラフエリアを選択して Ctrl ＋ 1 キーを押して、［セルに合わせて移動やサイズ変更をしない］をクリックしておきましょう。

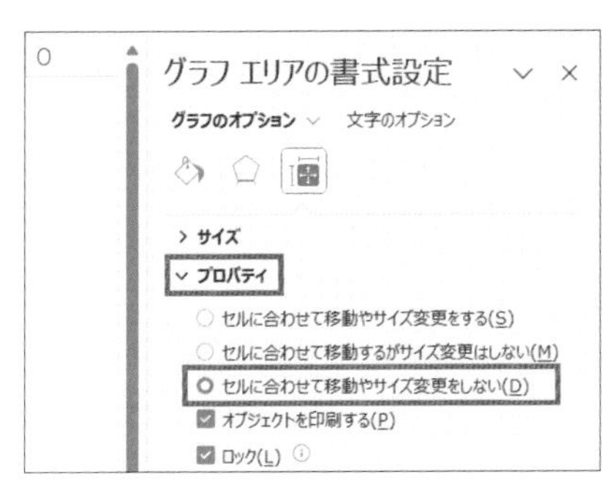

［プロパティ］→［セルに合わせて移動やサイズ変更をしない］をクリック

04

FILE：Chap6-04.xlsx

トップテン

上位10位に絞って注目すべきデータを見せる

総売上の上位10件だけを抽出

	行ラベル	総売上	総コスト	利ざや率
1	UltimateUpheaval	¥29,734,129	¥23,004,000	29%
2	OptimalOperations	¥5,250,900	¥3,712,560	41%
3	TrailblazN-gTechnologies	¥3,122,912	¥2,616,883	19%
4	JKGephKim	¥2,511,784	¥1,966,446	28%
5	N-novativeN-telligences	¥2,480,386	¥1,877,	[illegible]
6	EliteEnterprises	¥2,385,180	¥1,872,	[illegible]
7	UltimateUpgrades	¥1,052,458	¥821,	[illegible]
8	CKGmKG	¥805,069	¥635,	[illegible]
9	OwenAnderson	¥712,678	¥571,982	25%
10	StellGMSolutions	¥646,266	¥518,522	25%
	総計	**¥48,701,761**	**¥37,597,487**	**30%**

トップテン機能を使って、上位10件だけを表示

▶ トップテン機能を使って上位10件を抽出

このレッスンでは、商品別の総売上、総コスト、利ざや率を求めたピボットテーブルを作成します。総売上の上位だけを見たい場合は、全商品のデータをダッシュボードに載せると見づらくなります。

そこで、トップテン機能を使って上位10件だけを表示するテクニックを紹介しましょう。[トップテンフィルター]ダイアログボックスを開いて、基準となるフィールドや表示したい件数を設定するだけです。

POINT :

1 上位だけを表示することで、視覚的にシンプルで見やすくなる

2 トップテン機能を使うと、任意の件数に絞って表示できる

3 トップテンを表示できたら、降順で並べ替える

MOVIE :

https://dekiru.net/ytpp604

商品別の総売上・総コスト・利ざや率を求める

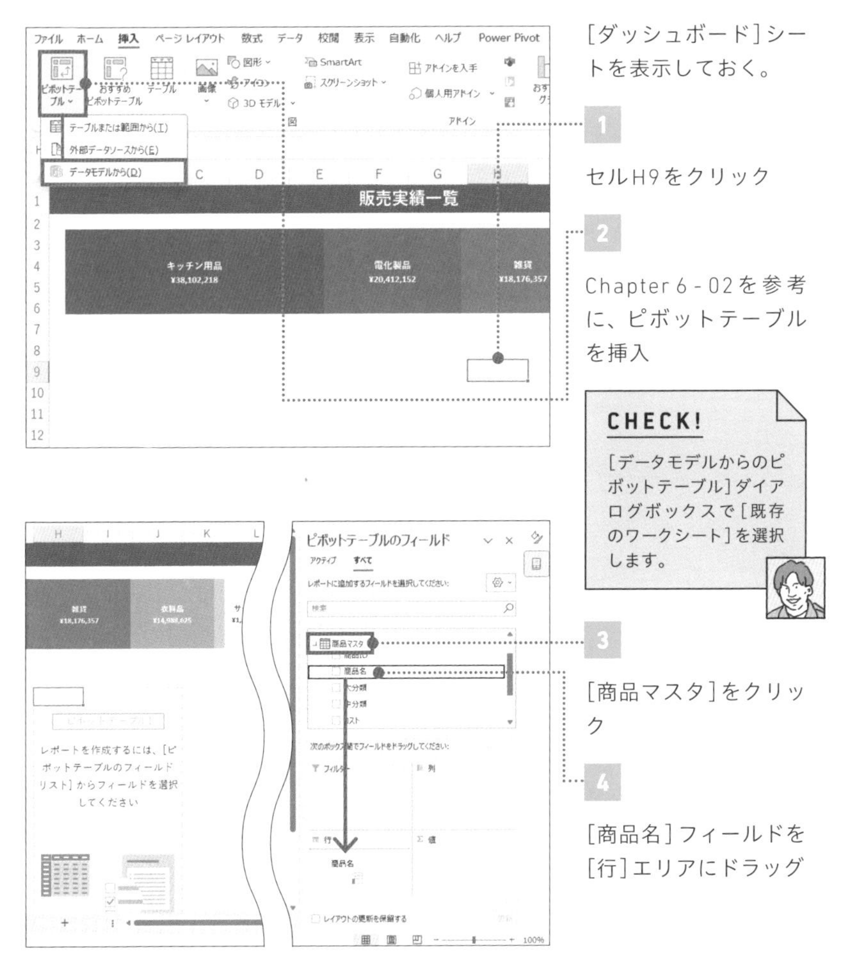

[ダッシュボード]シートを表示しておく。

1 セルH9をクリック

2 Chapter 6 - 02を参考に、ピボットテーブルを挿入

CHECK!
[データモデルからのピボットテーブル]ダイアログボックスで[既存のワークシート]を選択します。

3 [商品マスタ]をクリック

4 [商品名]フィールドを[行]エリアにドラッグ

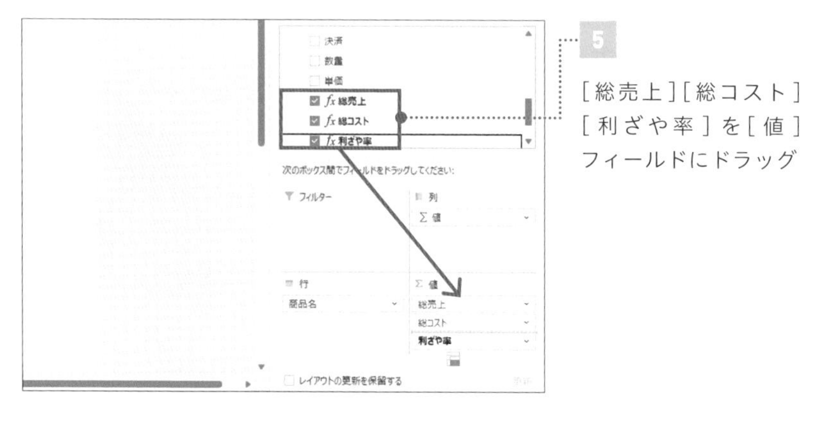

5

[総売上][総コスト][利ざや率]を[値]フィールドにドラッグ

行ラベル	総売上	総コスト	利ざや率
AaliyahRobN-son	¥209,808	¥169,200	24%
AbigailPerez	¥57,259	¥52,675	9%
AdalynnGreen	¥5,320	¥3,799	40%
AdamAdams	¥487,925	¥415,430	17%
AdvancedAchievements	¥287,375	¥238,192	21%
AdvancedAdvantage	¥26,698	¥23,310	15%
AlexanderKim	¥294,638	¥252,288	17%
AlexanderMGMtN-ez	¥125,548	¥107,748	17%
AlexanderReyes	¥158,023	¥144,001	10%
AmeliaChen	¥192,272	¥175,140	10%
AmeliaDavis	¥25,438	¥23,490	8%
AndrewMGMtN-ez	¥203,808	¥184,657	10%

商品別の総売上・総コスト・利ざや率が求められた。

すべての商品が表示されているので、上位10件だけを表示してみましょう。

トップテンだけを表示する

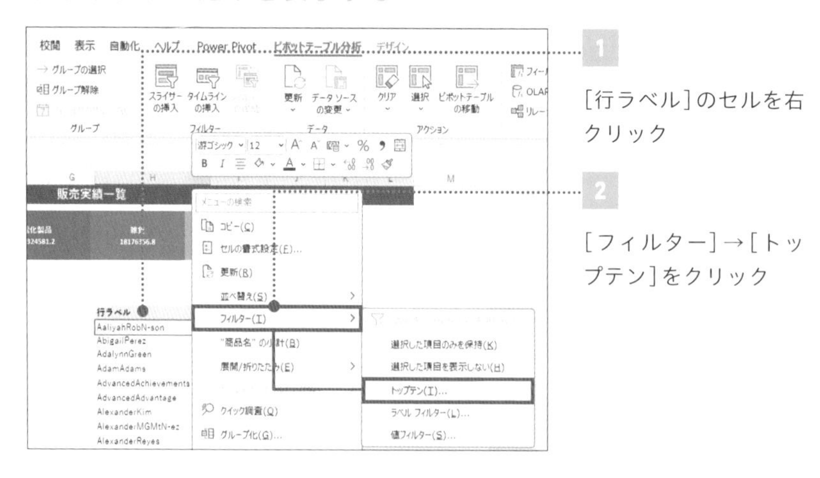

1

[行ラベル]のセルを右クリック

2

[フィルター]→[トップテン]をクリック

3

「総売上の上位10項目」になっていることを確認して[OK]ボタンをクリック

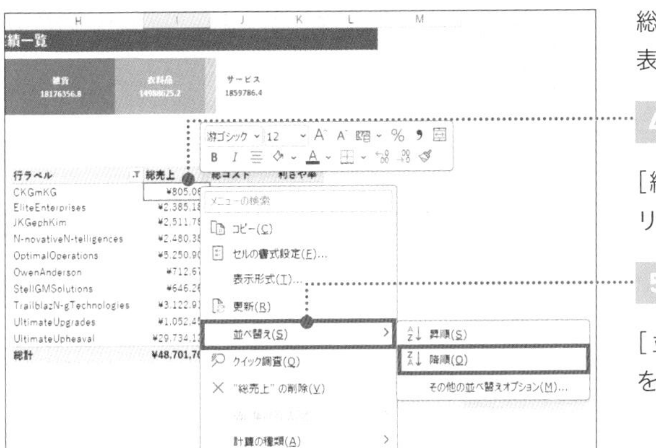

総売上の上位10件が表示された。

4

[総売上]のセルを右クリック

5

[並べ替え]→[降順]をクリック

行ラベル	総売上	総コスト	利ざや率
UltimateUpheaval	¥29,734,129	¥23,004,000	29%
OptimalOperations	¥5,250,900	¥3,712,560	41%
TrailblazN-gTechnologies	¥3,122,912	¥2,616,883	19%
JKGephKim	¥2,511,784	¥1,966,446	28%
N-novativeN-telligences	¥2,480,386	¥1,877,182	32%
EliteEnterprises	¥2,385,180	¥1,872,358	27%
UltimateUpgrades	¥1,052,458	¥821,707	28%
CKGmKG	¥805,069	¥635,846	27%
OwenAnderson	¥712,678	¥571,982	25%
StellGMSolutions	¥646,266	¥518,522	25%
総計	**¥48,701,761**	**¥37,597,487**	**30%**

総売上が降順で表示された。

理解を深めるHINT

上位10%で絞ることもできる

手順3の[トップテンフィルター]ダイアログボックスの[項目]を[%]に変更すると、上位10%で絞り込めます。割合の数値も変更できるので、そのダッシュボードに適したフィルターを設定しましょう。

05

FILE：Chap6-05.xlsx

KPI／視覚化

データの分析結果を視覚的に表現する

データの状況を3色のアイコンで視覚化

行ラベル	総売上	総コスト	利ざや率
JKGephKim	¥2,511,784	¥1,966,446	28%
OwenAnderson	¥712,678	¥571,982	25%
MichaelSmith	¥582,781	¥486,901	20%
AvaFlores	¥559,970	¥507,276	10%
AdamAdams	¥487,925	¥415,430	17%
MilaDavis	¥448,454	¥417,859	7%
MadisonAnderson	¥443,196	¥372,968	19%
JacobKim	¥435,064	¥372,060	17%
OceanBlue	¥427,978	¥377,040	14%
GMiaDavis	¥376,866	¥319,116	18%
総計	**¥6,986,695**	**¥5,807,080**	**20%**

◆利ざや率のKPI

利ざや率20％以上は緑色●、10％以上なら黄色●、10％未満は赤色●と設定します。

▶ 管理したい項目はKPIを設定する

ピボットテーブルのKPIとは「主要業績評価指標」のことで、ある目標値に対して、どれだけ達成できているかを示す指標です。KPIは、データの状況を3段階のアイコンで表現できます。データのパフォーマンスや傾向をひと目で把握できる便利な機能です。

このレッスンでは、利ざや率のKPIを作成する方法を学びます。利ざや率が20％以上なら緑色、10％以上なら黄色、10％未満なら赤色と設定します。実務で指標にしているデータがあれば、KPIを設定してみましょう。

POINT：

1 KPIはデータの分析結果を
3色のアイコンで表現できる

2 KPIはメジャーに対して設定できる

3 データのパフォーマンスや傾向を
ひと目で把握しやすい

MOVIE：

https://dekiru.net/ytpp605

利ざや率にKPIを設定する

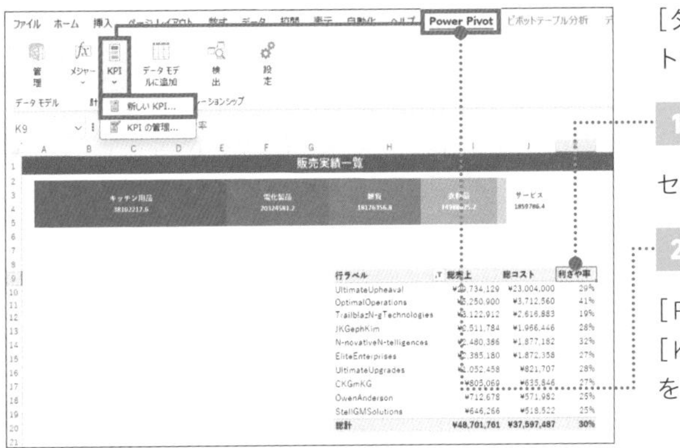

[ダッシュボード]シートを表示しておく。

1 セルK9をクリック

2 [Power Pivot]タブ→[KPI]→[新しいKPI]をクリック

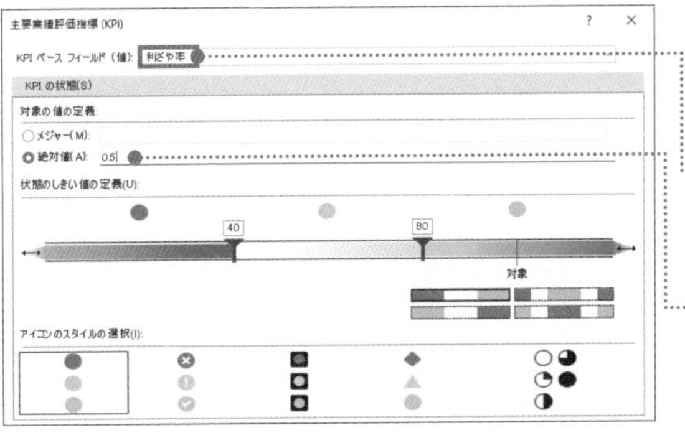

[主要業績評価指標(KPI)]ダイアログボックスが表示された。

3 [利ざや率]を選択

4 [絶対値]を「0.5」に設定

CHECK!

この絶対値はおそらく今後データが増えたとしても、利ざや率が0.5を超過することなく、かつちょうどよいという理由で0.5に設定しています。テストのスコアなど、100点満点にて表現するデータについては絶対値を100とするなど、絶対値は扱うデータに応じて柔軟に設定しましょう！

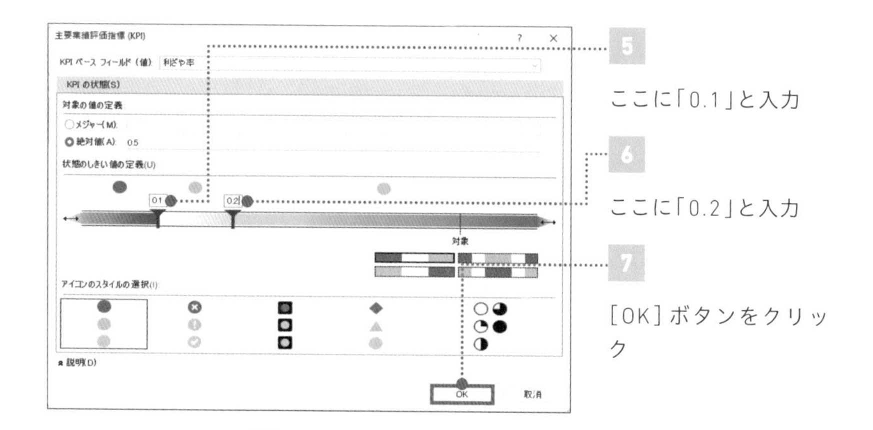

5

ここに「0.1」と入力

6

ここに「0.2」と入力

7

[OK]ボタンをクリック

CHECK!

10%未満を赤にしたいので、赤と黄の境目に「0.1」と入力します。また、20%以上は緑となるように、緑と黄の境目に「0.2」を入力します。

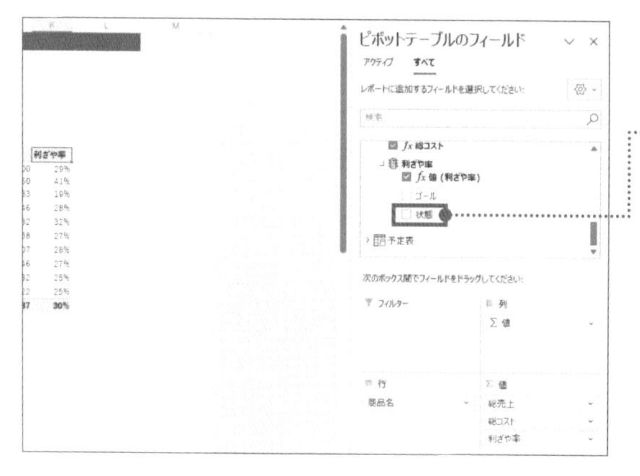

利ざや率のKPIが数値で表示された。

8

[利ざや率]の中にある[状態]フィールドのチェックを外す

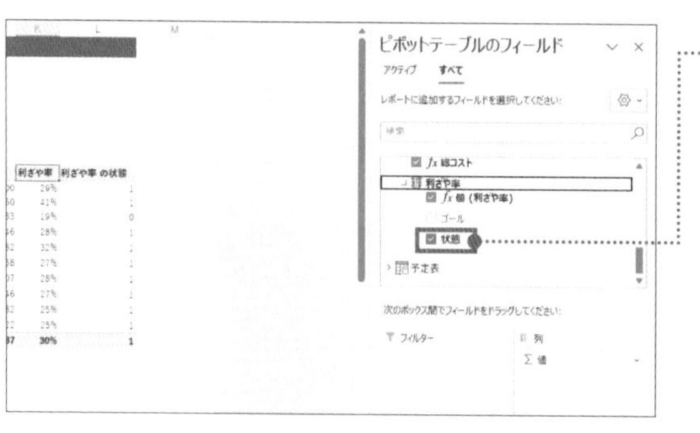

9

もう一度、[状態]フィールドのチェックを入れる

行ラベル	総売上	総コスト	利ざや率	利ざや率 状態
UltimateUpheaval	¥29,734,129	¥23,004,000	29%	
OptimalOperations	¥5,250,900	¥3,712,560	41%	
TrailblazN-gTechnologies	¥3,122,912	¥2,616,883	19%	
JKGephKim	¥2,511,784	¥1,966,446	28%	
N-novativeN-telligences	¥2,480,386	¥1,877,182	32%	
EliteEnterprises	¥2,385,180	¥1,872,358	27%	
UltimateUpgrades	¥1,052,458	¥821,707	28%	
CKGmKG	¥805,069	¥635,846	27%	
OwenAnderson	¥712,678	¥571,982	25%	
StellGMSolutions	¥646,266	¥518,522	25%	
総計	**¥48,701,761**	**¥37,597,487**	**30%**	

利ざや率がアイコンで表示された。

10 「利ざや率 状態」をダブルクリック

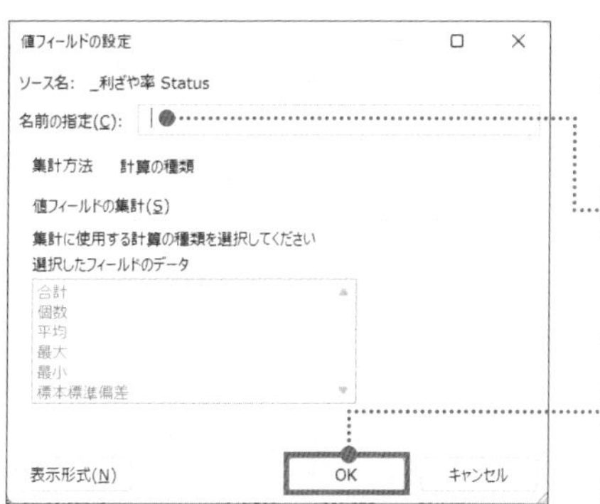

今回は名前(見出し)を表示しないように、半角スペースを入力する。

11 [名前の指定]に半角スペースを入力

12 [OK]ボタンをクリック

行ラベル	総売上	総コスト	利ざや率
JKGephKim	¥2,511,784	¥1,966,446	28%
OwenAnderson	¥712,678	¥571,982	25%
MichaelSmith	¥582,781	¥486,901	20%
AvaFlores	¥559,970	¥507,276	10%
AdamAdams	¥487,925	¥415,430	17%
MilaDavis	¥448,454	¥417,859	7%
MadisonAnderson	¥443,196	¥372,968	19%
JacobKim	¥435,064	¥372,060	17%
OceanBlue	¥427,978	¥377,040	14%
GMiaDavis	¥376,866	¥319,116	18%
総計	**¥6,986,695**	**¥5,807,080**	**20%**

見出しが表示されないように設定できた。Chapter 5 - 08を参考に、[商品マスタ]の[大分類]別のスライサーを挿入しておく。

理解を深めるHINT

KPIのしきい値を再編集したい

KPIのしきい値を再編集したいときは、[ピボットテーブル分析]タブ→[KPI]→[KPIの管理]をクリックしましょう。[KPIの管理]ダイアログボックスが表示されて、作成したKPIの一覧が表示されます。 KPIを選択して[編集]をクリックすると、操作5の画面に戻ります。

06

円グラフ

FILE：Chap6-06.xlsx

エリア別の構成比を円グラフで作成する

BEFORE

	A	B	C
1	行ラベル	総売上	
2	関西	¥31,984,406	
3	関東	¥11,280,575	
4	九州	¥25,816,111	
5	中国・四国	¥17,502,160	
6	中部	¥6,955,886	
7	**総計**	**¥93,539,138**	
8			

各エリアの総売上を求めたピボットテーブル

AFTER

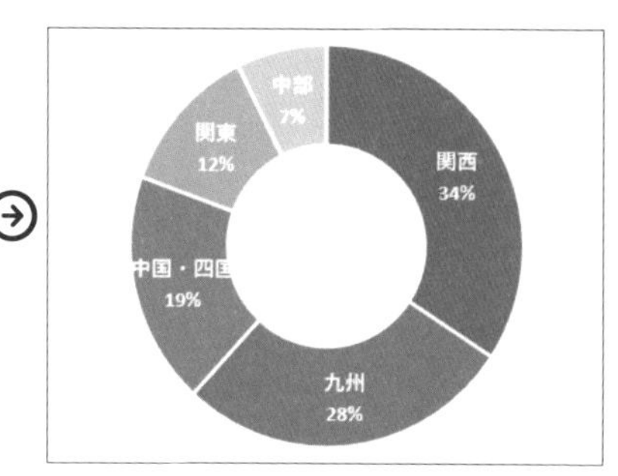

構成比がひと目でわかるドーナツ円グラフ

円グラフで見る各エリアの売上割合

エリア別の構成比をグラフで表現すると、各エリアの売り上げが全体の何％かがひと目でわかります。強いエリアや弱いエリアもすぐに見つけられます。

今回は、まず各エリアの総売上のピボットテーブルを作成します。次に、そのピボットテーブルを使って円グラフを挿入します。最後に、円グラフの見た目を調整します。系列の幅やデータラベル、色などを見やすく設定するのがポイントです。

POINT：

1 各エリアの総売上のピボットテーブルを作成する

2 ピボットテーブルから円グラフを挿入する

3 データラベルや系列の幅など円グラフの見た目を調整する

MOVIE：

https://dekiru.net/ytpp606

円グラフを挿入する

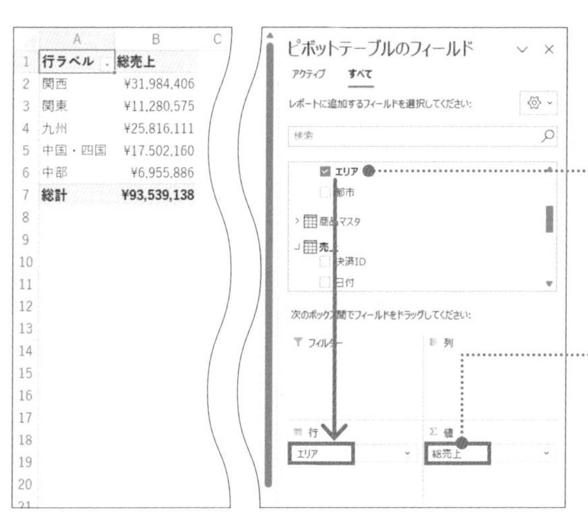

作業用シートを挿入して、ピボットテーブルを挿入しておく。

1 ［顧客マスタ］内の［エリア］フィールドを［行］エリアへドラッグ

2 ［売上］内の［総売上］フィールドを［値］エリアへドラッグ

地域別の総売上が表示された。

3 ここを右クリック→［並べ替え］→［降順］を選択

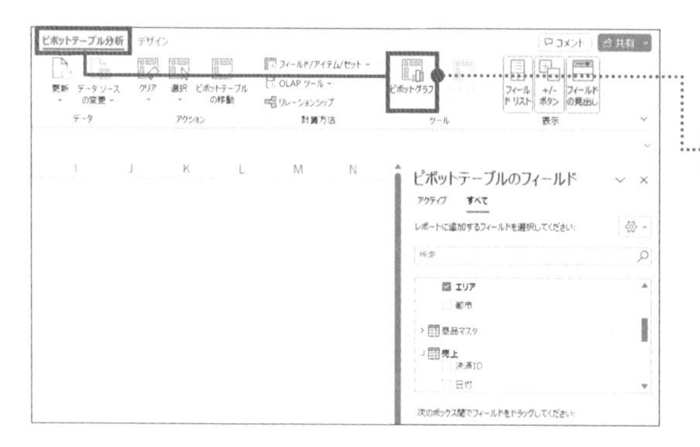

総売上が降順に並べられた。

4

[ピボットテーブル分析]タブ→[ピボットグラフ]をクリック

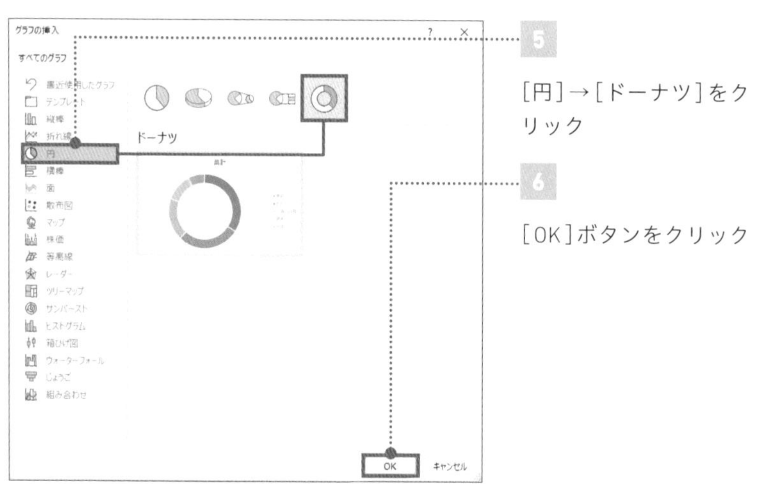

5

[円]→[ドーナツ]をクリック

6

[OK]ボタンをクリック

書式設定して見た目を整えていく

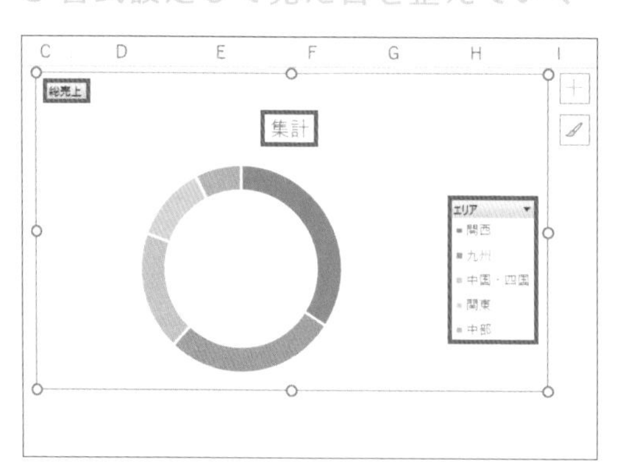

円グラフが挿入された。

1

Chapter6-03を参考にタイトル、凡例、フィールドボタンを非表示に設定

CHECK!

ダッシュボードにするグラフの情報は、必要最小限にしましょう！

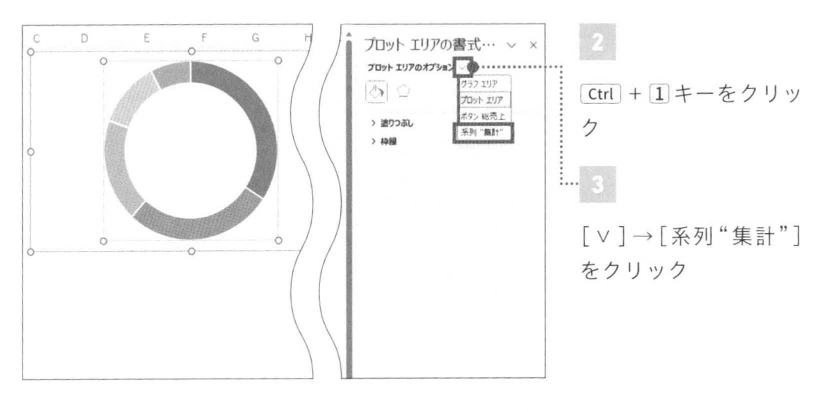

2

Ctrl + 1 キーをクリック

3

[∨]→[系列“集計”]をクリック

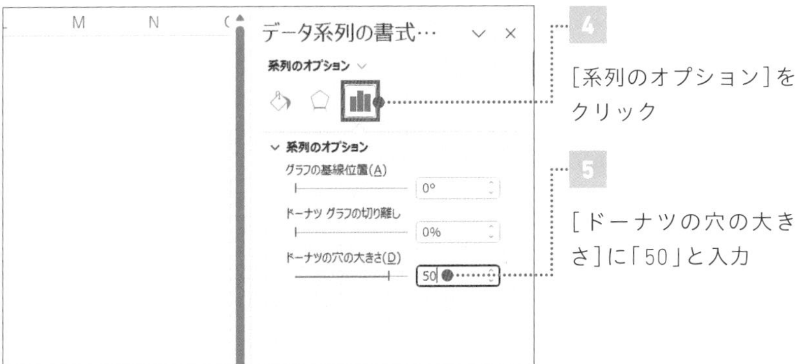

4

[系列のオプション]をクリック

5

[ドーナツの穴の大きさ]に「50」と入力

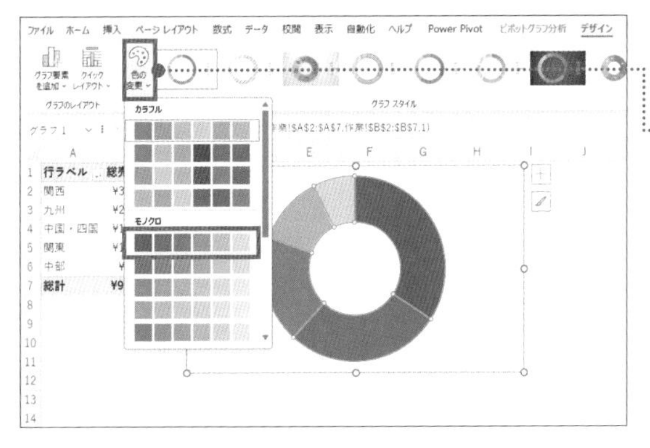

系列の幅が太くなった。

6

Chapter6-03を参考にグラフの色を同系色に変更

CHECK!

[デザイン]タブの[色の変更]ボタンから色を選択します。

データラベルを挿入する

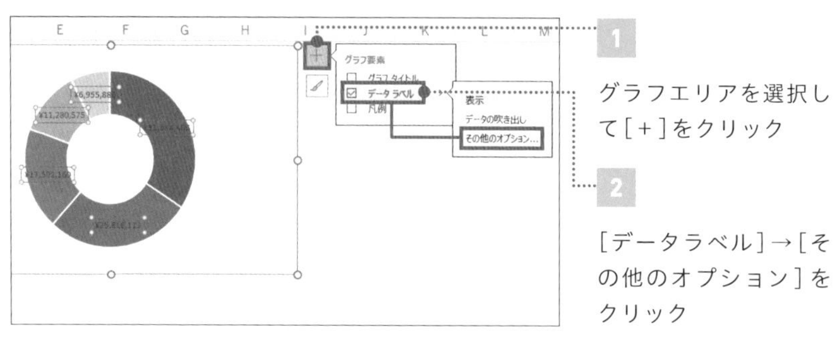

1 グラフエリアを選択して[+]をクリック

2 [データラベル]→[その他のオプション]をクリック

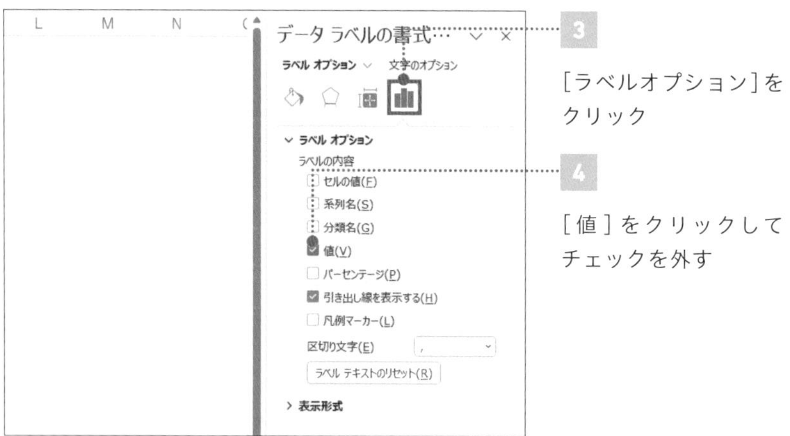

3 [ラベルオプション]をクリック

4 [値]をクリックしてチェックを外す

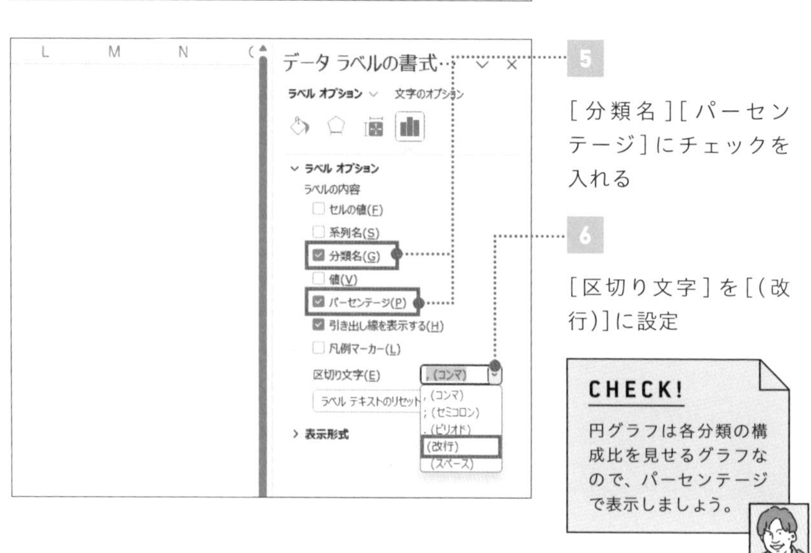

5 [分類名][パーセンテージ]にチェックを入れる

6 [区切り文字]を[(改行)]に設定

CHECK!

円グラフは各分類の構成比を見せるグラフなので、パーセンテージで表示しましょう。

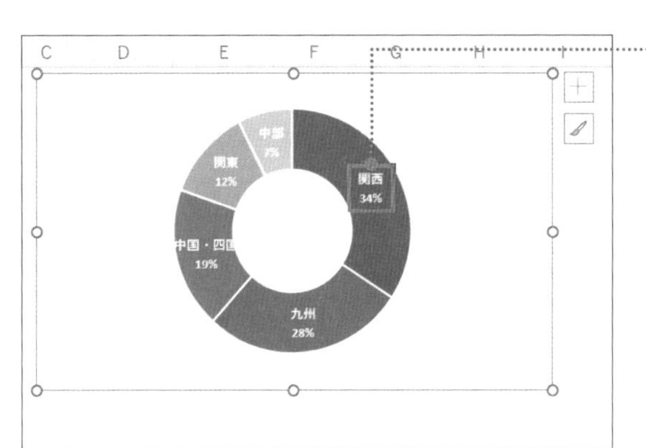

データラベルが配置できた。
Chapter6-03を参考に[書式]タブから文字色を白に、[図形の塗りつぶし]を[なし]、[図形の枠線]を[枠線なし]に設定しておく。

ここで作成した円グラフを、次のレッスンでダッシュボードに貼り付けて、スライサーと連動していきます！

理解を深めるHINT

グラフの種類を変更したいときは

グラフの種類は、データの特徴や目的に合わせて選びましょう。たとえば、時系列の推移を見るなら折れ線グラフ、全体に占める割合を見るなら円グラフ、項目ごとの数値を比較するなら棒グラフが適しています。思い通りのグラフにならなかった場合は、以下の手順で変更できます。

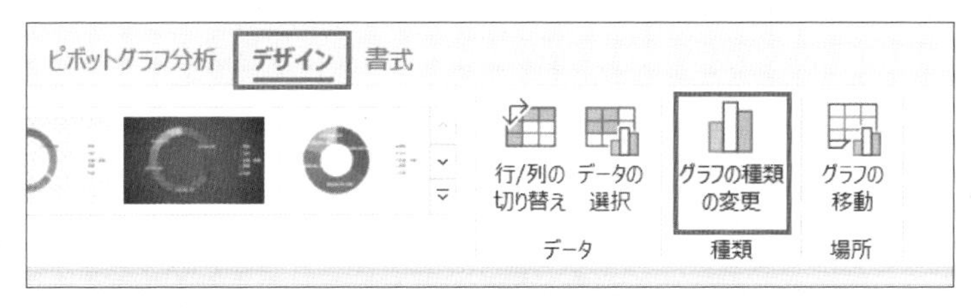

[デザイン]タブ→[グラフの種類の変更]をクリック

07 フィルター接続

FILE：Chap6-07.xlsx

ピボットグラフとスライサーを連動させる

既存のスライサーと円グラフをつなぐ

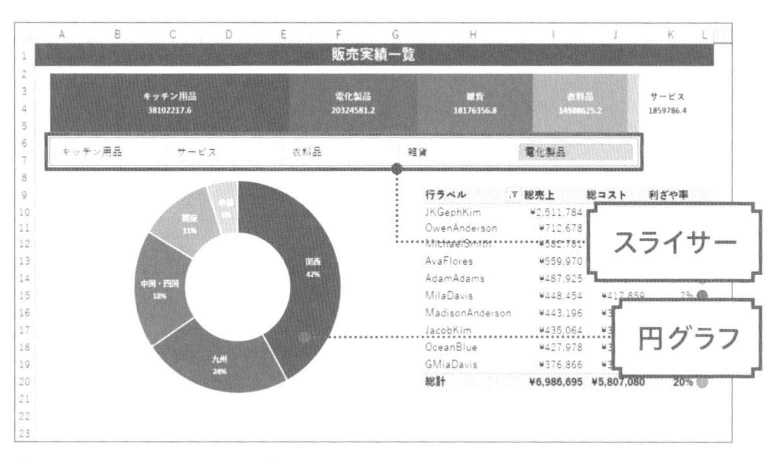

前レッスンで作成した円グラフを、既存のスライサーと連動させます。

グラフを貼り付けただけでは、スライサーと連動しない

さっそく、完成した円グラフをダッシュボードに取り込んでみましょう。このグラフにも商品カテゴリーに応じて値をダイナミックに表現させます。以前作ったスライサーを同様に生かし、ワンクリックで複数のグラフの情報を素早く切り替えられる便利なダッシュボードを作ります。

重要なポイントは、単純にグラフをダッシュボードに載せるだけではなく、[フィルターの接続]という操作を実行しグラフとスライサーを紐づけることです。

POINT：

1 既存のスライサーに円グラフを関連付ける

2 フィルター接続を行い、スライサーとグラフを連動させる

3 1つのスライサーで複数のデータを切り替えることができる

MOVIE：

https://dekiru.net/ytpp607

ダッシュボードにグラフを貼り付ける

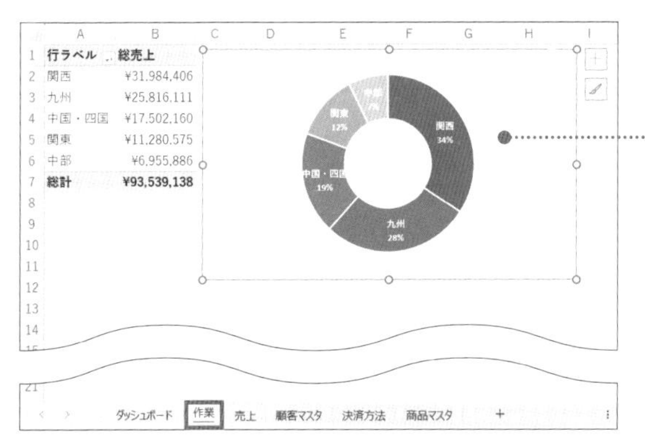

[作業]シートを表示しておく。

1

Chapter 6-06で作成したグラフを選択して Ctrl + C キーを押す

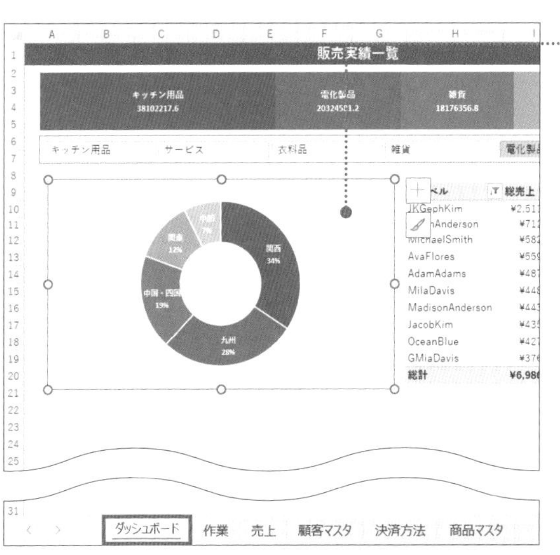

2

[ダッシュボード]シートに切り替えて Ctrl + V キーを押す

ダッシュボードに円グラフが挿入された。

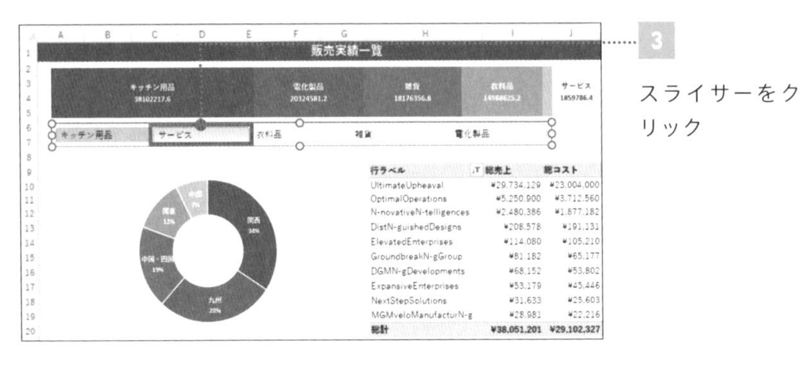

3

スライサーをクリック

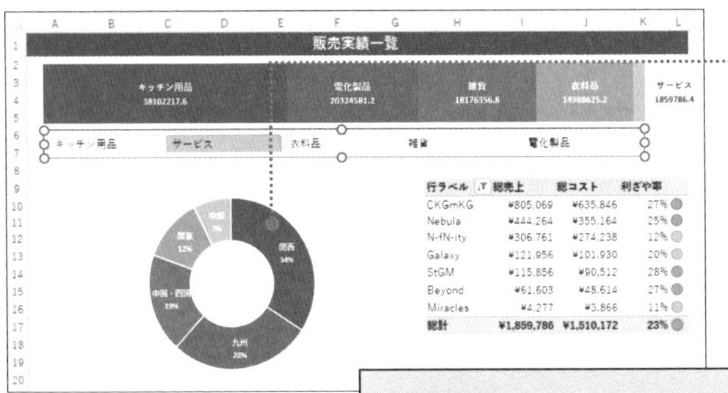

現在、スライサーをクリックしても、円グラフは連動していない。

CHECK!

既存のスライサーを用いて、グラフを連動させたいときは、必ず最初に連動してつなぎ合わせる操作が必要です。

スライサーと円グラフを連動させる

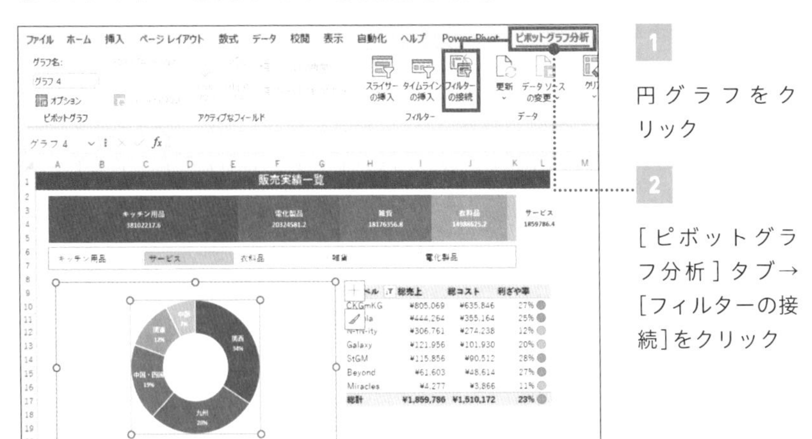

1

円グラフをクリック

2

［ピボットグラフ分析］タブ→［フィルターの接続］をクリック

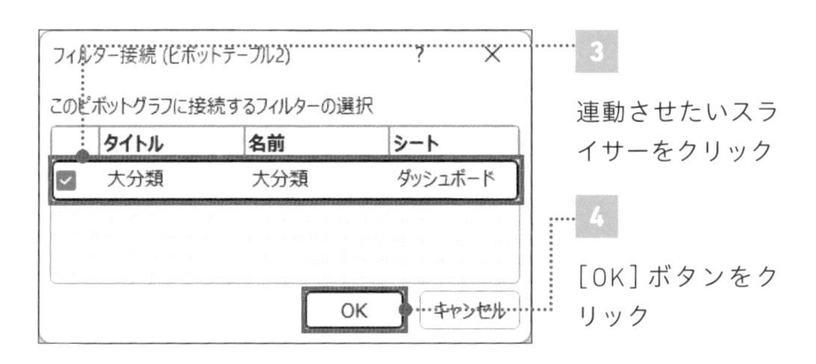

3 連動させたいスライサーをクリック

4 [OK]ボタンをクリック

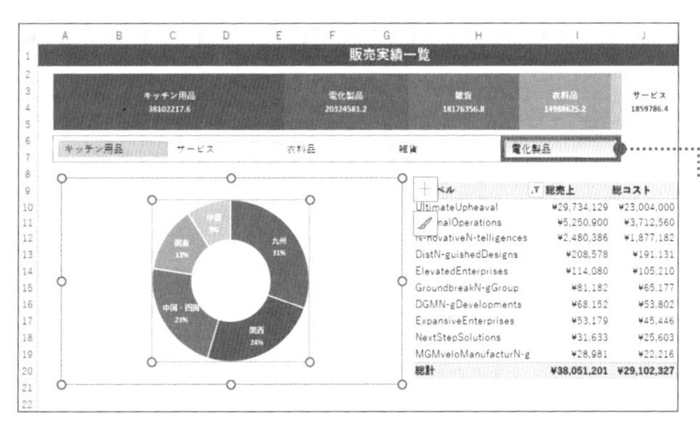

スライサーと円グラフを連動できた。

5 [電化製品]をクリック

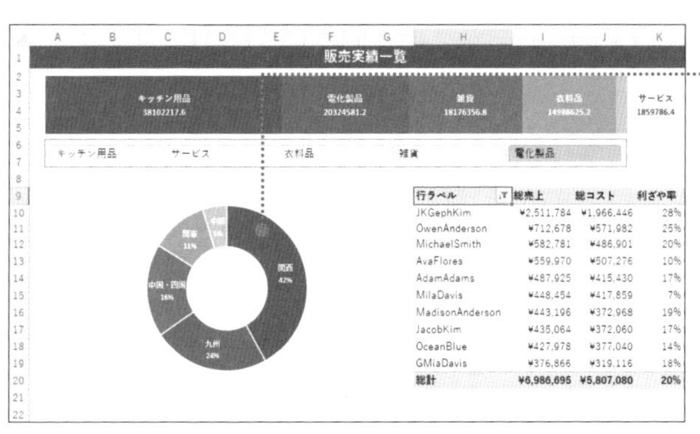

スライサーに連動して円グラフが切り替わった。

1つのスライサーで、円グラフとテーブルが切り替わるようにできました。

08

条件付き書式

FILE：Chap6-08.xlsx

利ざや率が0以下の項目に注目させる

マイナスの項目に絞って表示させる

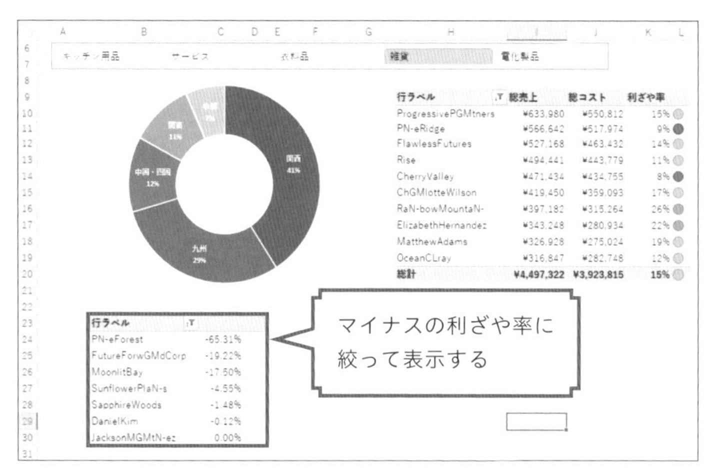

スライサーと連動して、表示される項目が自動的に切り替わります。

赤字の商品をきちんと把握しよう

次はスライサーで選択した商品カテゴリーの中で、利ざや率が0以下（いわゆる赤字）の商品だけが表示されるようなピボットテーブルの作成にチャレンジしてみましょう。この情報を用いて在庫数や販売戦略を見直すなど、実際のビジネスシーンでも特に役立ちます。

少し難易度が高そうと感じるかもしれませんが、条件付き書式やIF関数など通常のExcelでもよく見る基本的な機能を組み合わせるだけで完成させられるので、あまり身構えずに進んでいきましょう！

POINT：

1 既存のピボットテーブルをコピーして作成するとスライサーの紐づけが不要

2 「総計」が不要なときは非表示にしておく

3 条件付き書式を使って、データを視覚化する

MOVIE：

https://dekiru.net/ytpp608

利ざや率0以下を表示するピボットテーブルを作成する

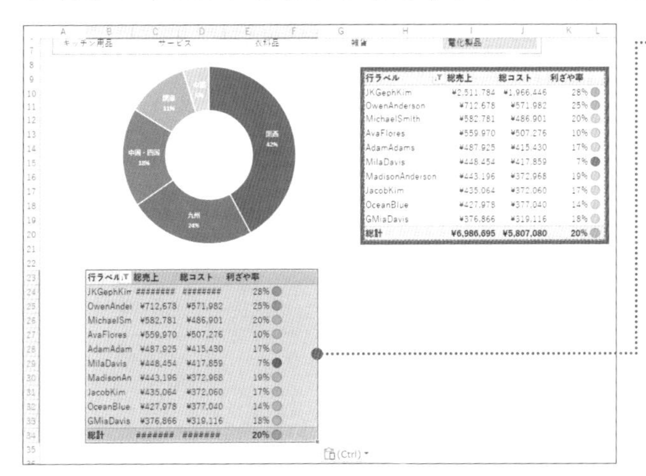

1 Chapter6-05で作成したピボットテーブルをコピーして、セルB23に貼り付け

理解を深めるHINT

既存のピボットテーブルを再利用する3つの理由

今回は商品名と利ざや率のデータだけで十分なので、Chapter6-05で作成したピボットテーブルをコピーして、不要な項目を削除すれば簡単に作れます。

ピボットテーブルのオプション設定もコピーされるので、同じ操作を繰り返す必要がありません。スライサーもピボットテーブルと連動したままなので、新しく関連付ける手間も省けます。

これらの理由から、既存のピボットテーブルを再利用する方が、ゼロから作るよりも効率的です。

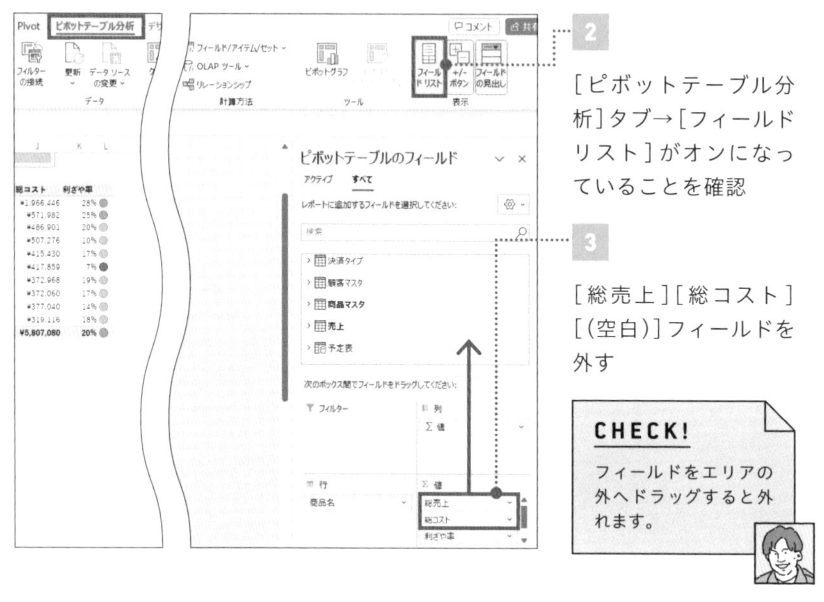

2

[ピボットテーブル分析]タブ→[フィールドリスト]がオンになっていることを確認

3

[総売上][総コスト][(空白)]フィールドを外す

CHECK!

フィールドをエリアの外へドラッグすると外れます。

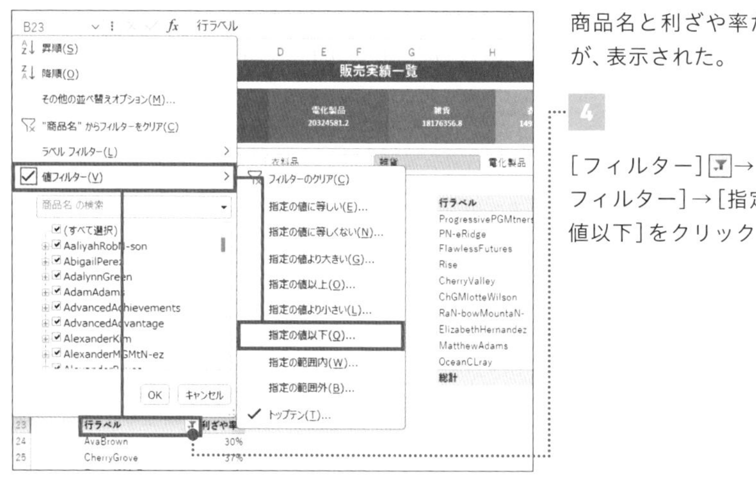

商品名と利ざや率だけが、表示された。

4

[フィルター]→[値フィルター]→[指定の値以下]をクリック

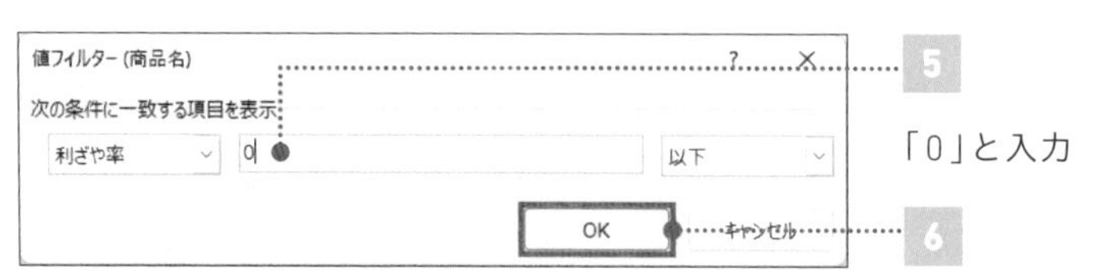

5

「0」と入力

6

[OK]ボタンをクリック

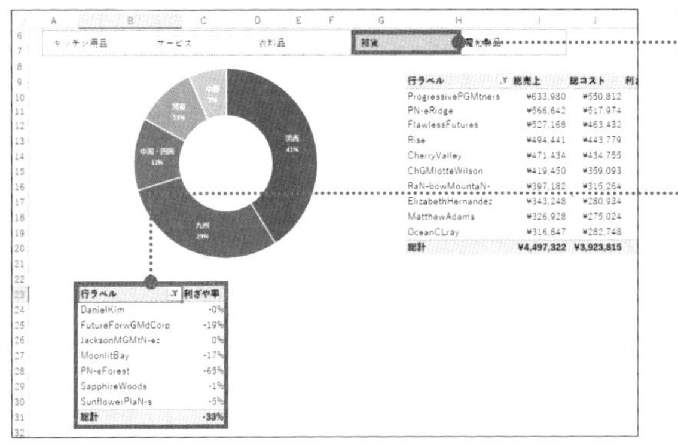

7

スライサーの[雑貨]をクリック

0以下の項目のみ、表示された。

より見やすくピボットテーブルを整える

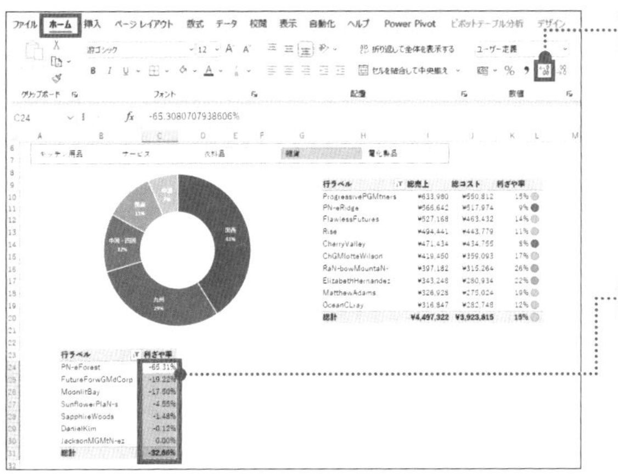

1

セルC24～31を選択して[ホーム]タブ→[小数点以下の表示桁数を増やす]を2回クリック

2

Chapter 6-06を参考に、利ざや率を昇順に並べ替え

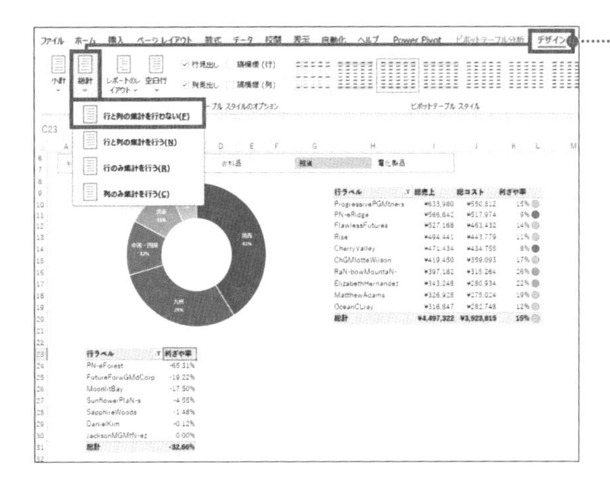

3

[デザイン]タブ→[総計]→[行と列の集計を行わない]をクリック

CHECK!

分析に不要な項目は、非表示にしておきましょう。

▶ 条件付き書式を設定する

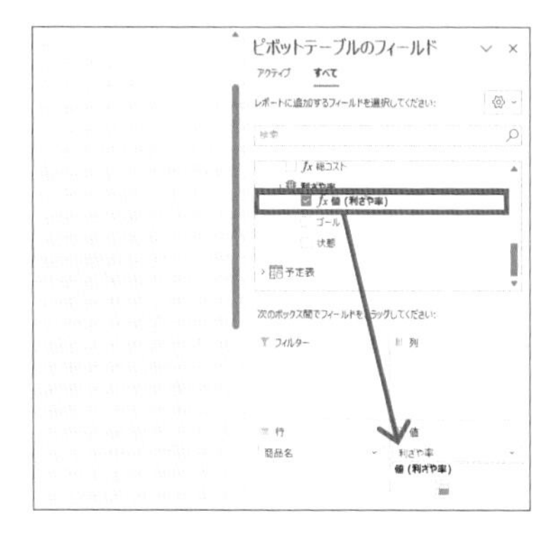

総計が非表示になった。

「fx値（利ざや率）」を［値］エリアまでドラッグ

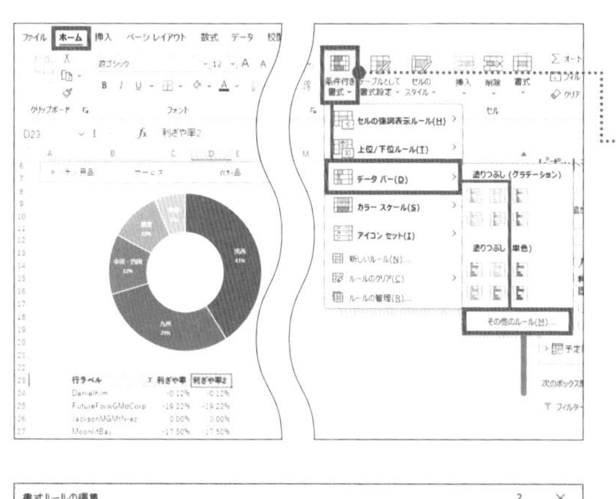

「利ざや率2」が表示された。

2

［ホーム］タブ→［条件付き書式］→［データバー］→［その他のルール］をクリック

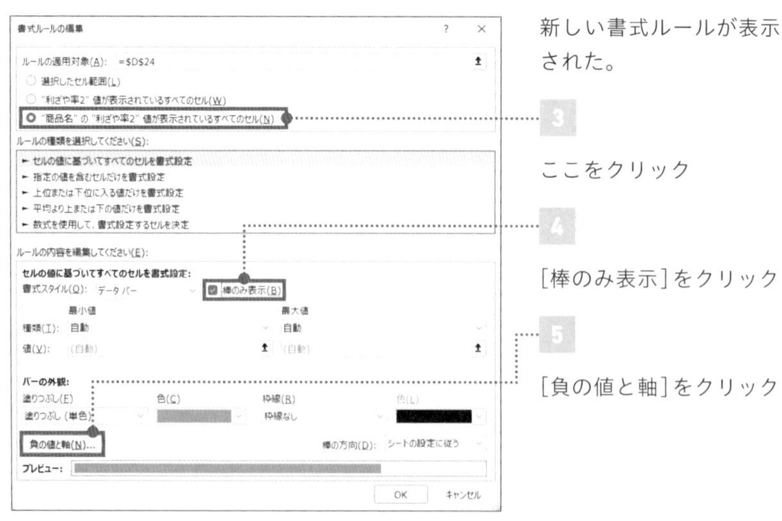

新しい書式ルールが表示された。

3

ここをクリック

4

［棒のみ表示］をクリック

5

［負の値と軸］をクリック

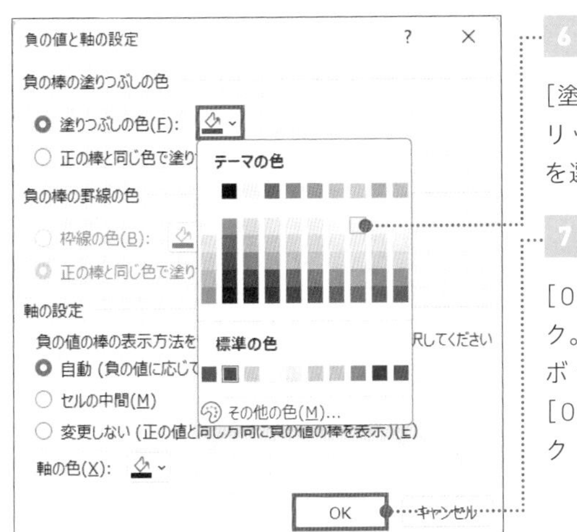

6

[塗りつぶしの色]をクリックして、薄い黄色を選択

7

[OK]ボタンをクリック。前のダイアログボックスに戻るので[OK]ボタンをクリック

	行ラベル	利ざや率	利ざや率2
21			
22			
23	行ラベル	利ざや率	利ざや率2
24	DanielKim	-0.12%	
25	FutureForwGMdCorp	-19.22%	
26	JacksonMGMtN-ez	0.00%	
27	MoonlitBay	-17.50%	
28	PN-eForest	-65.31%	
29	SapphireWoods	-1.48%	
30	SunflowerPlaN-s	-4.55%	
31			
32			
33			

8

Chapter 6-06を参考に、利ざや率を昇順に並べ替え

9

Chapter 6-03を参考に、見出しを空白（半角スペース）にする

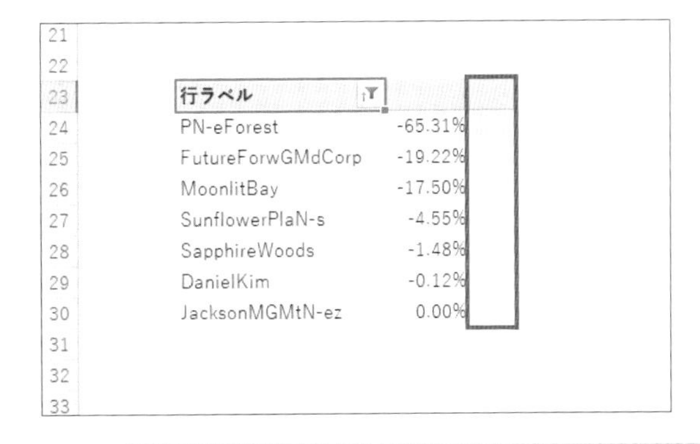

21			
22			
23	行ラベル		
24	PN-eForest	-65.31%	
25	FutureForwGMdCorp	-19.22%	
26	MoonlitBay	-17.50%	
27	SunflowerPlaN-s	-4.55%	
28	SapphireWoods	-1.48%	
29	DanielKim	-0.12%	
30	JacksonMGMtN-ez	0.00%	
31			
32			
33			

昇順に並び替わり、データバーでマイナスの利ざや率を表現できた。

次のレッスンでは、該当する商品がなかったときに、「利ざや率0以下の商品はありませんでした」というデータを返す方法を紹介しましょう。

09

IF

FILE：Chap6-09.xlsx

表示するデータがない場合はひと工夫を加えよう

データがある場合

行ラベル	
PN-eForest	-65.31%
FutureForwGMdCorp	-19.22%
MoonlitBay	-17.50%
SunflowerPlaN-s	-4.55%
SapphireWoods	-1.48%
DanielKim	-0.12%
JacksonMGMtN-ez	0.00%

データがない場合

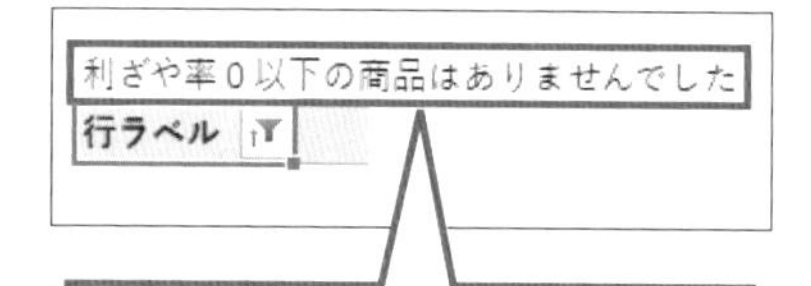

該当データがない場合、「利ざや率0以下の商品はありませんでした」と表示させる

ここはIF関数を使って、表示内容を変更させます！

IF関数を使って、空白のときは任意の文言を表示

ダッシュボードは複数人が閲覧することが多いシートです。そのため、誰が見てもわかりやすくすることが大切です。

たとえば、データが空の場合は、上の図のように「利ざや率0の商品はありませんでした」と表示させると、空欄になっている理由が明確になります。「もし○○の場合は、××を返す」という条件式を作成するには、IF関数を使用します。セルB24を基準に、IF関数の引数を入力してみましょう。なお、今回のIF関数はテーブルではなくセルを参照するので、DAX式ではなくExcel関数を使います。

POINT：

1 該当データがない場合は、その状況を説明する一文を表示しておくと親切

2 IF関数を使えば条件分岐できる

3 論理式に当てはまるなら「真」、そうでないなら「偽」

MOVIE：

https://dekiru.net/ytpp609

=IF（B24="","利ざや率0以下の商品はありませんでした",""）

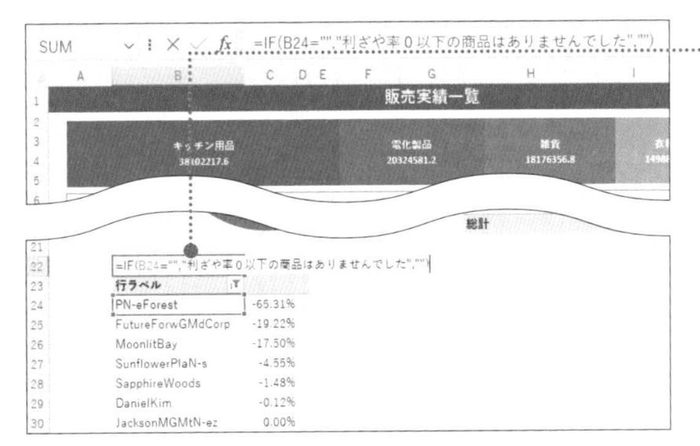

1 セルB22をクリック

2 上の数式を入力して、Enterキーを押す

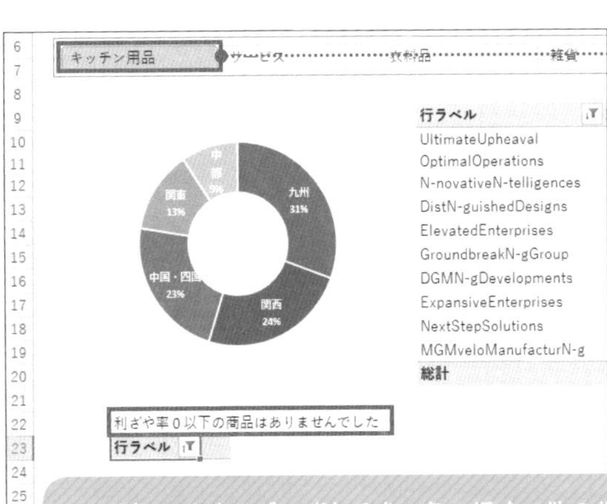

3 スライサーの[キッチン用品]をクリック

セルB22に「利ざや率0以下の商品はありませんでした」と表示された。

IF関数の公式は「IF（論理式，真の場合，偽の場合）」です。第1引数の論理式には「セルB24は空白」としたいため、「B24=“”」と入力しています。

10

FILE：Chap6-10.xlsx

折れ線グラフ／TOTALYTD

月々の売り上げと累計の推移を折れ線グラフにする

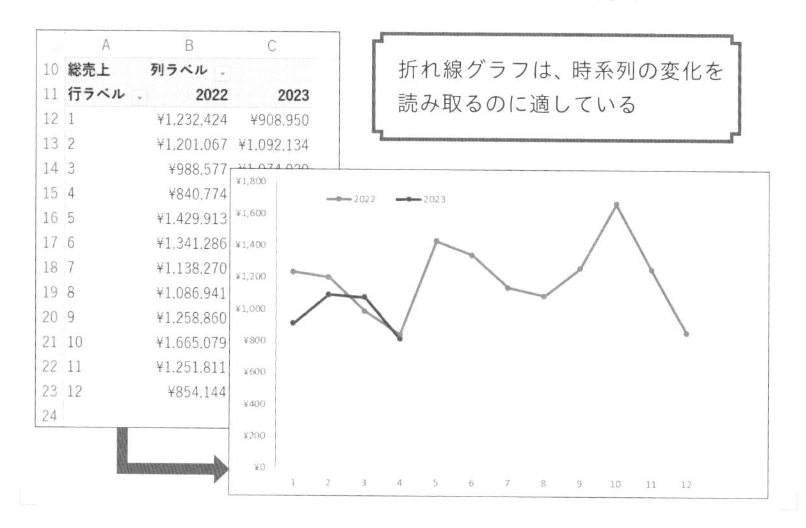

	A	B	C
10	総売上	列ラベル	
11	行ラベル	2022	2023
12	1	¥1,232,424	¥908,950
13	2	¥1,201,067	¥1,092,134
14	3	¥988,577	
15	4	¥840,774	
16	5	¥1,429,913	
17	6	¥1,341,286	
18	7	¥1,138,270	
19	8	¥1,086,941	
20	9	¥1,258,860	
21	10	¥1,665,079	
22	11	¥1,251,811	
23	12	¥854,144	
24			

月次と累計の売り上げをグラフにしよう

ついに最後のグラフになりました！ 今回は2種類の折れ線グラフを組み合わせて、ダッシュボードに加えます。具体的には「月次売上」「累計売上」を表現するグラフなのですが、それぞれ以下の用途があります。

- **月次売上：「3月は好調だった！」など、月々の売り上げの傾向をつかむ**
- **累計売上：「年間で○○万円に届きそうだな」など、全体のペースを判断する**

どちらもビジネスの意思決定に欠かせない情報を教えてくれます。さっそくDAXを活用して、グラフのベースとなるデータを整理していきましょう。

POINT：

1 折れ線グラフは時系列を表すのに適している

2 スライサーを切り替えると、グラフも切り替わる

3 年度累計は、TOTALYTD関数を使って求める

MOVIE：

https://dekiru.net/ytpp610

グラフのもとになる表を作成する

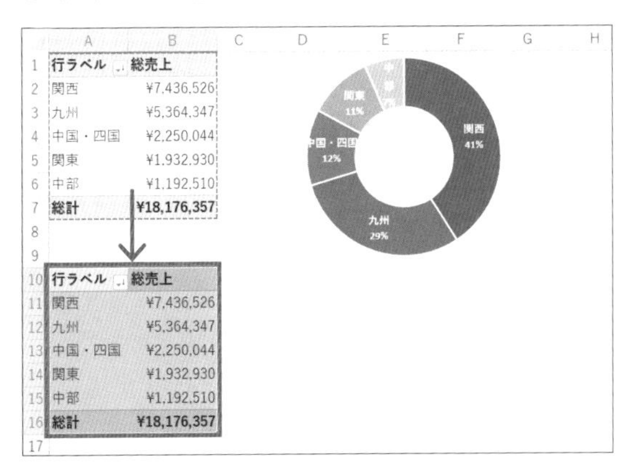

行ラベル	総売上
関西	¥7,436,526
九州	¥5,364,347
中国・四国	¥2,250,044
関東	¥1,932,930
中部	¥1,192,510
総計	¥18,176,357

［作業］シートを表示しておく。

1 Chapter6-06で作成した表をセルA10にコピー

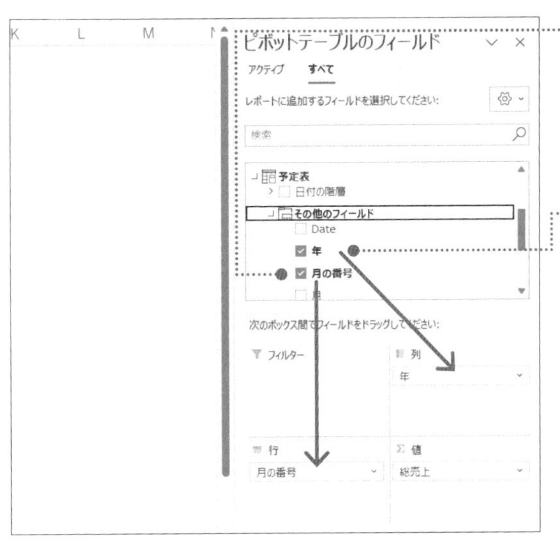

2 ［行］エリアにある［エリア］を外して、［月の番号］をドラッグ

3 ［年］を［列］エリアへドラッグ

CHECK!

［月の番号］［年］フィールドは［予定表］テーブル内に入っています。

	A	B	C	D	E
10	総売上	列ラベル			
11	行ラベル	2022	2023		
12	1	¥1,232,424	¥908,950		
13	2	¥1,201,067	¥1,092,134		
14	3	¥988,577	¥1,074,029		
15	4	¥840,774	¥812,099		
16	5	¥1,429,913			
17	6	¥1,341,286			
18	7	¥1,138,270			
19	8	¥1,086,941			
20	9	¥1,258,860			
21	10	¥1,665,079			
22	11	¥1,251,811			
23	12	¥854,144			
24					

「2022」「2023」の月別の売り上げが表示された。総計は不要なのでChapter6-03を参考に、非表示にしておく。

CHECK!

総計の非表示は、[デザイン]タブ→[総計]→[行と列の集計を行わない]をクリックします。

=TOTALYTD([総売上],'予定表'[Date])

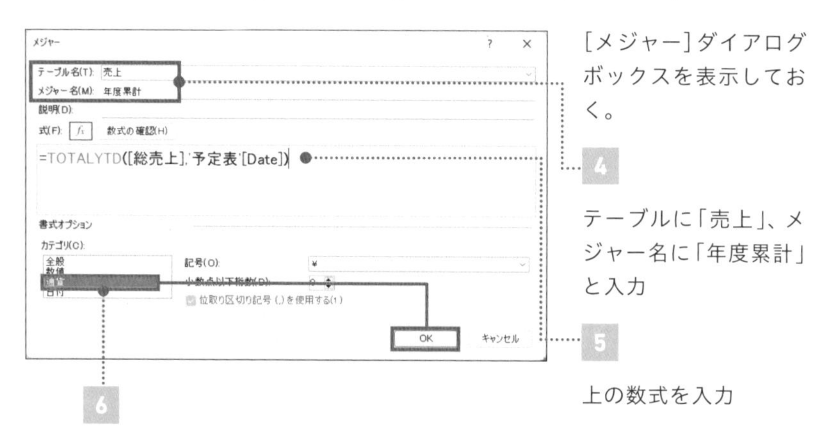

[メジャー]ダイアログボックスを表示しておく。

4 テーブルに「売上」、メジャー名に「年度累計」と入力

5 上の数式を入力

6 [通貨]を選択して[OK]ボタンをクリック

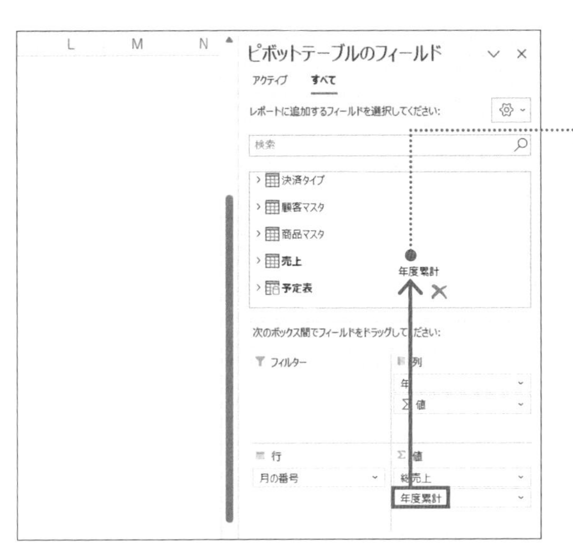

C列とE列に年度累計が表示された。

7

いったん、累計は不要なので[年度累計]フィールドを外す

もう少し詳しくTOTALYTD関数について知りたい方は、Chapter4-06を復習してみましょう。次に作成した表を使って、折れ線グラフを作成していきます。

折れ線グラフを作成する

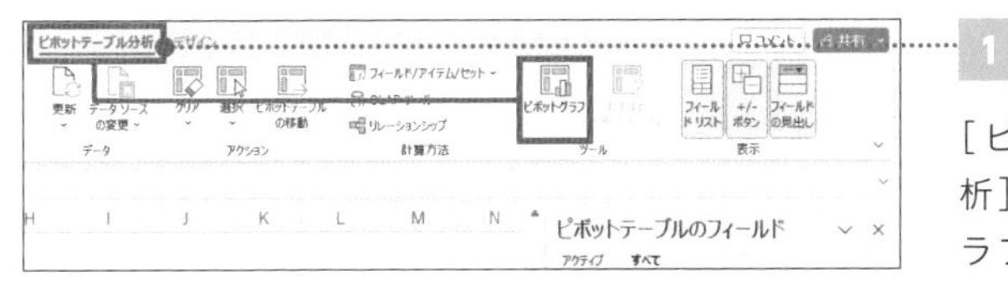

1

[ピボットテーブル分析]タブ→[ピボットグラフ]をクリック

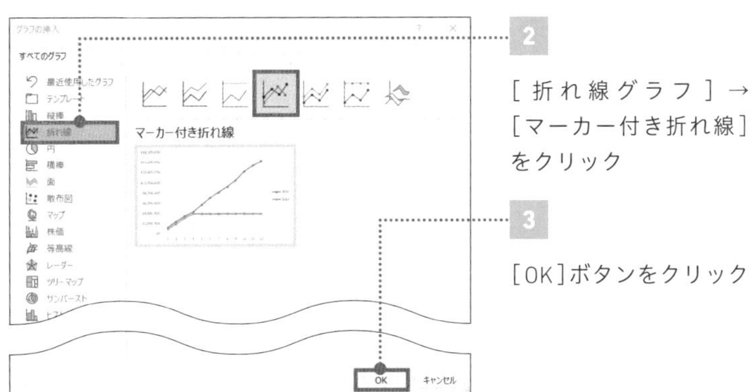

2

[折れ線グラフ]→[マーカー付き折れ線]をクリック

3

[OK]ボタンをクリック

グラフの見た目を整える

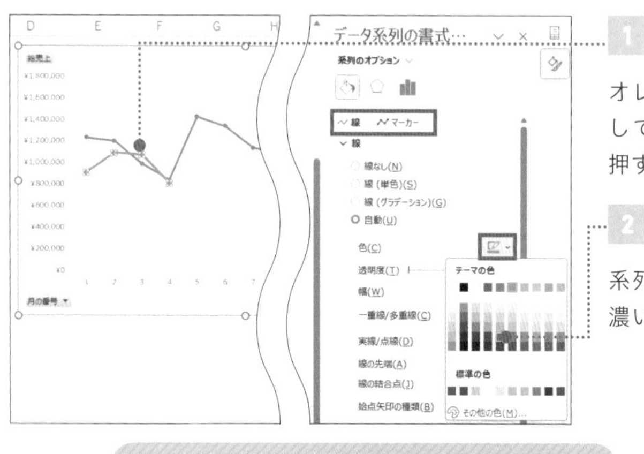

1

オレンジの系列を選択して、Ctrl + 1 キーを押す

2

系列とマーカーの色を濃いめの青色に設定

グラフの書式を変更したいときは、変更したいパーツを選択して Ctrl + 1 キーを押すと書式設定ウィンドウが表示されます。

3

ボタンを右クリックして［グラフのすべてのフィールドボタンを非表示にする］を選択

4

目盛り線を削除

5

凡例を左上に移動

6

凡例の枠にマウスポインターを合わせて横へドラッグ

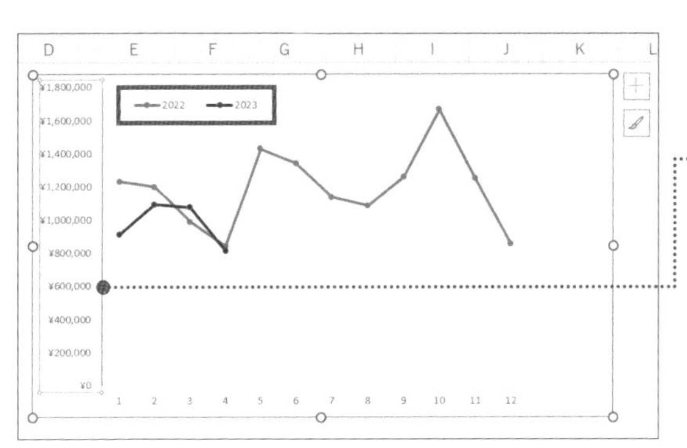

凡例が1行2列で表示された。

7

軸ラベルを選択して、Ctrl ＋ 1 キーを押す

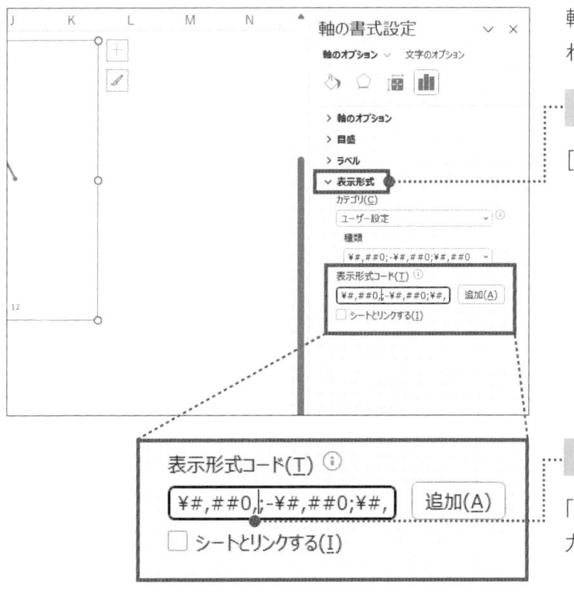

軸の書式設定が表示された。

8

[表示形式]をクリック

9

「0」の後ろに「,」を入力

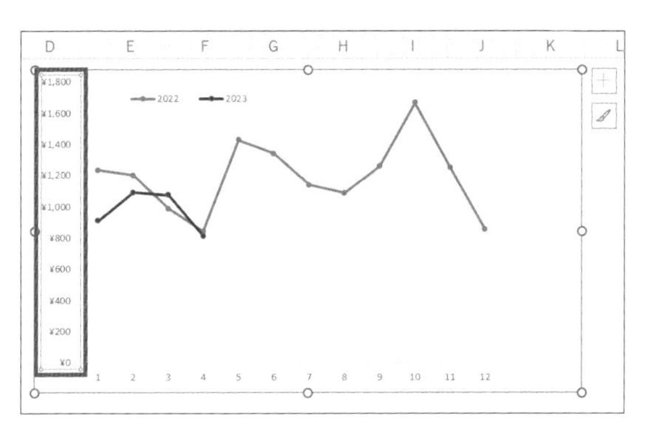

3桁分の数字を非表示にできた。

11

スライサー

FILE：Chap6-11.xlsx

月次と累計のデータに切り替えるスライサーを挿入する

月次の売り上げ

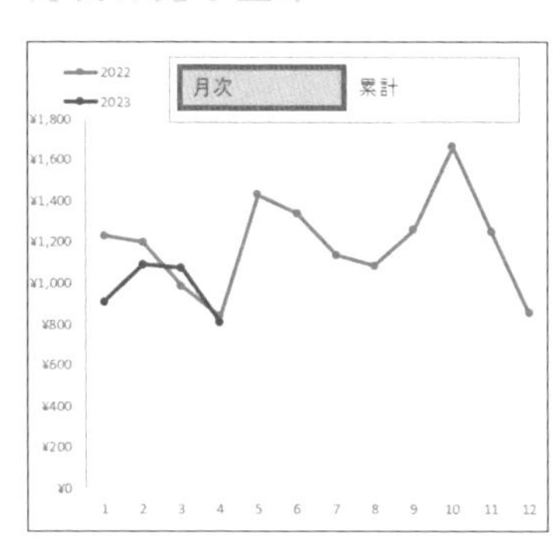

累計の売り上げ

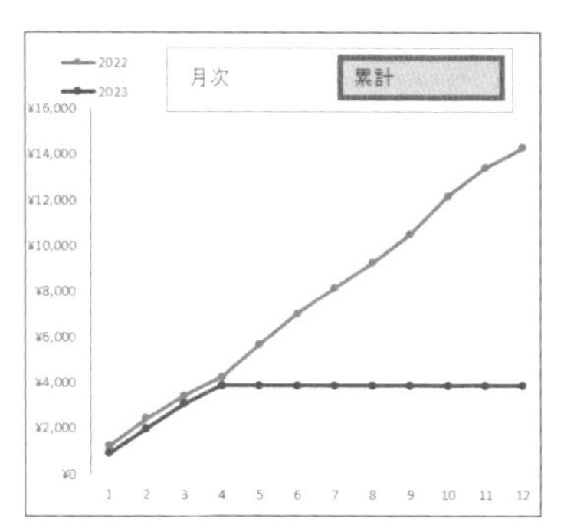

Chapter6 - 10で作成したグラフで、「月々の売上」と「累計の売上」を切り替えられるスライサーを作成してみましょう。

ここまでできたら上級者！ 2種類のグラフを切り替える

続いては、作成した2つの折れ線グラフについて、どちらを表示させるかを自由自在に切り替えられるような機能を作ります。今回は「月次売上」と「累計売上」という、メジャーにて計算したデータをスライサーとして扱うため、通常の方法とは異なる特別なアプローチでスライサーを作成する必要があります。

Chapter 5 - 09で手順をより詳しく説明しているので、行きづまったときにはぜひそちらも参照しながら進めましょう！

POINT：

1 グラフを切り替えるスライサーを作成する

2 IF関数とVALUES関数を組み合わせて紐づける

3 スライサーをコピペする際はグラフの選択を解除しておく

MOVIE：

https://dekiru.net/ytpp611

テーブルからスライサーを作成する

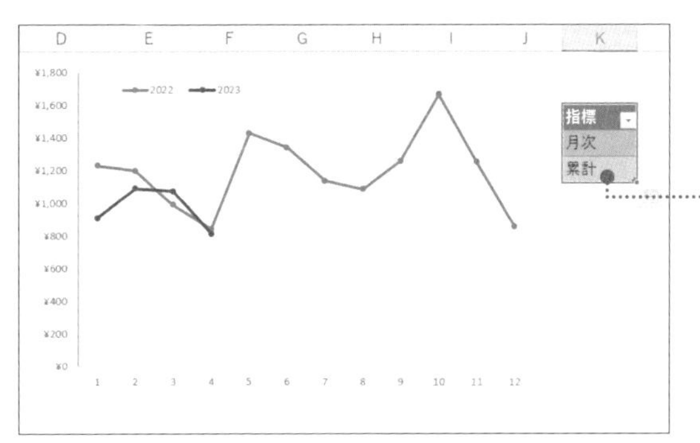

前レッスン同様に［作業］シートを表示しておく。

1

Chapter 5-09を参考に、グラフ横に「指標」「月次」「累計」と入力したテーブルを作成

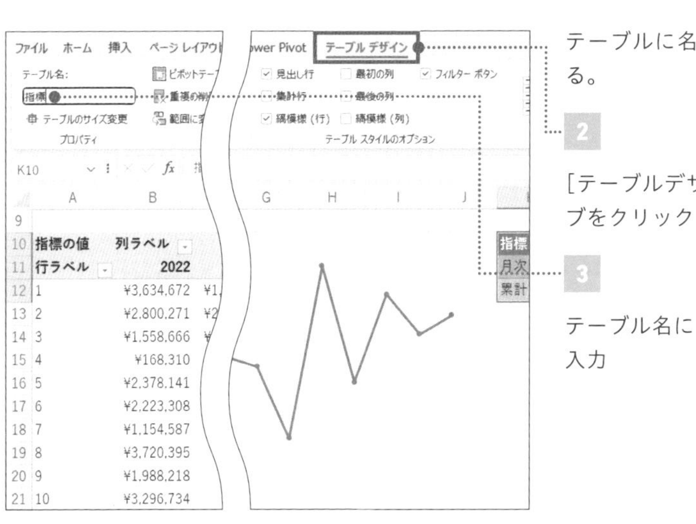

テーブルに名前を付ける。

2

［テーブルデザイン］タブをクリック

3

テーブル名に「指標」と入力

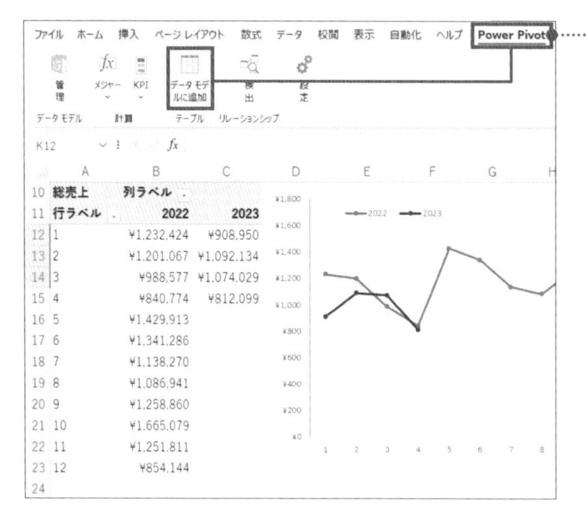

4

[Power Pivot]タブ→[データモデルに追加]をクリック

Power Pivotウィンドウが表示されるので、閉じておく。

CHECK!

Power Pivotウィンドウで[ダイアグラムビュー]を表示すると、テーブルの追加を確認できます。

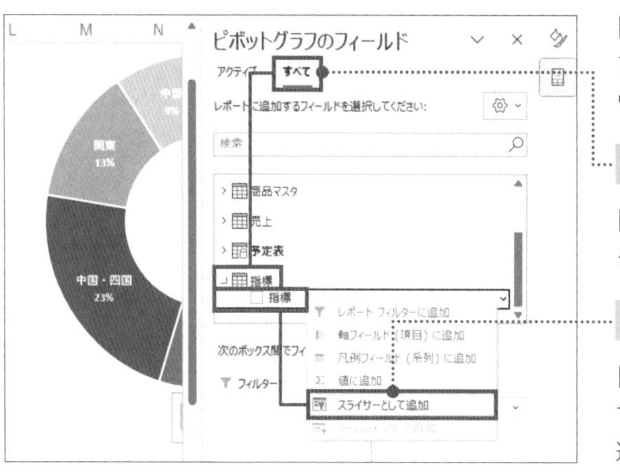

[ピボットグラフのフィールド]ウィンドウを表示しておく。

5

[すべて]→[指標]をクリック

6

[指標]を右クリックして[スライサーとして追加]を選択

スライサーを追加できた。

7

Chapter 5 - 08を参考に、ヘッダーを非表示にして、列数を「2」に設定する

この段階では、スライサーは紐づけられていません。VALUES関数を使って、スライサーとピボットテーブルを紐づけていきましょう！

スライサーとピボットテーブルを紐づける

=IFERROR(VALUES('指標'[指標]),"")

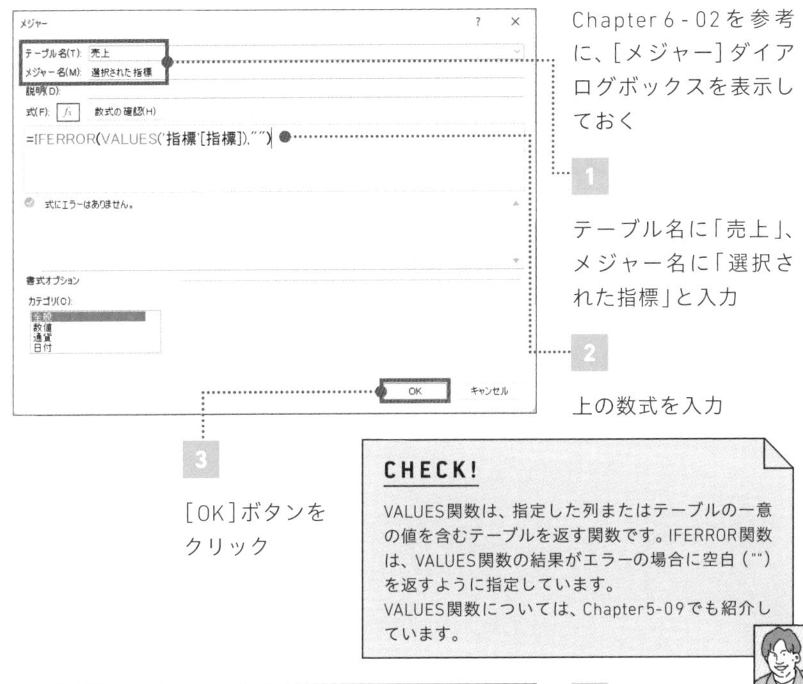

Chapter 6-02を参考に、[メジャー]ダイアログボックスを表示しておく

1

テーブル名に「売上」、メジャー名に「選択された指標」と入力

2

上の数式を入力

3

[OK]ボタンをクリック

> **CHECK!**
>
> VALUES関数は、指定した列またはテーブルの一意の値を含むテーブルを返す関数です。IFERROR関数は、VALUES関数の結果がエラーの場合に空白("")を返すように指定しています。
> VALUES関数については、Chapter5-09でも紹介しています。

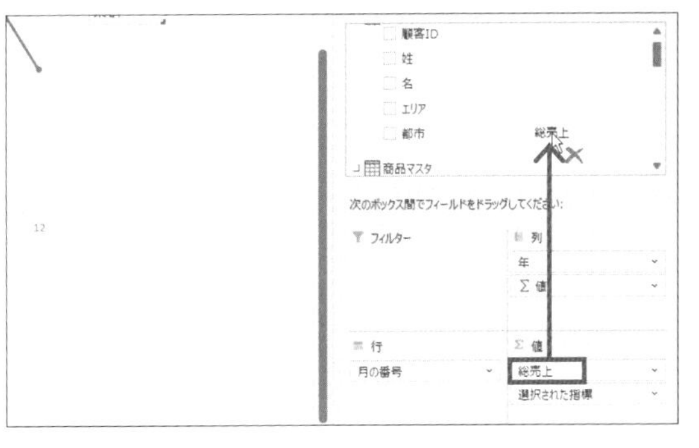

4

[値]エリアから[総売上]フィールドを外す

> **CHECK!**
>
> [総計]は231ページを参考に非表示にしておきましょう。

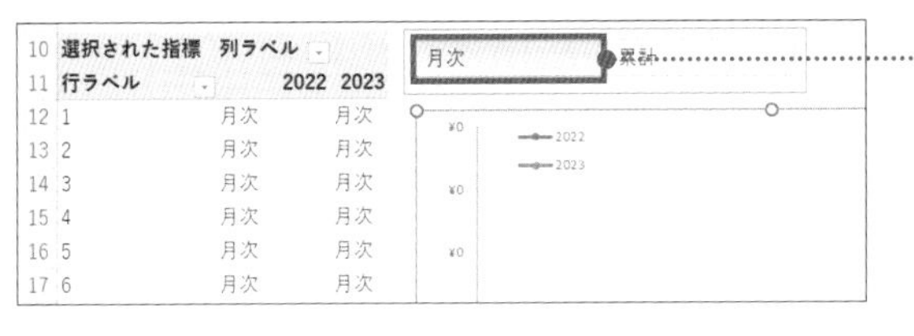

	選択された指標	列ラベル	
11	行ラベル	2022	2023
12	1	月次	月次
13	2	月次	月次
14	3	月次	月次
15	4	月次	月次
16	5	月次	月次
17	6	月次	月次

5

[月次]をクリック

B～C列に「月次」と表示された。

ピボットテーブルに指標の値を表示する

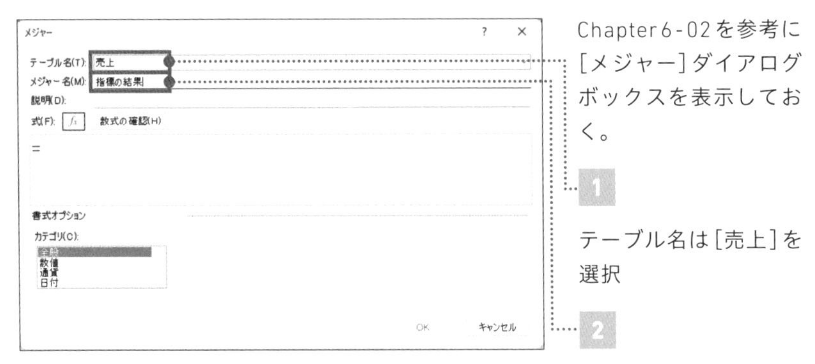

Chapter6-02を参考に[メジャー]ダイアログボックスを表示しておく。

1 テーブル名は[売上]を選択

2 メジャー名に「指標の結果」と入力

=IF([選択された指標]="月次",[総売上],[年度累計])

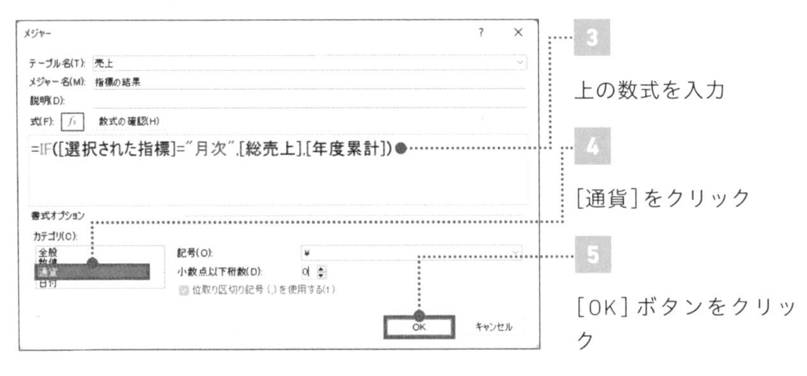

3 上の数式を入力

4 [通貨]をクリック

5 [OK]ボタンをクリック

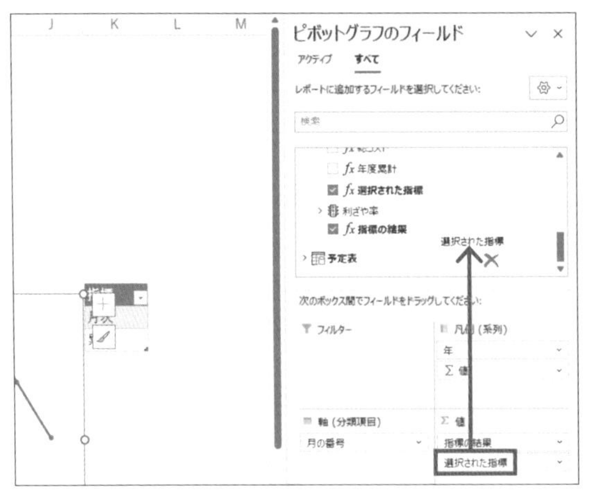

6 [値]エリアの[選択された指標]フィールドを外す

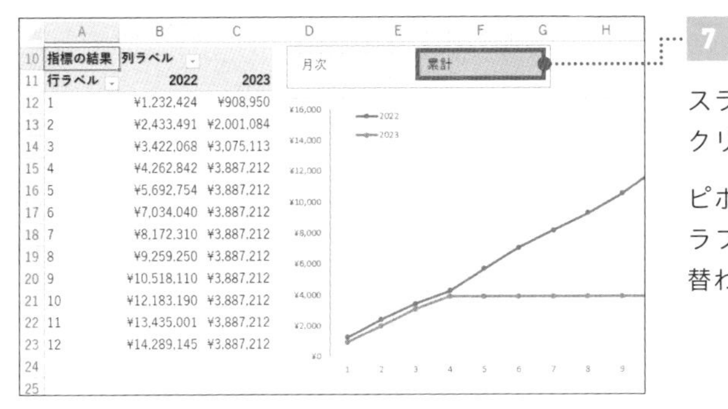

7

スライサーの[累計]をクリック

ピボットテーブルとグラフが累計売上に切り替わった。

グラフとスライサーをダッシュボードに貼り付ける

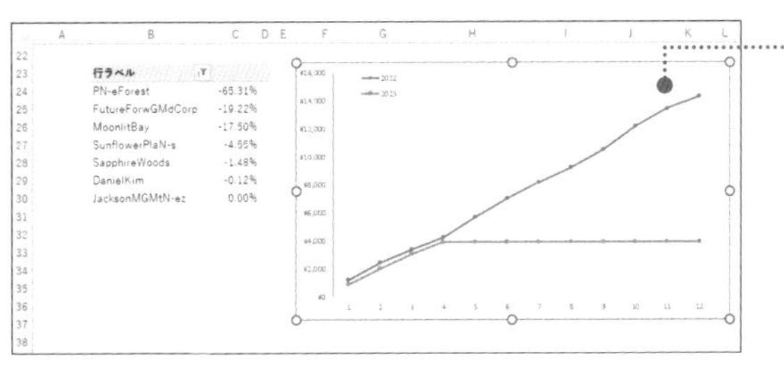

1

ピボットグラフをコピーして、ダッシュボードに貼り付ける

2

ほかのセルを選択して、グラフの選択を解除

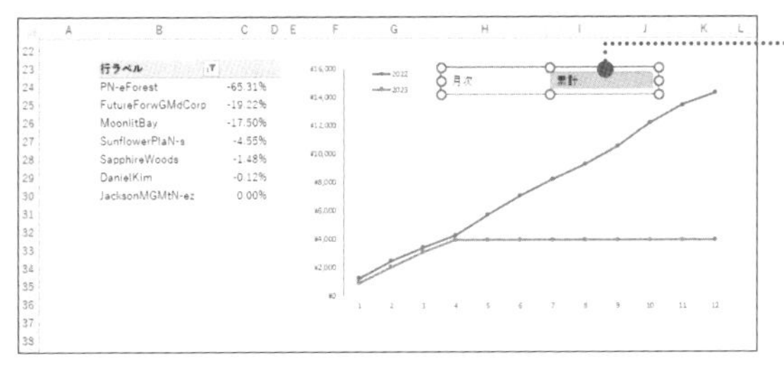

3

スライサーをコピーして、ダッシュボードに貼り付ける

配置を整えてダッシュボードが完成した。

理解を深めるHINT

グラフの選択を解除してから、スライサーを貼り付けよう

グラフを選択したまま、スライサーを貼り付けてしまうと、スライサーはグラフ内に画像として貼り付けられます。必ず、ほかのセルを選択してからスライサーを貼り付けましょう。

12

FILE：Chap6-12.xlsx／202305_売上データ更新用.xlsx

更新

ダッシュボードを最新の状態に更新する

データが追加されたらダッシュボードを更新しよう

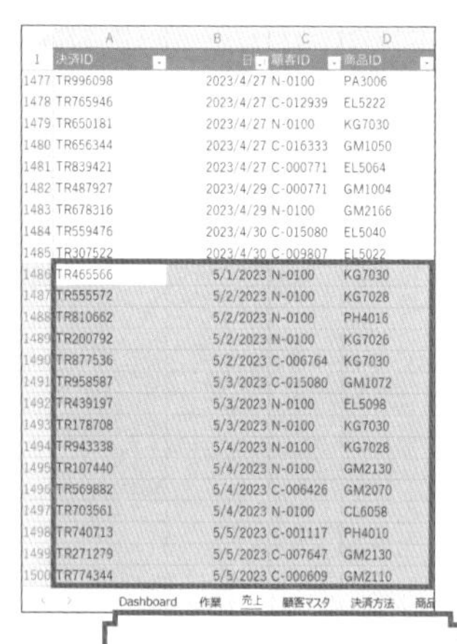

	A	B	C	D
1	決済ID	日	顧客ID	商品ID
1477	TR996098	2023/4/27	N-0100	PA3006
1478	TR765946	2023/4/27	C-012939	EL5222
1479	TR650181	2023/4/27	N-0100	KG7030
1480	TR656344	2023/4/27	C-016333	GM1050
1481	TR839421	2023/4/27	C-000771	EL5064
1482	TR487927	2023/4/29	C-000771	GM1004
1483	TR678316	2023/4/29	N-0100	GM2166
1484	TR559476	2023/4/30	C-015080	EL5040
1485	TR307522	2023/4/30	C-009807	EL5022
1486	TR465566	5/1/2023	N-0100	KG7030
1487	TR555572	5/2/2023	N-0100	KG7028
1488	TR810662	5/2/2023	N-0100	PH4016
1489	TR200792	5/2/2023	N-0100	KG7026
1490	TR877536	5/2/2023	C-006764	KG7030
1491	TR958587	5/3/2023	C-015080	GM1072
1492	TR439197	5/3/2023	N-0100	EL5098
1493	TR178708	5/3/2023	N-0100	KG7030
1494	TR943338	5/4/2023	N-0100	KG7028
1495	TR107440	5/4/2023	N-0100	GM2130
1496	TR569882	5/4/2023	C-006426	GM2070
1497	TR703561	5/4/2023	N-0100	CL6058
1498	TR740713	5/5/2023	C-001117	PH4010
1499	TR271279	5/5/2023	C-007647	GM2130
1500	TR774344	5/5/2023	C-000609	GM2110

Dashboard　作業　売上　顧客マスタ　決済方法

更新 ➔

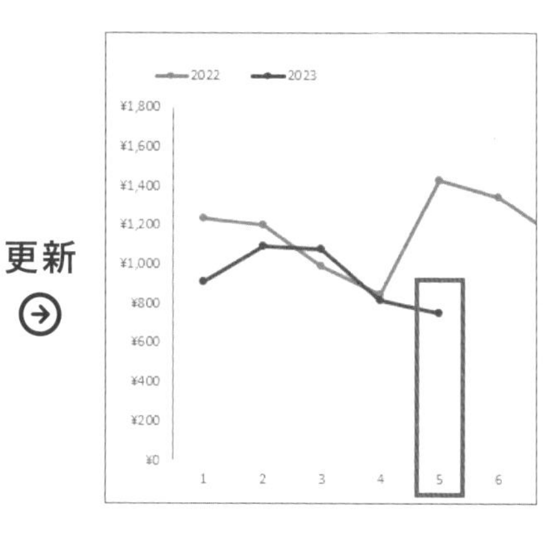

2023年5月分の
売上データを追加

グラフに2023年5月の
データが反映された

データを追加しても、更新しないと反映されない

ここまででダッシュボードを完成できたら、最後にデータ更新の方法を解説します。パワーピボットでは、元データを追加しただけでは、グラフにデータは反映されません。

このレッスンでは[売上]シートに2023年5月分のデータを追加しておきます。[更新]ボタンをクリックしてChapter 6-11で作成した折れ線グラフの2023年5月分のデータを確認してみましょう。また、Ctrl + Alt + F5キーを同時に押すと更新できます。

POINT：

1. 元データが追加されたら ダッシュボードを更新しよう
2. [ピボットグラフ分析]タブの [更新]ボタンをクリック
3. ショートカットキーの場合は Ctrl + Alt + F5 キー

MOVIE：

https://dekiru.net/ytpp612

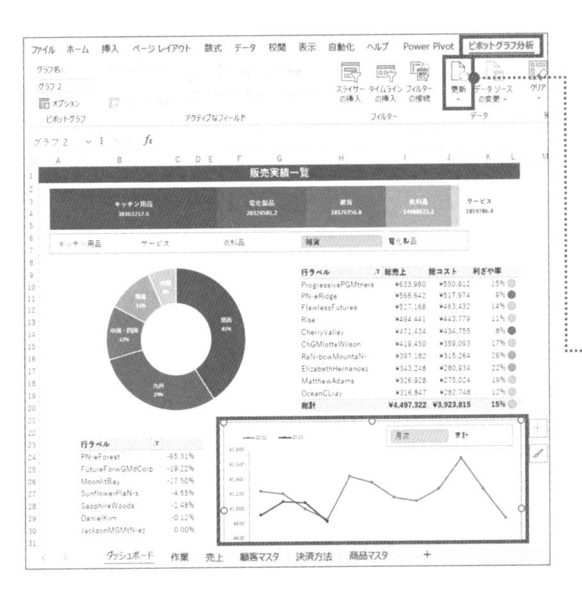

[売上]シートに2023年5月分のデータ(202305売上データ更新用.xlsx)を追加しておく。

[ダッシュボード]シートのピボットグラフを選択しておく。

1 [ピボットグラフ分析]タブ→[更新]をクリック

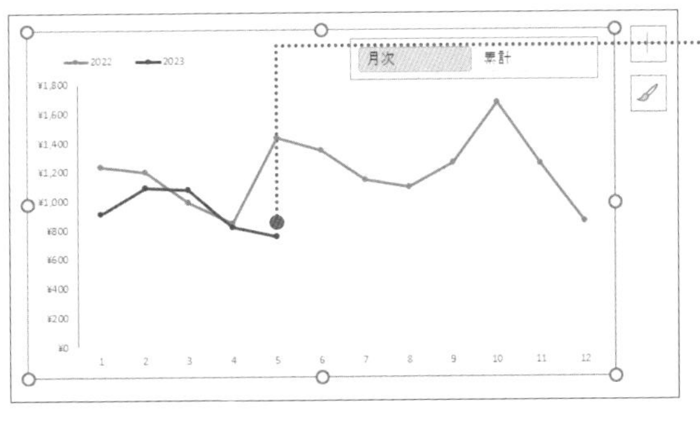

2023年5月のデータが反映された。

CHECK!

ショートカットキーの場合は、Ctrl + Alt + F5 キーを押しましょう。

COLUMN

パワーピボットをマスターしたなら、Power BIも要チェック！

ダッシュボード編もお疲れさまでした！ 一通り作ってみていかがでしたか？今回はいつものようにDAXを使いこなすだけではなく、グラフやピボットテーブルを複数作成しつつ、細かな見た目にこだわるなど大変な作業も多かったと思います。

ダッシュボードを活用することで、データをビジュアライズし、そこから意味を見出すことの重要性は日々高まっています。いわゆる、データドリブンといわれるものですね。

「ダッシュボードは確かに作りたいけど、もっと楽できないかな？」
そんな方にお勧めしたいのがPower BIです！ Power BIはExcelなどと同じくマイクロソフトがリリースしているツールで、ダッシュボードの作成に特化しています。

①グラフのサイズや書式に対して微調整を重ねる必要はなく、直感的にダッシュボードを作れる
②ExcelやAccessなどの普段から扱っているデータを簡単に連携できる
③わかりやすいUIでマウスで直感的な操作が可能

こういったメリットを生かせる、または魅力に感じる現場であれば、Power BIの導入を検討してもよいでしょう。パワーピボットで使われているDAXの知識はPower BIでも必要になるため、本書をここまで読み終えたのならスムーズに取り組めるはずです。

YouTubeでのコメントもお待ちしております！

See you next time! Bye bye!

付録

変数の活用

DAXに慣れたら、変数を使用した数式を作ってみよう

DAXの中～上級者に活用してほしい「変数」という概念があります。変数とは、かみ砕いて表現すると、いろいろな数値や数式を入れられる「箱」のようなもの。「長いデータを短くまとめ、理解しやすくする」役割だと捉えてください。たとえば下のAFTERでは、最初に1行目で変数を定義することで、次の1行（IF(X>=20,"A",……)）だけでBEFOREの長い数式を表せています。

BEFORE 通常のDAX式

テーブル名(T): 売上テーブル
メジャー名(M): 決済日数
説明(D):
式(F): fx 数式の確認(H)

```
=IF(DISTINCTCOUNT('売上テーブル'[決済日])>=20,"A",
IF(DISTINCTCOUNT('売上テーブル'[決済日])>=18,"B","C"))
```

書式オプション

「DISTINCTCOUNT('売上テーブル'[決済日])」は変数（X）に置き換えられる。

AFTER 変数を使ったDAX式

テーブル名(T): 売上テーブル
メジャー名(M): 決済日数
説明(D):
式(F): fx 数式の確認(H)

```
=var X=DISTINCTCOUNT('売上テーブル'[決済日])
return
IF(X>=20,"A",IF(X>=18,"B","C"))
```

書式オプション

最初に変数を宣言する。「var」はVariantの略で変数を意味する。

変数を利用すると式がすっきり整理された。

この二次元バーコードからYouTubeの動画にアクセスできます。

変数を宣言する方法さえ覚えれば、簡単に使えます。もっと詳しく知りたい方は、動画をチェックしてみてください。

INDEX

機能名やキーワードから知りたいことを探せます。

記号・数字

A～C

D～F

H～K

L～N

O～R

S～Y

ア

ヤ

ラ

ユースフル / スキルの図書館

ユースフルチャンネルは「明日の働き方を変える」をテーマに、個人が抱えるキャリアやスキルの悩み、経営人事が抱えるAI活用、DX人材育成の悩みに対するお役立ちコンテンツをお届けしています。ChatGPTやBingAIなどのAI仕事術の他、Excel・Word・PowerPoint・Access・Outlook・GoogleなどのIT仕事術、法人の経営陣や育成担当者のインタビューなど、現代に求められるビジネスのコアスキルが体系的に学べます。

神川陽太 かみかわ ようた

Youseful株式会社 法人研修担当
2020年より同社に学生インターンとして参画し、IT仕事術に関する講座を多数開発している。
中央大学法学部を卒業後、アマゾンウェブサービスジャパンに営業職として入社。
『できるYouTuber式Googleスプレッドシート現場の教科書』(インプレス)を出版。
ChatGPT・Microsoft Copilotを中心とした、生成AI活用にまつわる実務での使いこなしをサポートし、クライアントのビジネスパーソンやプロスポーツ選手から熱い支持を集める。

STAFF

カバーデザイン	小口翔平＋奈良岡菜摘(tobufune)
カバー写真	渡 徳博
本文デザイン	大上戸由香(nebula)
本文イラスト	野崎裕子
校正	株式会社トップスタジオ
DTP制作	町田有美
デザイン制作室	鈴木 薫
制作担当デスク	柏倉真理子
編集	井上 薫
副編集長	田淵 豪
編集長	藤井貴志

本書のご感想をぜひお寄せください

https://book.impress.co.jp/books/1122101160

読者登録サービス

アンケート回答者の中から、抽選で図書カード(1,000円分)などを毎月プレゼント。
当選者の発表は賞品の発送をもって代えさせていただきます。
※プレゼントの賞品は変更になる場合があります。

本書は、Excel、およびパワーピボットを使ったパソコンの操作方法について2023年10月時点の情報を掲載しています。紹介している内容は用途の一例であり、すべての環境において本書の手順と同様に動作することを保証するものではありません。本書の利用によって生じる直接的または間接的被害について、著者ならび、弊社では一切責任を負いかねます。あらかじめご了承ください。

■ **商品に関する問い合わせ先**

このたびは弊社商品をご購入いただきありがとうございます。本書の内容などに関するお問い合わせは、下記のURLまたは二次元バーコードにある問い合わせフォームからお送りください。

https://book.impress.co.jp/info/

上記フォームがご利用いただけない場合のメールでの問い合わせ先

info@impress.co.jp

※お問い合わせの際は、書名、ISBN、お名前、お電話番号、メールアドレス に加えて、「該当するページ」と「具体的なご質問内容」「お使いの動作環境」を必ずご明記ください。なお、本書の範囲を超えるご質問にはお答えできないのでご了承ください。

● 電話やFAX でのご質問には対応しておりません。また、封書でのお問い合わせは回答までに日数をいただく場合があります。あらかじめご了承ください。

● インプレスブックスの本書情報ページ　https://book.impress.co.jp/books/1122101160 では、本書のサポート情報や正誤表・訂正情報などを提供しています。あわせてご確認ください。

● 本書の奥付に記載されている初版発行日から3年が経過した場合、もしくは本書で紹介している製品やサービスについて提供会社によるサポートが終了した場合はご質問にお答えできない場合があります。

■ **落丁・乱丁本などの問い合わせ先**

FAX 03-6837-5023

service@impress.co.jp

※古書店で購入されたものについてはお取り替えできません。

できるYouTuber式

Excelパワーピボット 現場の教科書

2023年11月21日　初版発行

著者　ユースフル（神川陽太）

発行人　高橋隆志

発行所　株式会社インプレス

〒101-0051　東京都千代田区神田神保町一丁目105番地

ホームページ　https://book.impress.co.jp/

本書は著作権法上の保護を受けています。本書の一部あるいは全部について（ソフトウェア及びプログラムを含む）、株式会社インプレスから文書による許諾を得ずに、いかなる方法においても無断で複写、複製することは禁じられています。

Copyright© 2023 Youseful,Inc. All rights reserved.

印刷所　音羽印刷株式会社

ISBN 978-4-295-01810-0　　C3055

Printed in Japan